# 非成像光学设计与应用

荆利青 武红磊 孙富兵 陈海龙 著

辽宁大学出版社 沈阳

## 图书在版编目（CIP）数据

非成像光学设计与应用/荆利青等著. --沈阳：辽宁大学出版社，2024.12. --ISBN 978-7-5698-1869-7

Ⅰ.TN202

中国国家版本馆 CIP 数据核字第 20240D110Z 号

非成像光学设计与应用

FEICHENGXIANG GUANGXUE SHEJI YU YINGYONG

| 出 版 者：辽宁大学出版社有限责任公司
（地址：沈阳市皇姑区崇山中路 66 号　邮政编码：110036）
印 刷 者：鞍山新民进电脑印刷有限公司
发 行 者：辽宁大学出版社有限责任公司
幅面尺寸：170mm×240mm
印　　张：14
字　　数：270 千字
出版时间：2024 年 12 月第 1 版
印刷时间：2025 年 1 月第 1 次印刷
责任编辑：李天泽
封面设计：徐澄玥
责任校对：郝雪娇

书　　号：ISBN 978-7-5698-1869-7
定　　价：88.00 元

联系电话：024-86864613
邮购热线：024-86830665
网　　址：http://press.lnu.edu.cn

# 前 言

非成像光学设计，作为现代光学领域的一个分支，正逐渐展现出其独特的魅力和广泛的应用潜力。它不同于传统的成像光学，非成像光学关注的是如何通过精确控制光线的传播和分布，以实现特定的照明、能量转换或视觉效应，而不是形成图像。这一领域的研究和应用正日益深入，对提高能源效率、改善视觉环境、推动科技创新等方面发挥着重要作用。

本书《非成像光学设计与应用》旨在为读者提供一个全面深入的视角，以理解非成像光学设计的核心原理、方法和实践应用。我们从光学的基础理论出发，逐步引导读者进入非成像光学的世界，探索其在照明、太阳能利用、导光管设计等领域的创新应用。

在非成像光学设计中，我们不仅需要掌握光的传播规律和光学元件的物理特性，更要理解如何通过创新的设计思维，解决实际问题。本书将介绍一系列设计方法，如CPC设计、菲涅尔配光、流矢设计以及同步多表面设计法，这些方法为非成像光学设计提供了多样化的解决方案，帮助设计师在满足特定需求的同时，实现光线的高效利用和精确控制。

随着科技的不断进步，非成像光学设计的应用领域也在不断拓展。从室内照明到户外照明，从太阳能发电到光纤通信，非成像光学设计都在其中扮演着关键角色。本书将通过具体的设计示例和应用案例，展示非成像光学设计如何为这些领域带来创新和变革。我们希望本书能够成为光学设计工程师、研究人员以及对非成像光学设计感兴趣的学生的宝贵资源。通过阅读本书，读者不仅能够获得必要的理论知识和设计技巧，更能够激发创新思维，探索非成像光学设计在各个领域的应用潜力。

在非成像光学设计的探索之路上，我们期待着与读者一起，不断发现新的可能性，共同推动光学技术的发展和创新。本书在写作过程中，参考借鉴了一些专家、学者的研究成果，并得到了各方的帮助和支持，在此表示最诚挚的谢意。由于时间仓促，加之作者的知识水平有限，书中难免有许多疏漏、不足之处，希望广大读者不吝赐教。

# 目 录

**第一章 现代应用光学概述** …………………………………………………… 1

    第一节 光学的基础理论 …………………………………………… 1

    第二节 几何光学中的一些基本思想 …………………………… 15

**第二章 光学拓展量** …………………………………………………………… 32

    第一节 光学拓展量基础 …………………………………………… 32

    第二节 光学拓展量的其他表达式 ……………………………… 42

    第三节 使用扩展的设计示例 …………………………………… 46

    第四节 浓度比与旋转偏斜不变 ………………………………… 61

**第三章 非成像光学设计方法** ………………………………………………… 69

    第一节 CPC 设计基础 ……………………………………………… 69

    第二节 菲涅尔配光设计 …………………………………………… 82

    第三节 流矢设计方法 ……………………………………………… 93

    第四节 同步多表面设计法 …………………………………… 113

**第四章 SMS 3D 设计方法与实践** ………………………………………… 124

    第一节 SMS 3D 设计基础 ……………………………………… 124

    第二节 SMS 3D 设计示例 ……………………………………… 132

## 第五章 非成像光学的设计应用 …………………………………… 166

### 第一节 照明光学系统的设计基础 …………………………… 166
### 第二节 太阳光能量获取系统 ………………………………… 187
### 第三节 导光管的设计 ………………………………………… 197

## 参考文献 ……………………………………………………………… 217

# 第一章 现代应用光学概述

## 第一节 光学的基础理论

### 一、光

光是自传播的电磁波。光波的电场和磁场垂直于传播方向，其是一种典型的横波。

波粒二象性：光既表现出波动性，如干涉和衍射现象，也表现出粒子性，如光电效应。

光谱：光的波长或频率范围很广，从无线电波到伽马射线，每种波长都有其特定的应用。

速度：在真空中，光速是一个常数，约为 $3\times10^8 \mathrm{m/s}$。

### 二、光学

光学是一门关于光的产生、传播、操纵、探测以及应用等物理现象的科学与工程学科。

产生光：激光光源、LED 光学、荧光、THz 光源、超快光学、非线性光学等。

传播光：光纤光学、自由空间激光通信、光波导、成像光学、天文光学、照明光学、激光武器、空间光学、海洋光学、光学遥感等。

操纵光：量子光学、微纳光学、光镊、集成光子学等。

探测光：红外/THz/X 射线/γ 射线/可见光探测器、荧光探测、偏振探测、高光谱探测、成像探测、散射光探测、模式识别等。

应用光：激光加工、激光医学、太阳能、光显示、光计算、光开关、光存储等。

### 三、光学学科分类

根据我们对光的本质的认识情况的不同，我们将光学学科的研究范畴分为三类：几何光学（或者说应用光学）、物理光学（或者说波动光学和光子学）、量子光学。

（一）几何光学

在几何光学（Geometrical Optics）领域，以光的直线传播为基础，研究光在光学系统中的传播和成像问题。一般来说，光学系统的结构尺寸远大于光波的波长，这样光波就可以近似为沿一条直线进行传播。

研究的理论基础包括：费马原理、光的直线传播定律、光的折反射定律、光的独立传播定律等。

将光波近似为直线的几何光学，在光学研究领域具有十分重要的意义，主要体现在如下几点。第一，一般光学仪器的孔径能够通过的光束与光的波长相比是近似于无限大的，几何光学的结论是符合实际情况的。第二，几何光学是物理光学中波长为 0 时的极限情况。第三，用几何光学的方法可方便计算和设计光学系统，方法简单明了，结果合理可靠。

（二）物理光学

在物理光学（Physical Optics/Wave Optics）研究领域，我们以光的波动性质为基础，研究光的传播及其规律问题。一般来说，在波动光学的研究范畴，光学系统的结构尺寸与光波波长相当，二者在可以比较的范围之内。因此，在考虑光波的传播过程时，不能忽略光波的波动特性。

研究的理论基础：麦克斯韦方程、惠更斯原理、菲涅尔原理等。

物理光学，也称为波动光学，是光学的一个重要分支，它侧重于从波动理论的角度来分析光的行为和性质，特别是当光波在与物质相互作用或在不同介质间传播时表现出的干涉、衍射、偏振等现象。这一领域关注的是光作为电磁波的本质，及其如何受到周围环境影响的具体表现。

1. 理论基础

麦克斯韦方程组：这是电磁理论的基石，由詹姆斯·克拉克·麦克斯韦在 19 世纪提出。这组方程描述了电场、磁场与它们所激发的电荷及电流之间的关系，成功预言了电磁波的存在，并表明光就是一种电磁波。在物理光学中，麦克斯韦方程组是理解和计算光波在自由空间和介质中传播的基础。

惠更斯原理：该原理提出，波前上的每一点都可以视为次波的发射中心，这些次波的包络决定了下一时刻的新波前位置。惠更斯原理可以用来解释光的衍射现象，特别是对于光波通过狭缝、边缘或其他障碍物后形成的衍射图样。

菲涅尔原理：是对惠更斯原理的进一步发展，更准确地解释了波在界面处的反射和折射。菲涅尔原理指出，波在界面上的每个点都会产生无限多的次波，这些次波相干叠加形成整个波的传播。这一原理对于理解光波在不同介质边界上的行为至关重要，特别是对于解释光的干涉现象有着关键作用。

2. 研究内容

光的干涉：研究两束或多束相干光波相遇时的相互加强或相互抵消现象，如双缝实验、迈克耳孙干涉仪等，是验证光波动性的直接证据，也是精密测量技术（如激光干涉引力波探测）的基础。

光的衍射：探讨光波遇到障碍物或通过狭缝时偏离直线传播的现象，包括弗朗霍夫衍射理论、夫琅禾费衍射等，对于光学仪器的设计（如衍射光栅、透镜的分辨率极限）至关重要。

偏振现象：研究光波的振动方向与其传播方向的关系，以及光波在传播过程中偏振状态的变化，对于理解光与物质相互作用（如晶体的双折射）、发展偏振光学器件（如偏振片、偏振镜）有重要意义。

光的传播与聚焦：分析光波在不同介质中的传播规律，包括折射、反射、全反射等，以及如何通过透镜、光纤等光学元件实现光波的有效控制和聚焦，是光学成像、光纤通信技术的基础。

物理光学的应用极为广泛，涵盖了从基础科学研究（如量子光学、光电子学）到工程技术（如光学仪器设计、光纤通信、激光技术）的众多领域，是现代科技发展中不可或缺的一部分。

（三）量子光学

在量子光学（Quantum Optics）研究领域，我们以光和物质相互作用时显示的粒子性为基础来研究光学问题。一般来说，在量子光学的研究范畴，与光子发生相互作用的物质尺寸是在原子尺度范围内的，远小于光波的波长。

研究的理论基础：光电效应、薛定谔方程等。

量子光学是物理学的一个分支，它探讨的是当光被看作是由离散的光子组成的量子场时，光与物质之间的相互作用。这一领域结合了量子力学和电磁场理论，特别是在原子和亚原子尺度上，揭示了光的粒子性和波动性的深层次本质。

1. 理论基础

光电效应：这是量子理论的早期验证之一，由爱因斯坦解释。光电效应表明，光不是连续地被吸收的，而是以光子的形式被原子或分子吸收，每个光子携带的能量与光的频率成正比（$E=hf$），这一发现开启了对光的量子本性的认识。

薛定谔方程：作为量子力学的核心方程，薛定谔方程用于描述量子系统随时间演化的状态。在量子光学中，它被用来描述原子或分子系统的量子态，以及这些系统与光子相互作用时的状态变化。通过求解薛定谔方程，可以预测和解释诸如自发辐射、受激辐射、量子纠缠等现象。

2. 研究内容

原子与光子的相互作用：研究单个原子或离子与一个或多个光子之间的相互作用，如共振荧光、吸收与发射谱线的窄化（即自然线宽）以及里德伯原子和玻色－爱因斯坦凝聚体中的集体效应。

量子纠缠与非局域性：通过光子对的产生和操纵，研究量子纠缠现象，这是量子信息科学的基础，对于量子密钥分发、量子计算和量子 teleportation（量子隐形传态）等应用至关重要。

量子态操控与量子信息处理：利用光子的量子性质（如偏振、路径和时间戳记）来编码量子信息，并通过各种光学元件（如光束分裂器、相位调制器）实现量子逻辑门操作，推进量子计算和量子通信技术的发展。

量子计量学：开发基于量子光学原理的高精度测量技术，如量子增强的传感器，用于更精确的时间标准、重力测量、磁场探测等。

3. 实验技术与应用

腔量子电动力学（Cavity QED）：研究光子在一个微腔中与一个或几个原子的强烈相互作用，可实现对光与物质相互作用的精细控制，为量子信息处理和量子网络提供平台。

单光子源与探测技术：发展高效率的单光子产生和探测技术，这对于量子密钥分发、量子计算和量子通信等领域的实验验证至关重要。

量子成像与量子 metrology：利用量子纠缠和压缩态光场，实现超越经典极限的成像和测量，提升在生物医学、天文学和材料科学等领域的观测能力。

量子光学的研究不仅深化了我们对自然界基本规律的理解，还推动了一系列新技术的发展，这些技术正在逐步改变我们的通信、计算、安全和测量方式。

（四）现代光学学科

光学是一门历史悠久的学科，其在 20 世纪得到了突飞猛进的发展。尤其是在 20 世纪 60 年代，激光问世，从此光学进入了一个新的发展时期，并发展出了许许多多新兴的光学学科。

这些新兴的光学学科主要包括：傅里叶光学、全息光学、薄膜光学、光纤光学、集成光学、激光光学等。

傅里叶光学：这是一种将光学系统通过傅里叶变换的方法进行分析的理论

框架。它允许研究人员利用数学工具，尤其是傅里叶变换原理，来研究光波的频谱特性及其在光学系统中的传输和处理过程，对于理解复杂光学现象和设计高效光学系统至关重要。

全息光学：全息术是记录并再现光波前信息的技术，能够生成三维图像。这项技术不仅在艺术和防伪领域有应用，还在数据存储、无损检测和显微镜技术中扮演重要角色。全息光学的发展使得对光场的精密操控成为可能，推动了光学信息处理和光学计算的进步。

薄膜光学：薄膜光学专注于研究薄膜（通常是几纳米到几微米厚的材料层）在光波作用下的物理行为，如反射、透射、吸收和偏振等。薄膜技术广泛应用于光学滤波器、反光镜、增透膜和各种光学涂层中，对提高光学元件的性能至关重要。

光纤光学：随着光纤通信的出现，光纤光学成为了信息时代的关键技术之一。光纤能够高效传输光信号，几乎不受电磁干扰，损耗低，带宽大，为全球信息网络提供了高速的数据传输通道。光纤光学的研究不仅限于通信，还包括传感、医学内窥镜等领域。

集成光学：集成光学是将多个光学元件集成在同一基板上的技术，类似于电子学中的集成电路。它使得光学系统更加紧凑、高效，适用于大规模生产和复杂的光学信号处理系统，如光开关、光调制器、光波导阵列等，在光通信和光计算中发挥着核心作用。

激光光学：激光光学围绕激光的产生、操控、应用展开，激光作为一种相干光源，具有极高的亮度、单色性和方向性。激光光学不仅研究激光的物理机制，还包括激光系统的构建、激光与物质的相互作用、非线性光学效应等。激光技术已渗透到科学研究、工业制造、医疗健康、军事国防等多个领域，成为现代科技的基石之一。

**四、自然界常见的光学现象**

（一）影子

阳光下的影子是光照射到自己身上形成的阴影部分（见图 1-1）。

原理：光的直线传播定律。

图 1-1 影子

(二) 日食

月球运动到太阳和地球中间时,如果三者正好处在一条直线上,月球就会挡住太阳射向地球的光,月球身后的黑影会正好落到地球上,这时即发生日食现象(见图 1-2)。

原理:光的直线传播定律。

图 1-2 日食

(三) 彩虹

当太阳光照射在半空中的水滴上时,光线会被折射及反射,在天空中形成拱形的七彩光谱,由外圈至内圈呈红、橙、黄、绿、蓝、靛、紫七种颜色,从而形成彩虹(见图 1-3)。

图1-3 彩虹

原理：光的折反射定律、水滴的色散效应。

(四) 海市蜃楼

海市蜃楼，又称蜃景（见图1-4），是一种因为光的折射和全反射而形成的自然现象，是地球上物体反射的光经大气折射而形成的虚像。其本质是一种光学现象。沙质或石质地表热空气上升，使得大气折射率分布产生变化，从而使得光线发生折射作用，于是就产生了海市蜃楼。

原理：光的折反射定律、全内反射原理。

图1-4 海市蜃楼

### (五) 日晕

日晕，又叫圆虹（见图 1-5），是一种大气光学现象，是日光通过卷层云时，受到冰晶的折射或反射而形成的。当光线射入卷层云中的冰晶后，会经过两次折射分散成不同方向的各色光。

原理：光的折反射定律。

图 1-5 日晕

## 五、现代光学应用

光学既是一门科学学科，也是一门应用工程学科。随着先进光学技术的进步和发展，现代光学技术已经广泛应用于国防、工业和日常生活中的各个领域。

### (一) 工业领域

光学是机器的眼睛。随着自动化技术与人工智能的发展，现代光学技术在工业领域有着十分广泛的应用，主要体现在以下几个方面。

精密光学仪器：显微镜、椭偏仪、激光干涉仪、多普勒轮廓仪等。

工业测量：条纹投影 3D 扫描仪、线激光扫描仪、影像测量仪、同轴显微镜、光谱共焦测量仪、共聚焦显微镜、金相显微镜等。

工业加工领域：3D 快速打印设备、激光切割机、激光打标机、光刻机、激光直写系统、激光抛光设备等。

机器视觉：玻璃缺陷检测设备、LCD/OLED 屏幕缺陷检测设备、尺寸检测设备、二维码识别设备等。

无人驾驶:车载摄像头、激光雷达、车载抬头显示系统、车载激光测距仪、车载夜视仪等。

(二)医疗领域

现代光学技术在医疗领域也起到了十分重要的作用,尤其是医学检测领域,因为光学技术能够实现非接触、无毒、零损伤检测。典型的应用案例包括:内窥镜、检眼镜(虹膜检测)、光学相干层析仪(Optical Coherence Tomography,OCT)、牙齿三维扫描仪、量化相位成像仪(Quantitative Phase Imaging,QPI)、LED 无影手术灯等。

内窥镜:内窥镜利用光纤传输图像,使医生能够在不开刀的情况下,直接观察人体内部器官,如胃肠道、呼吸道、关节腔等的状况。高清光学技术和微型化设计的进步使得内窥镜检查更为精确和舒适,适用于早期癌症筛查、疾病诊断以及微创手术引导。

检眼镜(虹膜检测):通过放大和照明技术,检眼镜帮助眼科医生检查眼底和虹膜,这对于识别青光眼、糖尿病视网膜病变、黄斑变性等眼部疾病至关重要。数字化检眼镜的出现,更是结合了高分辨率成像系统和智能分析软件,提升了诊断的效率和准确性。

光学相干层析仪(OCT):OCT 是一种非侵入性的成像技术,它利用近红外光对生物组织进行高分辨率横截面成像,特别是对于视网膜和角膜等眼部组织的细微结构,其成像能力相当于光学上的"超声波"。OCT 在眼科外,还在皮肤科、心血管病学等领域找到了应用,对于疾病的早期发现和治疗监测具有重大意义。

牙齿三维扫描仪:采用光学扫描技术,可以在几分钟内快速、准确地获取患者口腔的三维数据,为牙齿矫正、种植、修复等提供精确的数字化模型。相比传统硅胶印模,三维扫描更加舒适、快捷,减少了患者的不适感,提高了诊疗效率。

量化相位成像仪(Quantitative Phase Imaging,QPI):QPI 技术能够无标记、无损地探测细胞和生物组织的折射率变化,对于理解细胞生理状态、疾病发展机制以及药物筛选等方面有着重要价值。它能够揭示细胞内部结构的变化,无需使用荧光标记,减少了对外部干预的依赖。

LED 无影手术灯:在手术室中,LED 无影灯利用先进的光学设计,消除手术区域的阴影,提供均匀、高亮度的照明,确保医生在进行精细操作时有最佳的视觉条件。与传统卤素灯相比,LED 灯更节能、发热少,有利于维持手术环境的稳定,减少患者和医护人员的热负荷。

### (三) 农业领域

现代农业技术的重要特点是信息化和自动化。因此，现代光学技术在现代农业的发展中也起到了举足轻重的作用。典型的应用实例包括：LED 植物补光灯、光学防虫网、激光诱变育种技术、基于病虫害检测等应用的 3D 遥感测量技术、基于农产品无损检测与筛选的高光谱成像测量技术、应用于土壤污染物检测的激光诱导击穿光谱学（Laser-Induced Breakdown Spectroscopy，LIBS）技术。

LED 植物补光灯：通过模拟自然光谱，LED 补光灯能根据作物生长周期的需求调整光照强度和光质，促进光合作用，加快生长速度，提高作物产量和质量。与传统光源相比，LED 灯能效更高，能耗更低，且使用寿命长，减少了能源消耗和维护成本。

光学防虫网：利用特定波长的光线对害虫具有驱避作用的原理，光学防虫网不仅可以有效阻挡害虫进入作物种植区，减少农药使用，而且不影响作物生长所需的光线透过，是一种环境友好的物理防控措施。

激光诱变育种技术：这是一种高效精准的生物技术，利用激光精确改变作物 DNA 序列，诱发有益突变，选育出具有抗逆境、高产、优质等优良性状的新品种。与传统育种方法相比，激光诱变育种周期短，针对性强，有助于加速作物品种改良进程。

3D 遥感测量技术：通过无人机或卫星搭载的高精度光学传感器，对农田进行三维立体监测，可以实时捕捉作物生长状态、病虫害发生情况和土壤水分分布等信息。这种技术有助于实现精准农业管理，比如变量施肥、灌溉和病虫害防治，提高资源利用效率。

高光谱成像测量技术：在农产品无损检测与筛选中，高光谱成像技术通过分析物体在不同波长下的光谱特性，能够快速、准确地识别作物成熟度、营养成分、病虫害感染等信息。这有助于优化收获时机，保证农产品品质，并在加工前进行有效分拣，减少浪费。

激光诱导击穿光谱学（LIBS）技术：在土壤污染物检测方面，LIBS 技术利用高能量激光束激发土壤样品产生等离子体，通过分析发射的光谱来识别土壤中的元素组成和含量，快速检测重金属、农药残留等污染物。这一技术有助于准确评估土壤污染状况，指导合理施肥和土壤修复，保障食品安全和生态环境健康。

### (四) 军事领域

光学技术在现代军事领域有着极其广泛的应用。这些应用主要体现在如下几个方面：空间侦察相机、导弹光学制导技术、红外夜视仪、激光测距系统、激光武器、机载平视显示系统、无人驾驶侦察系统、潜望镜、瞄准镜、军用望远镜、微光夜视技术、激光引信、激光陀螺、自由空间激光通信技术、光学遥感技术、光电跟踪技术、光电对抗技术等。

空间侦察相机：高分辨率的光学侦察卫星装备有精密的相机系统，能够从轨道上对地球表面进行详尽的监视和图像采集，为战略决策提供实时的情报支持，包括地形分析、目标识别和动态监测等。

导弹光学制导技术：利用红外或可见光图像引导导弹精确打击目标，通过对比目标图像与预存图像或实时追踪热源，确保了打击的准确性与灵活性，广泛应用于空对空、地对空以及巡航导弹等。

红外夜视仪：使士兵在夜间或低光环境下也能清晰观察，通过捕捉并增强目标物体的热辐射信号，实现隐蔽侦察和作战，显著提升夜间作战能力。

激光测距系统：为火炮、坦克、导弹发射系统提供精确的目标距离数据，确保射击的首发命中率，同时在战场测绘、侦察和定位中也有广泛应用。

激光武器：包括战术激光器和战略激光防御系统，利用高能激光束快速摧毁敌方无人机、导弹、舰船等目标，具有反应速度快、精度高、成本较低（单发成本）的特点。

机载平视显示系统：为飞行员提供飞行参数和目标信息的透明显示，使飞行员无需低头查看仪表，增强战斗中的态势感知和操作安全。

无人驾驶侦察系统：集成高分辨率摄像头和各种传感器的无人机，执行远程侦察、监视和情报收集任务，为指挥官提供即时战场信息。

潜望镜与瞄准镜：为潜艇和地面部队提供隐蔽观察与精确瞄准的能力，采用先进的光学与数字增强技术，提高观察距离和瞄准精度。

军用望远镜与微光夜视技术：专为恶劣环境设计，提供远距离观察与夜间作战能力，部分高端型号还具备图像稳定、数字增强等功能。

激光引信与激光陀螺：前者用于精确控制爆炸时机，提高弹药的杀伤效果；后者则是惯性导航系统的关键组件，确保装备在没有GPS信号时仍能准确导航。

自由空间激光通信技术：提供高速、保密的通信手段，尤其适合在卫星间或地面与卫星间的远距离数据传输，提高了军事通信的安全性和效率。

光学遥感技术与光电跟踪技术：前者用于远程、大范围的环境监测、目标识别；后者则用于动态追踪移动目标，确保武器系统能够持续锁定并精确攻击。

光电对抗技术：涉及干扰、欺骗和防护措施，用以对抗敌方的光电探测与制导系统，保护己方装备免受激光武器和精确制导武器的威胁。

（五）天文领域

天文观测手段的进步和提高是天文学发展的最重要推动力。天文望远镜是人类获得宇宙观测信息的主要手段。在所有的望远镜中，地基光学望远镜是最早出现的，也是人类认识宇宙最基础的手段。当前天文学已进入一个空间紫外、红外、X射线和γ射线望远镜，地面和空间甚长基线射电望远镜，乃至引力波探测器与光学望远镜联合观测的全波段时代。但全波段时代并没有减小光学望远镜的作用，光学天文仍然是信息最丰富、发展最完备的核心天文领域。因此，光学技术在天文学领域的应用是极为广泛的，而且也直接决定了天文学的发展水平。

光学在天文领域最重要的应用案例则是光学—红外望远镜，主要包括地基望远镜和空基望远镜。地基望远镜最重要的参数是主镜的口径。望远镜两个最重要的能力，即集光本领和分辨本领，均依赖于口径的增加而得以提高。目前，国际上已建成的最大的地基望远镜是位于夏威夷群岛的 Keck 望远镜（口径为10米级）。同时，美国正在启动建设下一代口径为30米的TMT望远镜，欧洲也计划在智利建设口径为39米的下一代巨型望远镜（E-ELT望远镜）。与此同时，中国政府拟计划在中国西部选择合适台址，建设一台口径为12米的大型光学红外望远镜（LOT）。

光学在天文学领域的另一个十分重要的应用案例则是空基望远镜，最著名的例子就是美国20世纪90年代发射升空的哈勃望远镜，其口径为2米级。美国下一代大型空间红外望远镜——詹姆斯—韦伯望远镜（James Webb Space Telescope, JWST）也即将发射升空，其主镜口径将达到6.5米，采用拼接型技术。

最后，光学在天文领域的应用还体现在天文望远镜终端设备的研制上。其主要体现在两个方面，一方面是自适应光学系统，另一方面是天文科学仪器。自适应光学系统则包括极限自适应光学技术、多重共轭自适应光学技术和近地层自适应光学技术等。天文科学仪器则根据科学目标和应用的不同，分为宽视场多目标成像光谱仪、宽波段中色散光谱仪、高分辨率光谱仪、行星直接成像仪、偏振探测仪、积分视场光谱仪、多目标大视场成像光纤光谱仪、单目标近红外光谱仪等。

（六）光通信领域

全光通信技术也是一种光纤通信技术，该技术是针对普通光纤系统中存在着较多的电子转换设备而进行改进的技术，该技术确保用户与用户之间的信号传输与交换全部采用光波技术，即数据从源节点到目的节点的传输过程都在光域内进行，而其在各网络节点的交换则采用全光网络交换技术。

光通信领域所需的核心光学技术包括：新型紧凑型光源技术（LED 或激光）、低损耗光纤技术、高性能光探测器技术。

1. 新型紧凑型光源技术

LED（发光二极管）与 VCSEL（垂直腔面发射激光器）：在全光通信系统中，LED 和 VCSEL 常被用作光源，尤其是 VCSEL，因其体积小、功耗低、易于集成到密集阵列中，非常适合用于高速数据传输和短距离通信。它们的开发重点在于提高发光效率、光功率稳定性以及优化光谱特性，以满足长距离传输和高速率的需求。

光纤激光器：针对长距离和超高速传输，光纤激光器以其高亮度、窄线宽、稳定的单频特性成为优选。通过优化掺杂光纤的设计、泵浦技术和非线性效应管理，这些激光器能够提供极高的光功率输出和卓越的光谱纯度，是全光网络中的关键元件。

2. 低损耗光纤技术

高纯度材料和创新的制造工艺使得光纤的损耗降至极低水平，这对于实现长距离无中继传输至关重要。G.657 光纤、超低损耗光纤（ULLF）和抗弯损耗光纤是近年来的亮点，它们通过改善光纤结构、减少杂质含量和优化折射率分布，实现了数据传输的高效与稳定。

3. 高性能光探测器技术

高灵敏度的光电探测器如 APD（雪崩光电二极管）和 PIN（正面照射型）光电二极管，是全光通信接收端的关键组件。这些探测器不仅需要有极快的响应速度以处理高速率信号，还需具备低噪声、高量子效率和宽动态范围，确保在长距离传输后信号的准确接收。

除了上述技术，全光通信领域还涉及到其他关键要素，例如：

波分复用（WDM）与密集波分复用（DWDM）技术：通过在同一光纤中同时传输多个不同波长的光信号，大幅度提升系统的传输容量和带宽利用率。

光交换技术：全光网络交换技术，如光交叉连接（OXC）、光分插复用器（OADM），实现了光信号在网络节点上的直接交换和路由，无需转换为电信号，大大降低了延迟并提高了网络灵活性。

光放大器技术：如掺铒光纤放大器（EDFA）、拉曼放大器等，用于补偿光纤传输中的损耗，保证信号强度，延长传输距离。

综上所述，全光通信技术的进步依托于这些核心光学技术的不断创新与发展，正逐步改变着通信网络的架构与性能，为未来的超高速、大容量、低延迟通信需求奠定坚实基础。

## （七）非成像光学领域

传统的几何光学是以提高光学系统的成像质量为宗旨的学科，它所追求的是如何在焦平面上获得完美的图像。非成像光学应用于主要目的是对光能传递进行控制而非成像的系统中。成像并不被排除在非成像设计之外。非成像光学需要解决的两个主要辐射传递的设计问题是使传递能量最大化并且得到需要的照度分布。这两个设计领域通常被简单地称为集光和照明。因此，非成像光学主要包括 LED 照明（包括路灯照明和车灯照明等）、激光光束整形、LED 显示系统、太阳能聚光系统等领域，涉及的主要技术手段包括自由曲面光学、菲涅耳透镜、全内反射透镜、微透镜阵列、衍射元件等。

## （八）日常生活领域

先进的光学技术已经渗透到了我们日常生活中的方方面面，最典型的应用包括：扫描仪、投影仪、手机摄像头、液晶显示、光碟、数码相机、虚拟现实与增强现实等。

扫描仪与打印机：光学扫描仪利用 CCD 或 CIS 元件捕捉纸质文档或图片的光学信息，并将其转换为数字信号，便于存储和编辑。而喷墨打印机和激光打印机则利用光学原理，将数字信号还原成高质量的文本和图像，无论是家庭作业还是办公文件，都变得更加高效和方便。

投影仪：从传统的灯泡光源到现在的 LED 和激光光源，投影技术的进步使得家庭影院、商务演示、教育课堂都能享受到大屏幕、高清晰度的视觉体验。尤其是短焦和超短焦投影仪的出现，使得在有限的空间内也能投射出大尺寸画面，为家庭娱乐和教学活动提供了更多可能。

手机摄像头：光学技术在智能手机摄像头上的应用不断革新，从最初的几百万像素到现在的亿级像素，配合光学防抖、多镜头系统（包括超广角、长焦、微距等）、夜景模式、HDR 等技术，使得手机摄影和录像的质量大幅提高，人们随时随地记录生活，分享美好瞬间。

液晶显示技术：从电视、电脑显示器到智能手机和平板电脑，液晶显示技术凭借其轻薄、省电、高分辨率的优势，成为了现代显示设备的主流。随着量子点、OLED、Mini LED 等新型显示技术的发展，色彩表现力、对比度和响应速度进一步提升，为用户带来更加沉浸式的视觉体验。

光碟技术：虽然随着流媒体服务的兴起，光碟的使用有所减少，但 DVD、蓝光光碟等仍然在一定程度上承载着电影、音乐和数据的物理存储，利用激光读取数据的技术，保持了信息的长期稳定存储。

数码相机：从便携的卡片机到专业的单反和无反相机，光学镜头的设计、图像传感器的升级、自动对焦和曝光算法的优化，使得数码相机能够捕捉更加细腻、真实的照片和视频，满足专业摄影爱好者和普通消费者的不同需求。

虚拟现实（VR）与增强现实（AR）：利用先进的光学显示技术，如透镜校正、瞳距调节、高刷新率屏幕等，结合头部追踪和环境感知，VR 头显为用户提供沉浸式的虚拟世界体验，而 AR 技术则通过智能手机摄像头或专用眼镜，将虚拟信息叠加在现实世界中，改变了游戏、教育、工业设计等多个领域的交互方式。

## 第二节　几何光学中的一些基本思想

### 一、几何光学概念

几何光学被用作设计几乎任何光学系统的基本工具，无论是否成像。我们使用光线的直观概念，大致定义为光能传播的路径，以及反射或透射光的表面。当光从光滑表面反射时，它遵循众所周知的反射定律，即入射光线和反射光线与表面的法线成相等的角度，并且光线和法线都位于一个平面内。当光透射时，光线方向根据折射定律改变：斯涅尔定律。该定律指出，法线和入射光线之间的角度的正弦与法线和折射光线之间的角度的正弦具有恒定的比率。同样，所有三个方向都是共面的。

聚光器设计和分析的主要部分涉及光线追踪，即跟踪光线通过反射和折射表面系统的路径。这是传统透镜设计中众所周知的过程，但对聚光器的要求有所不同，因此从头开始描述和开发方法会很方便。这是因为在传统的透镜设计中，所涉及的反射或折射表面几乎总是球体的一部分，并且球体的中心位于一条直线上（轴对称光学系统），因此利用简单形式的特殊方法可以使用曲面和对称性。非成像聚光器通常不具有球形表面。事实上，有时表面没有明确的分析形式，尽管通常存在轴或对称平面。因此，我们会发现最方便的是开发基于矢量公式的光线追踪方案，但在计算机程序中针对每个不同的形状专门涵盖了详细信息。

在几何光学中，我们用与表面相交的光线密度来表示整个表面的功率密度，用光线的数量表示总功率。这个概念让人想起静电学中有用但过时的"力线"，其工作原理如下（如图 1-6）。我们以入射角 $\theta$ 在聚光器的入口孔径上均匀分布 $N$ 条射线，如图 1-7 所示。

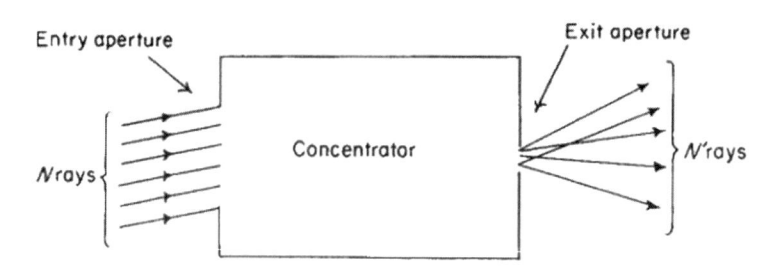

图 1-6 通过光线追踪确定集中器的传输

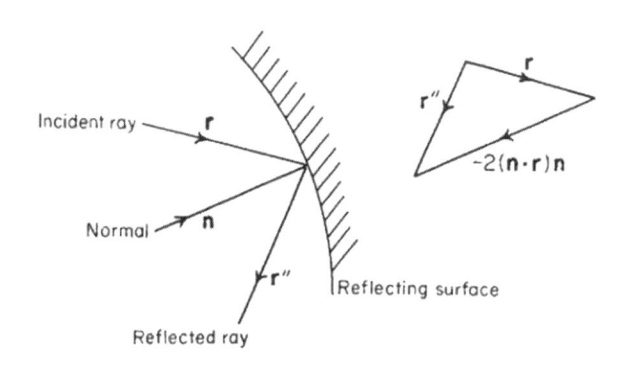

图 1-7 反射的向量公式，r, r″, n 都是单位向量

假设在跟踪穿过系统的光线之后，只有 $N'$ 通过出射孔出射，后者的尺寸由所需的聚光比决定。剩下的 $N-N'$ 条光线会因过程而丢失，当我们考虑一些示例时就会变得清楚。则角度 $\theta$ 的功率传输取为 $N'/N$。这可以根据需要扩展到覆盖角度 $\theta$ 的范围。显然，$N$ 必须足够大，以确保对集中器中可能的射线路径进行彻底的探索。

**二、射线追踪程序的制定**

为了制定一个适用于所有情况的光线追踪程序，可以方便地将反射和折射定律转化为矢量形式。图 1-7 显示了沿入射和反射光线的单位矢量 r 和 r″ 以及沿指向反射面的法线的单位矢量 n 的几何形状。那么很容易验证反射定律用向量方程表示：

$$r'' = r - 2 n \cdot r\, n \qquad (1-1)$$

因此，要"通过"反射面进行光线追踪，首先我们必须找到入射点，这是一个涉及入射光线方向和已知的表面形状。然后我们必须找到入射点的法线——这又是一个几何问题。最后，我们必须应用方程式（1-1）求反射光线的方向。如果要考虑另一个反射，则重复该过程。这些阶段如图 1-8 所示。自然地，在数值计算中，单位向量由它们的分量表示，即光线或法线相对于用于定义反射表面形状的某个笛卡尔坐标系的方向余弦。

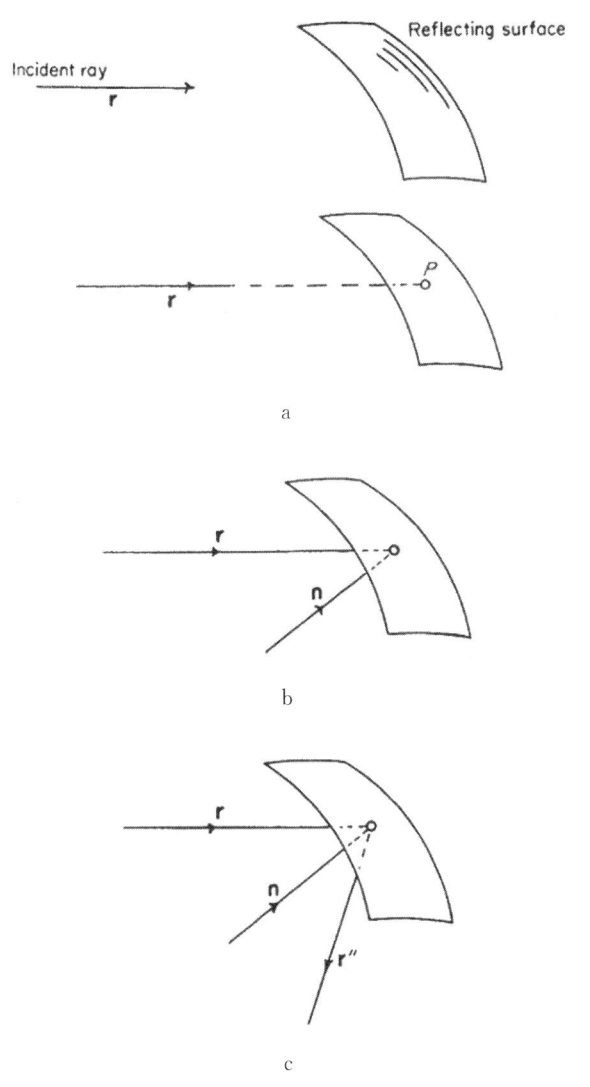

**图 1-8 光线追踪反射的各个阶段**
(a) 找到入射点 P；(b) 在 P 处找到法线 P；
(c) 应用等式 (1-1) 求反射光线 $r''$

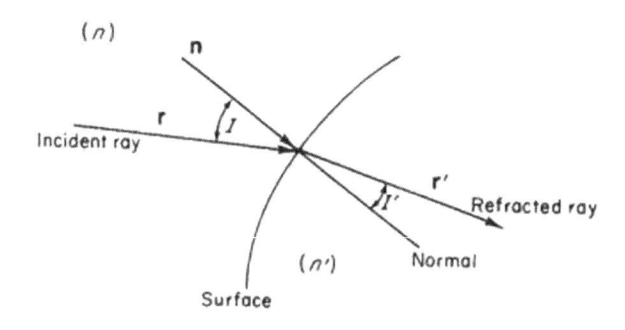

图 1－9 折射的向量公式

通过折射表面的光线追踪是类似的，但首先我们必须以矢量方式制定折射定律。图 1－9 显示了相关的单位向量。它与图 1－7 相似，只是 $r'$ 是沿折射光线的单位向量。我们用 $n$ 表示，$n'$ 是折射边界两侧的介质的折射率；折射率是与透明介质相关的参数到介质中的光速。具体来说，如果 $c$ 是光在真空中的速度，则在透明材料介质中的速度为 $c/n$，其中 $n$ 是折射率。对于可见光，对于可见光谱中的可用材料，$n$ 的值范围从 1 到大约 3。折射定律通常用以下形式表示：

$$n'\sin I' = n\sin I \tag{1-2}$$

其中 $I$ 和 $I'$ 是入射角和折射角，如图所示，其中光线和法线的共面性可以理解。向量公式：

$$n'r' \times n = nr \times n \tag{1-3}$$

包含一切，因为两个单位向量的向量积的模是它们之间角度的正弦。这可以通过矢量乘以 $n$ 以给出对光线追踪最有用的形式：

$$n'r' = nr + (n'r' \cdot n - nr \cdot n)n \tag{1-4}$$

这是光线追踪的首选形式。整个过程与图 1－9 中解释的反射过程类似。我们找到入射点，然后是法线方向，最后是折射光线的方向。

如果一条光线从折射率为 $n$ 的介质传播到与另一折射率为 $n' < n$ 的介质的边界，则可以从方程式中看出式（1－2）有可能使 $\sin I'$ 大于 unity。在这种情况下，发现光线在边界处完全反射。这称为全内反射，我们会发现它在聚光器设计中很有用。

# 第一章　现代应用光学概述

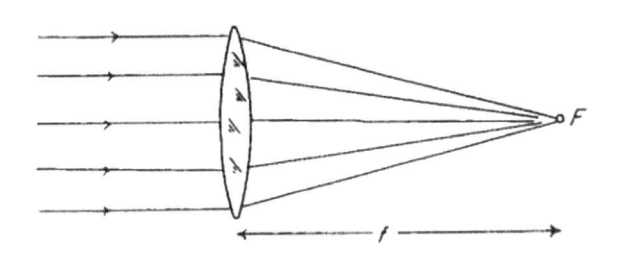

**图 1-10　平行光线集中到焦点的薄会聚透镜**

将平行光线集中到焦点的薄会聚透镜，见图 1-10，由于镜头在技术上很"薄"，因此我们不必指定镜头中用于测量焦距 $f$ 的确切平面成像光学系统的基本特性原则上，光线追踪的使用告诉我们所有关于给定光学系统的几何光学的知识，无论是否形成图像。然而，单独的光线追踪对于发明具有适合特定用途的特性的新系统几乎没有用处。我们需要从一般性能的角度来描述光学系统的特性，例如聚光比 $C$。在本节中，我们将介绍其中的一些概念。

首先考虑一个薄的会聚透镜，例如用作放大镜或用于远视者的眼镜中（见图 1-10）。我们所说的"薄"是指为了讨论的目的，它的厚度可以忽略不计。基本实验告诉我们，如果我们有光线从左边很远的一个点射出，因此它们基本上如图所示平行，那么这些光线大约会在焦点 $F$ 处相遇。镜头到 $F$ 的距离称为焦距，用 $f$ 表示。初步实验还表明，如果光线来自远距离有限尺寸的物体，则来自物体上每个点的光线会聚到一个单独的焦点，我们会得到一幅图像。当然，当燃烧的玻璃形成太阳的图像或相机中的镜头在胶片上形成图像时会发生这种情况。这在图 1-11 中表示，其中对象对着（小）角 $2\theta$。然后发现图像的大小是 $2f\theta$。考虑通过透镜中心的光线很容易看出这一点，因为这些光线通过时没有偏离。

图 1-11 包含我们在聚光器理论中使用的基本概念之一，即具有一定直径和角度范围的光束的概念。直径是透镜的直径——比如 $2a$ ——角度范围由 $2\theta$ 给出。这两者可以组合为一个产品，通常没有因子 4，给出 $\theta a$ ，一个以各种名称已知的量，包括范围、光学拓展量、接受度和拉格朗日不变量。事实上，如果光束中没有障碍物，并且我们忽略了由于材料特性（例如吸收和散射）引起的某些损失，它实际上是整个光学系统的不变量。例如，在图像的平面上，光学拓展量变为图像高度 $\theta f$ 乘以成像光线的会聚角 $a/f$，再次得到 $\theta a$ 。在讨论 3D 系统时——例如，我们假设图 1-11 表示的普通镜头——处理这个量的平方 $a^2\theta^2$ 很方便。这有时也称为光学拓展量，但通常从上下文和从维度考虑哪种形式是打算的。3D 形式的解释是本书主题的基础。假设我们在镜头焦点处放

置一个直径为 $2f\theta$ 的光圈,如图 1-12 所示。那么这个系统将只接受角度范围 $\pm\theta$ 和直径 $2a$ 内的光线。现在假设辐射通量 $B$(单位为 $Wm^{-2}sr^{-1}$)从左侧入射到透镜上。系统实际上将接受总通量 $B\pi^2\theta^2a^2W$;因此,光学拓展量或接受 $\theta^2a^2$ 是可以通过系统的功率流的量度。

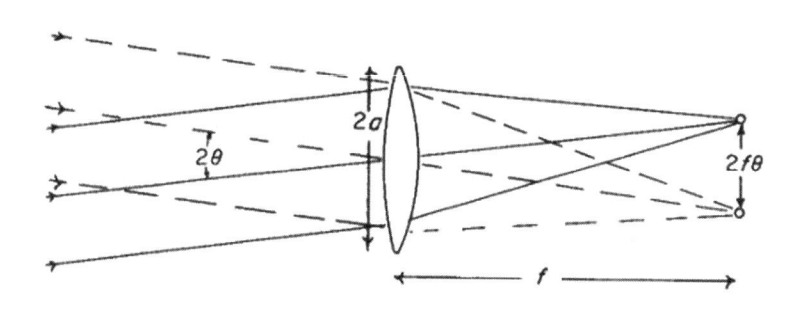

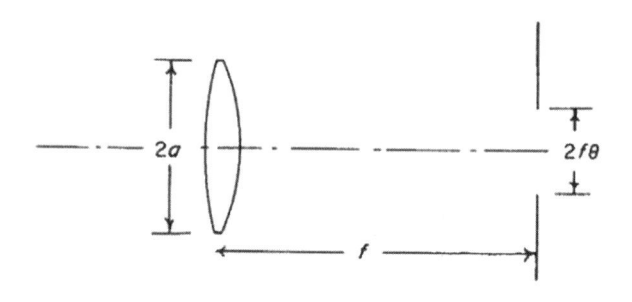

图 1-11 无限远的物体有一个对向角 $2\theta$,焦距为 $f$ 的镜头形成大小为 $2f\theta$ 的图像

图 1-12 接收面、输出面或光学拓展量的光学系统

相同的讨论显示了集中比 $C$ 如何出现在经典光学的背景下。如果我们前面关于镜头如何形成图像的假设是正确的,并且光圈的直径为 $2f\theta$,则可接受的功率 $B\pi^2\theta^2a^2W$ 必须流出系统右侧的光圈。因此,我们的系统充当集中器,输入半角 $\theta$ 的集中比 $C = (2a/2f\theta)^2 = (a/f\theta)^2$。

让我们将这些想法与实际案例联系起来。对于太阳能收集,我们有一个无限远的源,它对向一个大约为 0.005 rad(1/4°)的半角,因此这是 $\theta$ 的给定值,即收集角。显然,对于给定直径的镜头,我们通过尽可能减少焦距来获得收益。

**三、成像光学系统中的像差**

根据成像光学系统的简化图,我们没有理由不能通过简单地充分减小焦距来制造具有无限大聚光比的透镜系统。当然，情况并非如此，部分原因是光学系统中的像差，部分原因是浓度基本限制。

我们可以通过再次查看图 1—10 中的薄透镜示例来解释像差的概念。我们建议平行光线在通过透镜后全部会聚到一个点 F。实际上，这仅在透镜直径无限小时的极限情况下是正确的。这种条件下的光学系统理论称为近轴光学或高斯光学，它是获取成像系统主要大尺度特性的非常有用的近似。如果我们采用一个直径为焦距相当大一部分的简单镜头（例如 $f/4$），我们会发现来自单点物体的光线不会全部会聚到单个图像点。我们可以通过光线追踪来证明这一点。我们首先建立了一个建议的镜头设计，如图 1—13 所示。该透镜具有曲率（半径的倒数）$c_1$ 和 $c_2$、中心厚度 $d$ 和折射率 $n$。如果我们暂时忽略中心厚度，那么在专门的处理中（例如，Welford，1986）表明焦距 $f$ 是通过近轴近似给出的：

$$1/f = n-1 \quad c_1 - c_2 \tag{1-5}$$

这样我们可以使用它来使系统具有大致所需的近轴特性。

现在我们可以使用几何光学概念与成像光学系统概念的方法按照指定的方式跟踪穿过系统的光线（普通透镜系统的光线跟踪方法的详细信息）。这些将是精确的或有限的光线，与在高斯光学近似中隐含的近轴光线相反。图 1—13 中镜头的结果如图 1—14 所示。这显示了从无限远轴上的物体点追踪的光线，即平行于轴的光线。

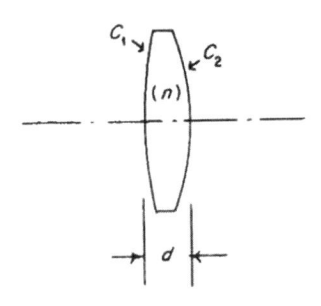

图 1—13 单镜头规格如图所示，曲率 $c_1$ 为正，$c_2$ 为负

一般而言，对于凸透镜，来自透镜孔径外部的光线与近轴光线相比更靠近透镜与轴相交。这种效应被称为球面像差。（该术语具有误导性，因为像差可能发生在具有非球面折射表面的系统中，但在目前该主题的高级状态下尝试改变它似乎没有什么意义。）

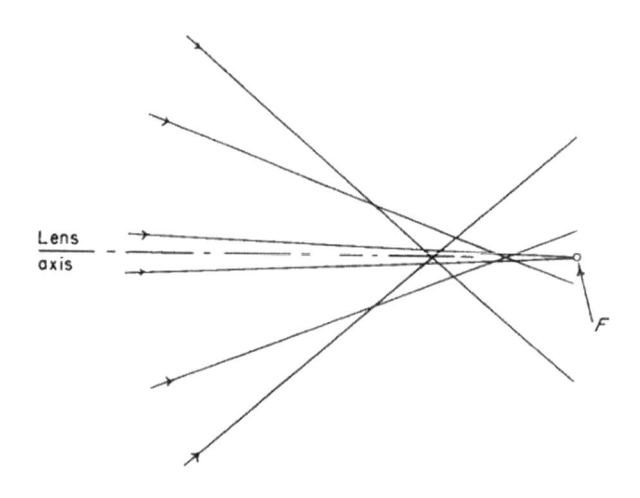

图 1-14　显示球面像差的镜头焦点附近的光线

球面像差可能是不同像差类型中最简单的一种描述，但这只是其中之一。即使我们选择透镜表面的形状来消除球差或以其他方式消除球差，我们仍然会发现远离轴的物体点的光线没有形成点像——换句话说，会有倾斜或离轴像差。此外，任何材料介质的折射率都会随着光的波长而变化，从而产生各种色差。在这个阶段我们不需要非常深入地对像差的分类进行深入研究，但是这个初步的草图对于显示像差与可达到的浓度比的相关性是必要的。

**四、成像系统中的像差对浓度比的影响**

关于从图像形成系统中消除像差的理论上可能的程度的问题尚未得到完全回答。在本书中，我们将尝试给出适合我们目的的答案，尽管它们可能不是经典镜片设计师想要的。目前，让我们接受完全消除球差是可能的，但不能完全消除离轴像差，并假设对于图 1-12 的简单收集器已经做到了这一点。效果将是极端角度 $\theta$ 处的光束的一些光线将落在直径为 $2f\theta$ 的限定孔径之外。通过点图表示像差，我们可以更清楚地看到这一点。这是图像平面中的图表，其中绘制了点以表示入射光束中的各种光线。极角 $\theta$ 的这种点图可能如图 1-15 所示。通过透镜中心的光线（透镜理论中的主光线）按照定义与聚光孔的边缘相遇，因此相当多的通量没有通过。相反，可以看出（至少在这种情况下）将收集来自角度大于 $\theta$ 的光束的一些通量。

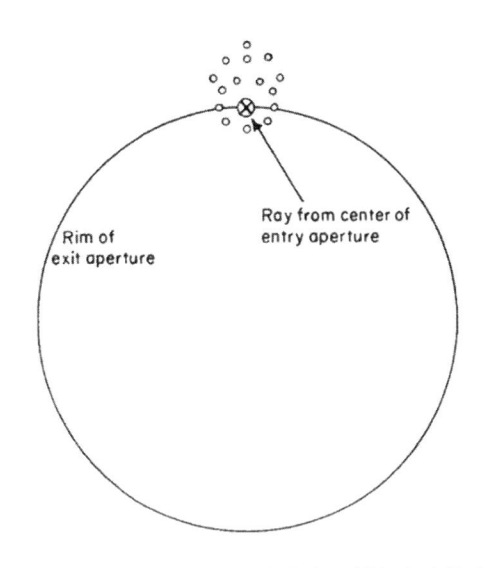

图 1-15  图像形成集中器的最大入射角光束的点图

由于像差，一些光线错过了出射孔的边缘，因此浓度小于理论最大值。

我们将这些信息显示在图 1-16 中。这显示了在不同角度收集的光的比例，直到理论最大值 $\theta_{max}$。一个理想的收集器会按照整条线运行——也就是说，它会收集 $\theta_{max}$ 内的所有光通量，而不会收集到外面的任何光通量。在这一点上可能有人反对，我们只需要稍微扩大收集孔径就可以达到第一个要求，而第二个要求无关紧要。然而，我们记得我们的目标是实现最大浓度，因为需要高工作温度，因此收集器孔径不能扩大到超过 $2f\theta$ 直径。

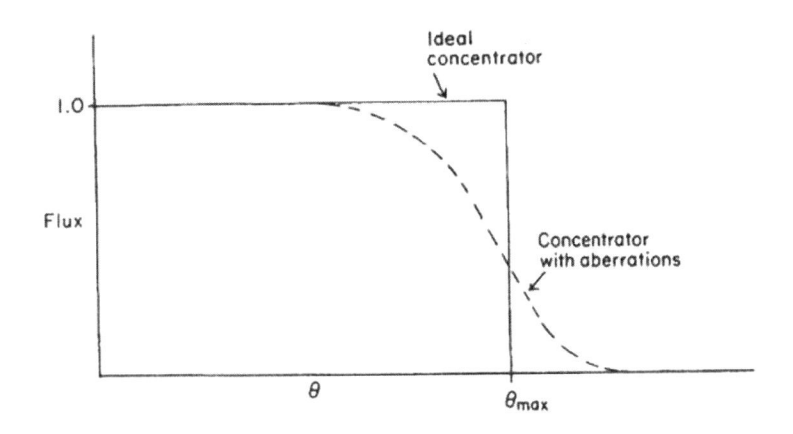

图 1-16  收集效率与角度的关系图

图 1-16 收集效率与角度的关系图。纵坐标是以角度 $\theta$ 进入收集器孔径并从出口孔径出现的通量的比例。

在几何光学书籍中经常讨论像差时，给人的印象是像差在某种意义上是"小"的。这在设计和制造以形成相当好的图像的光学系统中是正确的，例如相机镜头。但是这些系统不能在足够大的收敛角（图 1-11 的符号中的 $a/f$）下运行以接近最大理论浓度比。如果我们在这种情况下尝试使用传统的成像系统，我们会发现像差会非常大，并且会严重降低会聚率。粗略地说，我们可以说这是导致开发新的非成像聚光器的一个限制。然而，我们不能说成像与达到最大浓度是不相容的。我们将在后面展示两个属性结合的例子。

### 五、光程长度和费马原理

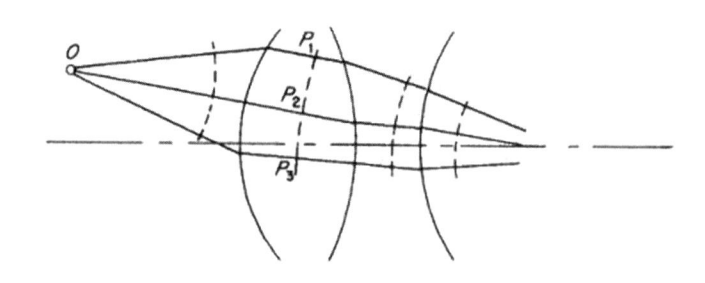

**图 1-17 射线和（虚线）几何波前**

还有另一种看待几何光学和光学系统性能的方法，为了本书的目的，我们也需要对其进行概述。我们注意到，光在折射率为 $n$ 的介质中的速度为 $c/n$，其中 $c$ 是真空中的速度。因此，光在介质中传播距离 $s$，时间为 $s/v = ns/c$；也就是说，在折射率为 $n$ 的介质中移动距离 $s$ 所需的时间与 $ns$ 成正比。量 $ns$ 称为与长度 $s$ 对应的光程长度。假设我们有一个点光源 $O$ 将光发射到光学系统中，如图 1-17 所示。我们可以追踪穿过系统的任意数量的光线，然后我们可以沿着这些光线点划出与 $O$ 具有相同光程长度的点，例如 $P_1$，$P_2$…我们通过使每个介质中从 $O$ 的光程长度之和相同来做到这一点——也就是说，用一个明显的符号表示。

$$\sum ns = const. \qquad (1-6)$$

这些点可以连接起来形成一个表面（我们假设包含图表平面外的光线），如果我们根据光的波动理论来思考，这将是一个光波相位恒定的表面，我们称其为几何波阵面，或简称为波阵面，我们可以沿从 $O$ 开始的光线束构建所有距离的波阵面。

**图 1-18 费马原理**

在图中假设介质具有连续变化的折射率。实线路径具有从 $A$ 到 $B$ 的固定光程长度，因此是物理上可能的光线路径。

我们现在介绍一个原理，它不像反射和折射定律那么直观，但它导致的结果对于本书主题的发展是必不可少的。它基于光程长度的概念，是一种预测光线通过光学介质的路径的方法。假设我们有任何可以具有透镜和反射镜的光学介质，甚至可以具有折射率连续变化的区域。我们想要预测该介质中两点之间的光线路径——比如图 1-18 中的 $A$ 和 $B$。我们可以提出无限数量的可能路径，其中三个被指出。但是，除非 $A$ 和 $B$ 碰巧是对象和图像——我们假设它们不是——只有一条或少数有限数量的路径在物理上是可能的——换句话说，光线可以根据以下定律采取的路径几何光学。最常用形式的费马原理指出，物理上可能的光线路径是这样一种光线路径，其中从 $A$ 到 $B$ 的光路长度与相邻路径相比是极值。对于"极值"，我们通常可以写成"最小值"，就像费马最初的陈述一样。可以推导出所有几何光学——即从费马原理中得出的折射和反射定律。这也导致了几何波前与射线正交的结果（Malus 和 Dupin 定理）；也就是说，光线垂直于波阵面。这反过来告诉我们，如果没有像差——如果所有光线都在一个点相遇——那么波前一定是球体的一部分。因此，如果没有像差，从物点到像点的光程长度在所有光线上都是相同的。因此，我们得出了另一种表达像差的方式：根据波前与理想球形的偏离。当我们讨论成像系统可以形成"完美"图像的不同感觉时，这个概念将很有用。

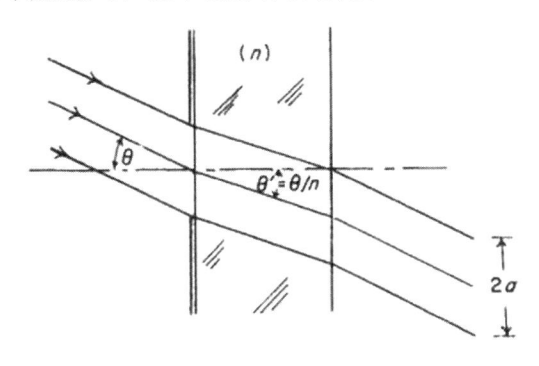

**图 1-19** 在折射率为 $n$ 的介质内，集光度变为 $n^2 a^2 \theta'^2$

接下来，我们必须介绍一个概念，这对非成像集中器原理的发展至关重要。我们记得，注意到有一个量 $a^2\theta^2$，它是系统接受功率的度量，其中 $a$ 是入射孔径的半径，$\theta$ 是接受光束的半角。我们发现，在轴对称系统的近轴近似中，这在光学系统中是不变的。实际上，我们只考虑了入口和出口光圈附近的区域，但在光学专业文献中显示，对于复杂光学系统中的任何区域，都可以写出相同的量。有一点复杂：如果我们考虑折射率不同于单位的区域，比如说，透镜或棱镜的内部—不变量写为 $n^2a^2\theta^2$。其原因可以从图 1－19 中看出，图中显示了一束以极端角度 $\theta$ 进入折射率为 $n$ 的平行玻璃板的光束。在玻璃内部，角度为 $\theta'=\theta/n$，根据折射定律 5，使得该区域中的不变量为：

$$etendue = n^2a^2\theta^2 \tag{1-7}$$

这里尝试使用光学拓展量来获得系统浓度比的上限，如下所示。假设有一个由任意数量的部件组成的轴对称光学系统，这不一定是图 1－12 中所示的简单系统。该系统将具有半径为 $a$ 的入射光圈，可能是前透镜的边缘，或者，如图 1－20 所示，可能是系统内部的一些限制光圈。入射平行光束可能平行出现，如图 1－21 所示，也可能不平行，这不会影响结果。但为了简化论证，更容易想象一束平行光束从半径为 $a'$。根据定义，浓度比为 $(a/a')^2$，如果使用光学拓展量不变并假设初始和最终介质均为空气或真空折射率单位，则浓度比变为 $(\theta/\theta')^2$。由于考虑到明显的几何因素，$\theta'$ 不能超过 $\pi/2$，这表明 $(\pi/2\theta)^2$ 是浓度的理论上限。

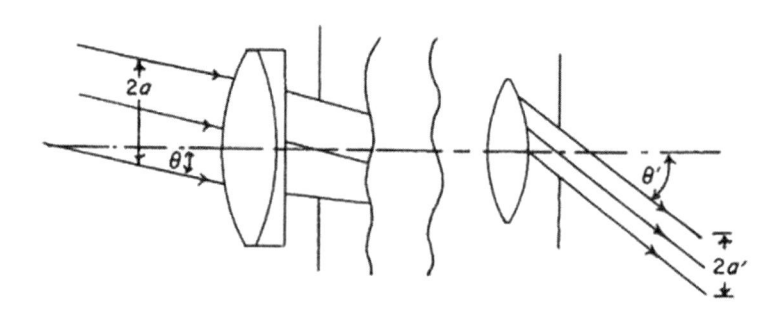

图 1－20 带内孔径光阑的多元光学系统的发展趋势

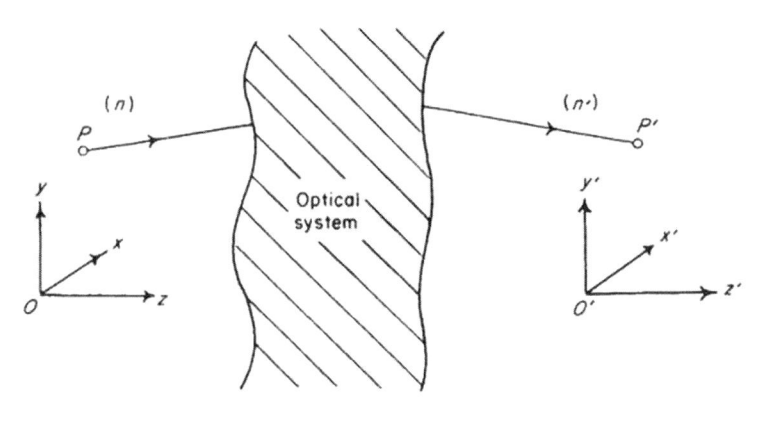

图 1-21 光学拓展量广义趋势

不幸的是，这个论点是无效的，因为我们定义的光学拓展量本质上是一个傍轴量。因此，对于 π/2 这样大的角度，它不一定是不变量。事实上，光学系统中像差的影响是确保近轴方向在近轴区域外不是不变的，因此我们没有找到正确的浓度上限。

事实证明，对于与轴成有限角度的光线，有一个适当的推广，我们现在将对此进行解释。这一概念已经为人所知一段时间了，但在经典光学设计中没有得到任何程度的应用，因此许多文本中都没有对其进行描述。它适用于任何对称或非对称以及折射、反射或折射率连续变化的任何结构的光学系统。

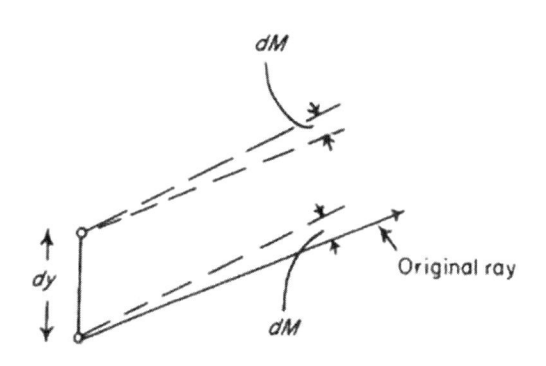

图 1-22 dy 截面上的广义光学拓展量

假设系统由折射率为 $n$ 和 $n'$ 的均匀介质限定，如图 1-22 所示，假设在各自的输入和输出介质中的点 $P$ 和 $P'$ 之间精确地跟踪了光线。考虑 $P$ 的小位移以及穿过 $P$ 的射线段方向的小变化对出射射线的影响，以便这些变化定义具有一定横截面和角度范围的射线束。为了做到这一点，在输入介质中建立了笛卡尔坐标系 Oxyz，在输出介质中建立另一个坐标系 $Ox'y'z'$。这些坐标系的原点位置及其轴的方向对于彼此、光线段的方向以及光学系统都是任意的。通过 $P$ $x$，$y$，$z$ 的坐标和射线的方向余弦 $L$，$M$，$N$ 指定输入射线段。类似地指定输出段。现在我们可以用 $x$ 和 $y$ 坐标的增量 $dx$ 和 $dy$ 来表示 $P$ 的小位移，也可以用 $x$ 轴和 $y$ 轴的方向余弦的增量 $dL$ 和 $dM$ 来表示光线方向的小变化。因此，生成了一个由 $dLdM$ 定义的面积 $dxdy$ 和角度范围的光束。图 1－22 中显示了 $y$ 截面。在输出光线位置和方向上会出现相应的增量 $dx'$、$dy'$、$dL'$ 和 $dM'$。

然后不变量变成了 $n^2$，$dx$，$dy$，$dL$，$dM$，也就是说：
$$n'^2 dx' dy' dL' dM' = n^2 dx dy dL dM \tag{1－8}$$

这个定理的证明依赖于几何光学中我们在本书中不需要的其他概念。因此，我们在附录 A 中给出了证明，其中也可以找到其他证明。式（1－8）的物理含义是，它给出了一定尺寸和角度范围的光束通过系统时的光线变化。如果在输入介质中存在产生这种有限光束的光圈，并且在其他地方没有光圈来切断光束，则输出介质中会出现可接受的光功率，因此定义的光束是沿光束传输功率的正确度量。一开始，坐标系原点和方向的选择是相当随意的，这似乎很值得注意。然而，不难证明在一种介质中计算的广义光学拓展量或拉格朗日不变量与坐标平移和旋转无关。当然，如果要成为一个有意义的物理量，就必须如此。

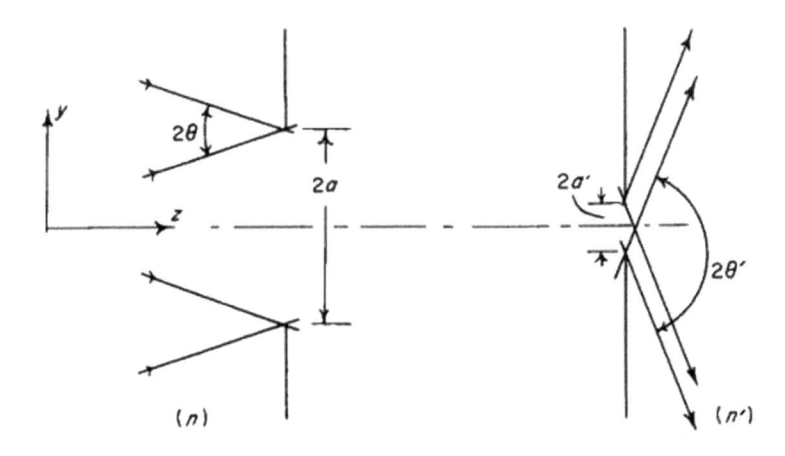

**图 1－23 二维光学系统的理论最大浓度比**

广义的光学拓展量有时用光学方向余弦 $p=nL$，$q=nM$ 表示，当其形式为：

$$dxdydpdq \qquad (1-9)$$

光学拓展量值与任何 4－参数射线束相关联。四个参数的每一个组合定义了一条射线。在图 1－21 的示例中，四个参数是 $x$、$y$、$L$ 和 $M$（或 $x'$、$y'$、$L'$ 和 $M'$），但还有许多其他可能的四个参数集描述同一束。对于射线未在 $z=$ 常数（或 $z'=$ 常数平面）上描述的情况，则可使用以下广义表达式计算束 $dE$ 的微分：

$$dE = dxdydpdq + dydzdqdr + dzdxdrdp \qquad (1-10)$$

总趋势是通过对束的所有光线进行积分获得的。在下面的内容中，我们将假设该束可以在 $z=$ 常数平面上描述。

在二维几何中，当我们只考虑平面中包含的光线时，我们还可以为任何 2 个参数光线束定义一个方向。如果包含所有光线的平面是 $x=$ 常数平面，则光学拓展量的微分可以写成 $dE=ndydM$。与 3D 情况一样，光学拓展量是束的不变量，无论在何处计算，都可以获得相同的结果。例如，它可以在 $z'=$ 常数的条件下计算，结果应该是相同的：$n'dy'dM'=ndydM$，或者，就光学方向余弦而言，$dy'dq'=dydq$。我们现在可以使用光学拓展量不变量来计算浓缩器的理论最大浓度比。首先考虑一个二维设计，如图 1－23 所示。对于任何横穿系统的射线束：

$$ndydM = n'dy'dM' \qquad (1-11)$$

对 $y$ 和 $M$ 积分，我们得到：

$$4na\sin\theta = 4n'a'\sin\theta' \qquad (1-12)$$

使得浓度比为：

$$\frac{a}{a'} = \frac{n'\sin\theta'}{n\sin\theta} \qquad (1-13)$$

在这个结果中，$a'$ 是出射孔径的一个尺寸，其大小足以允许到达它的任何光线通过，而 qⅡ 则是所有出射光线中的最大角度。很明显，$\theta'$ 不能超过 $\pi/2$，因此理论最大浓度比为：

$$C_{\max} = \frac{n'}{n\sin\theta} \qquad (1-14)$$

类似地，对于 3D 情况，我们可以证明，对于轴对称集中器，理论最大值为，其中 $\theta$ 是输入半角：

$$C_{\max} = \left(\frac{a}{a'}\right)^2 = \left(\frac{n'}{n\sin\theta}\right)^2 \qquad (1-15)$$

结果以等式表示。（1－14）和（1－15）是可能达到或可能无法达到的最大值。我们在实践中发现，如果出射孔径具有等式（1-15）给出的直径，则入射收集角和孔径内的一些光线不会穿过它。我们有时还发现，在许多待描述的系统中，一些入射光线实际上被内反射反射回来，永远不会到达出射孔径。此外，由于吸收、不完美的反射率等原因也存在损耗，但这些并不代表根本的限制。因此，等式。（1-14）和（1-15）给出了集中器性能的理论上界。到目前为止，我们的结果适用于具有矩形入口和出口孔径的线性集中器式（1-14），以及具有圆形入口和出口孔的旋转集中器式（1-15）。为了完整起见，我们应该简要讨论如果入口孔径不是圆形，但聚光器本身仍具有对称轴，会发生什么情况。这种情况的困难在于它取决于聚光器内部光学元件的细节。内部光学系统可能会在出射孔径上形成入射孔径的图像，在这种情况下，使其形状相似是正确的。对于任意形状但均匀入射角 $\pm \theta_i$ 的入射孔径，通常可以说，对于理想的聚光器，出射孔径的面积必须等于入射孔径乘以 $\sin^2 \theta_i$ 的面积。

### 六、歪斜不变量

有一个不变量与斜光线通过轴对称光学系统的路径有关。设 $S$ 为光线与轴之间的最短距离，即公共垂线的长度，$\gamma$ 为光线与轴线之间的角度。那么数量：

$$h = nS\sin\gamma \tag{1-16}$$

是贯穿整个系统的不变量。如果介质具有连续变化的折射率，则通过将 $z_1$ 值处光线的切线视为光线，并使用光线与横向平面 $z_1$ 相交点处的折射率值，可获得光线在沿轴的任何坐标 $z_1$ 处的不变量。

如果我们使用动力学类比，那么 $h$ 对应于沿着射线路径的粒子的角动量，而斜不变定理对应于角动量守恒。根据哈密顿方程，歪斜不变量只是从对称条件导出的第一个积分。

### 七、不同版本的浓度比

我们现在对浓度比有了一些不同的定义。希望通过使用不同的名称来澄清它们。首先，建立 2D 和 3D 系统中浓度比的上限，分别由等式给出式（1-14）和（1-15）。这些上限仅取决于输入角度以及输入和输出折射率。显然，我们可以将这两个表达式称为理论最大浓度比。第二，实际系统将具有尺寸为 $2a$ 和 $2a'$ 的入口和出口孔。对于线性或旋转系统，它们可以是宽度或直径。出射孔径可以透射或不透射到达它的所有光线，但在任何情况下，比率 $a/a'$ 或 $a/a'^2$ 定义了几何浓度比。第三，给定一个实际的系统，我们可以追踪穿过它的光线，并确定从出射孔径射出的入射光线在收集角度内的比例。该过程将产生光学浓度比。最后，在计算光学浓度比时，我们可以通过反射损耗、散射、制造误差和吸收来考虑集中器中的衰减。我们可以将结果称为考虑损耗的光学浓度比。光学浓度比将始终小于或等于理论最大浓度比。几何浓度比当然可以有任何值。

# 第二章 光学拓展量

## 第一节 光学拓展量基础

光学拓展量是非成像和照明光学设计中最基本但最重要的概念之一。首先，它解释了光学系统的通量传输特性，其次，它在塑造目标辐射分布的能力中起着不可或缺的作用。

由于现代计算机技术使得口音的去除变得简单，因此口音的去除在今天并不适用。最近这段不同观点和潜在混淆的历史说明了"趋势"一词固有的复杂性，表明它有可能以多种方式被解释。事实上，在定义了光学拓展量并说明了其在光学系统中的固有守恒性之后，我们提出了一系列与光学拓展量类似或经常混淆的术语。

在本章中，一系列证明和示例表明，通量传递特性通过其固有守恒性是光学拓展量的积分特性。从源到目标的分布形状也是光学拓展量的固有部分，但通常通过光学拓展量的一阶导数-偏度来更好地观察。与光学拓展量一样，通过旋转对称的光学系统，偏度也是不变的。在本章结束时，我们讨论了光学拓展量的局限性，特别是在光学物理领域，从而提出了另一种发展表达式。

请注意，在本章中，使用了辐照度、辐射度和辐射强度或简单的强度的辐射测量术语。可以分别替换照度、亮度和发光强度的光度量。此外，我们使用成像术语，如"入射光瞳"或"出射光瞳"，以便与成像界保持一致。我们发现，使用来自成像界的此类表达式可以减轻非成像光学领域新手的潜在困惑。可以使用入口孔径或出口孔径的替代术语。

### 一、光学拓展量概述

光学拓展量是一个法语单词，作为动词，它的意思是扩展，作为名词，它的含义是达到。在光学领域，趋势是由光学系统中通量传播的几何特性产生的量。正如我们将看到的，在光学领域使用埃滕杜与法语词根非常一致。它描述了通量通过系统的角度和空间传播，因此它显然与系统的辐射传播特性有关。在无吸收、散射、增益或菲涅耳反射损耗的无损系统中，系统入射光瞳传输的所有光通量都从出射光瞳发射。系统的光学扩展量定义为：

$$\xi = n^2 \iint_{pupil} \cos\theta dA_s d\Omega \tag{2-1}$$

其中 $n$ 是源空间中的折射率，积分是在入瞳上进行的。通过该系统传播的总通量由 $L(r, a)$ 求得，它是在 $r$ 点沿单位矢量 $a$ 方向的源辐射。通过积分，我们得到通量，[①]

$$\begin{aligned}\Phi &= \iint_{pupil} L(r, a) dA_{s, proj} d\Omega \\ &= \iint_{pupil} L(r, a) \cos\theta dA_s d\Omega\end{aligned} \tag{2-2}$$

其中空间积分是在入射光瞳视野内的源区域上，角积分是在光瞳视场内的源发射上，即来自光源的光瞳对向的 $r$ 点如果假设一个空间均匀的朗伯源，则源辐射函数由 $L_s$ 给出，在等式（2-2）中代入后给出：

$$\Phi = L_s \iint_{pupil} \cos\theta dA_s d\Omega \tag{2-3}$$

因此，由具有空间均匀朗伯发射器的光学系统传输的总通量根据光学拓展量由下式给出：

$$\Phi = \frac{L_s \xi}{n^2} \tag{2-4}$$

请注意，光学拓展量是一个几何量，用于描述无损系统的通量传播特性。无损这一术语对系统光学拓展量的解释施加了限制。该术语意味着不考虑吸收、散射和反射损失，但更重要的是，它将方程 2-1～2-3 的积分限制为入瞳标准的积分。在实际系统中，不仅存在吸收、像差、衍射和反射损耗，还存在与制造公差相关的损耗以及入瞳无法捕获源通量。因此，几何光学拓展量为实际光学系统的通量传输能力提供了理论限制。

作为一个例子，考虑一个平面发射器，其定向使得它可以被入瞳直接观察到，并且它具有适当的小尺寸 $A_s$，使得入瞳处的立体角在其范围内不会有明显变化。对向立体角 $\theta_A$ 由的半锥角给出。这个角度称为接受角，表示被入瞳接受并在出瞳没有损失的情况下传输的半角。使用微分立体角表达式，该系统的光学拓展量为：

---

① The notation of Reference [7] is used for this development

$$\xi = n^2 A_s \int_0^{2\pi}\int_0^{\theta_a} \cos\theta\sin\theta d\theta d\varphi = \pi n^2 A_s \sin^2\theta_a \qquad (2-5)$$

到目前为止，光学拓展量已被描述为光学系统的属性，例如相机镜头或聚光器。但是，该定义可以扩展以考虑源的光学拓展量。源光学拓展量描述了发射器本身的几何通量发射特性，它为后续光学系统收集该通量并将其传输到预期目标的能力提供了基本限制。如成像系统的光学拓展量受限主要是由于 f/# 降低时的像差考虑。换句话说，对于现实光源，例如钨丝灯泡和 LEDs，成像系统在捕捉光源通量并将其无损传输到出瞳的能力方面受到限制。非成像系统，或更一般地说，照明系统，使用光学拓展量的数量来驱动他们的设计，从而大大减少了损耗。事实上，正如有一些理论结构不会提供任何损失，因此会保留光学拓展量。

## 二、光学拓展量的保护

我们已经提到了光学拓展量在无损系统中是守恒的这一事实。在本节中，对这一主张的真实性进行了一些证明。首先，我们通过辐射和能量守恒来展示光学拓展量守恒。其次，我们使用 eikonal 展示了几何量的守恒，即广义光学拓展量。第三，提出了基于热力学定律的证明。提出多重证明背后的原因不仅是表明光学拓展量和守恒是物理学的基本概念，而且表明不同物理学的解释提供了相同的结果。简而言之，读者必须了解光学拓展量的细微差别及其守恒，以便能够有效地设计照明系统。预计这些证明中的至少一个对于非成像和照明光学领域的新从业者来说会更熟悉，从而使他们更好地理解。最后，许多其他作者在不同的出版物中提出了这些证明，因此本文的介绍将这三种处理方法集中在一个地方。请注意，可以使用统计力学中的刘维尔定理和应用于哈密顿系统的斯托克斯定理来开发额外的证明。

图 2-1　无损光学系统中源（$dA_s$）和目标（$dA_t$）的表示，
以显示在均匀介质中传播时的辐射守恒

对未能保持光学拓展量的简单解释意味着，通过"放弃"光学拓展量，会降低光学系统的通量传输能力。重要的一点是光学拓展量守恒为系统将通量从源转移到目标的能力提供了理论限制。此外,可以使用光学拓展量守恒方程来找到对于给定光源确实守恒通量的光学系统的形状。

(一)辐射率和光学拓展量守恒证明

首先,我们研究在均匀无损介质中传播时的辐射守恒。图2-1表示通量从源($dA_s$)到目标($dA_t$)的转移。源和目标分别在$\theta_s$和$\theta_t$处定向到连接两个基本区域的质心。源与目标区域对向的差分立体角由$d\Omega_s$给出,而类似的目标立体角由$d\Omega_t$给出。两个辐射的比率,$L_s$和$L_t$,为:

$$\frac{L_s}{L_t} = \frac{d^2\Phi_s/\cos\theta_s dA_s d\Omega_s}{d^2\Phi_t/\cos\theta_t dA_t d\Omega_t} \tag{2-6}$$

请注意,为了保持无损状态,$\Phi_s = \Phi_t$。取消通量微分并替换微分立体角,得到:

$$\frac{L_s}{L_t} = \frac{\cos\theta_t dA_t d\Omega_t}{\cos\theta_s dA_s d\Omega_s} = \frac{\cos\theta_t dA_t}{\cos\theta_s dA_s} \frac{dA_s \cos\theta_s/r^2}{dA_t \cos\theta_t/r^2} = 1 \tag{2-7}$$

其中$r$是元素对象的分离。然后将等式(2-7)改写为:

$$L_s = L_t \tag{2-8}$$

这证明了辐射在均匀介质中传播时是守恒的。

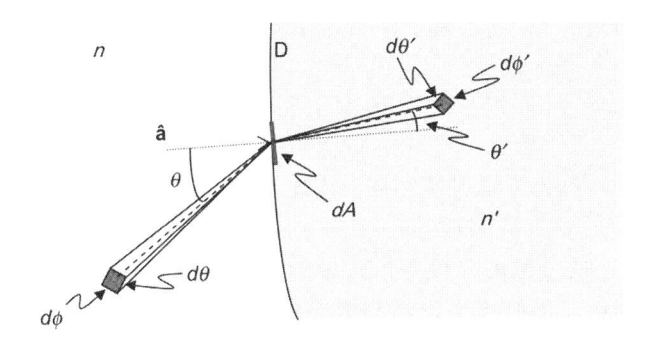

**图2-2 折射率过渡时的差分立体角表示,以验证基本辐射度随折射率变化不变**

接下来,我们研究所谓的基本辐射率7,即$L/n^2$,因为它通过由均匀介质组成的无损系统传播,这些介质之间有明显的边界分隔。等式(2-8)表明,辐射率在任何单一介质中都是守恒的,但当通量入射到折射率边界上时会发生什么?图2-2显示了入射到两种介质边界上$dA$元素区域的辐射度L和差分立体角副强度$d\Omega$的光束元素的传播布局。该光束以$\theta$的极角和相对于垂直于$dA$,$\hat{a}$的单位的$\theta$的方位角入射。源(对象)介质具有索引$n$,而目标(图像)介质具有指数$n'$。该光束携带的微分通量为:

$$d^2\Phi = L\cos\theta dAd\Omega \qquad (2-9)$$

在该表面折射时，差分立体角子群的质心极角和方位角 $d\Omega'$ 分别由 $\theta'$ 和 $\varphi'$ 给出。极角和方位角的微分部分是折射前的 $d\theta$ 和 $d\varphi$，折射后的 $d\theta'$ 和 $d\varphi'$。斯奈尔定律的一个条件是折射光线保持在其各自的入射面内，因此：

$$d\varphi = d\varphi' \qquad (2-10)$$

将斯奈尔定律与极角 $\theta$ 微分，得到：

$$n\cos\theta d\theta = n'\cos\theta'd\theta' \qquad (2-11)$$

将等式（2-5）、（2-10）和（2-11）代入两个微分立体角 $d\Omega$ 和 $d\Omega'$ 的比值，得到：

$$\frac{d\Omega}{d\Omega'} = \frac{\sin\theta d\theta d\varphi}{\sin\theta'd\theta'd\varphi'} = \frac{n'^2\cos\theta'}{n^2\cos\theta} \qquad (2-12)$$

在无损耗（即通量守恒）的条件下折射后从元素区域 $dA$ 发出的辐射为

$$L' = \frac{d^2\Phi}{\cos\theta'dAd\Omega'} \qquad (2-13)$$

将等式（2-9）代入该等式的分子中：

$$L' = L\frac{\cos\theta d\Phi}{\cos\theta'd\Omega'} \qquad (2-14)$$

最后，我们用 $n'^2$ 代替方程（2-6）中的微分立体角之比，并重新组织方程得出结论：

$$\frac{L}{n^2} = \frac{L'}{n'^2} \qquad (2-15)$$

等式（2-9）标记为辐射度定理。因此，我们证明了基本辐射度在两个指数为 $n$ 和 $n'$ 的介质之间转换时是不变的。该方程对反射同样有效，因为当 $n' = -n$、请注意，通过使用分段方法，辐射度在梯度折射率介质中是守恒的。在每个传播步骤中，折射率变化都非常小，因此根据等式（2-8），辐射率在小步骤中是守恒的。然后，根据等式（2-9），随着折射率的变化，基本辐射度保持不变。

最后，既然我们已经证明了辐射度通过在任意介质和折射率跃迁中的传播是守恒的，我们就可以研究光学拓展量的守恒。使用等式（2-4）和（2-9）以微分趋势表示微分通量：

$$d^2\Phi = \frac{L_S}{n^2}d^2\xi \qquad (2-16)$$

我们已经用等式（2-9）证明了基本辐射率 $L_S/n^2$ 是不变的，并且在无损系统中，由于能量守恒定律，微分通量 $d^2\Phi$ 必须守恒。因此，微分趋势 $d^2\xi$ 也必须是不变的。光学系统的总趋势通过在光瞳上积分求出：

$$\xi = \iint_{pupil} d^2\xi \tag{2-17}$$

这必须是保守的。等式（2-10）和（2-11）证明了在传输光学系统入射光瞳接受的辐射的无损系统中实现了光学拓展量守恒。

此外，考虑这两个方程（2-8）和（2-9）的另一种方法是，它们分别表示成像系统中光线跟踪的传输方程和折射方程的光学拓展量等价物。式（2-8）将输入辐射从一个曲面传递到下一个曲面，而式（2-9）处理边界处的折射。

（二）广义光学拓展量守恒的证明

使用辐射守恒来证明光学拓展量是守恒的；然而，光学拓展量是一个几何量，因此必须证明光学拓展量在几何或一般意义上是守恒的。这里展示了广义光学拓展量的证明，该证明可归因于不受近轴近似约束的任意系统、对称到不对称光学系统以及任何类型的组件（例如折射、反射和梯度）。前面的证明一样，它可以应用于光源。

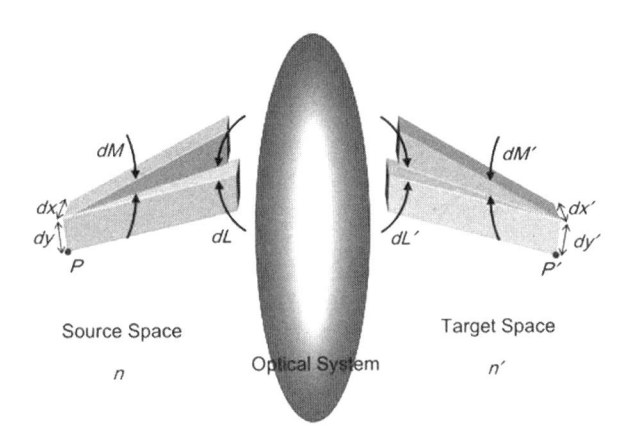

**图 2-3　光束通过中间光学系统从源空间（r）到目标空间（r'）的传播表示**

图 2-3 显示了通用系统的配置，索引 $n$ 的源空间用坐标 $r = x, y, z$ 表示，索引 $n'$ 的目标空间用坐标 $r' = x', y', z'$ 表示。我们研究了光线通过中间光学系统从源空间的 $P$ 点到目标空间的 $P'$ 点的传播。然后，我们将我们的研究扩展到包括差分区域 $dA$ 光束到差分区域 $dA'$ 的传播。此外，源光束和像光束的方向分别延伸到 $dLdM$ 和 $dL'dM'$ 的差角范围的方向。请注意，$L$ 和 $M$ 项是标准方向余弦。通过图 2-3 的光学系统不变的量为：

$$dxdydpdq = dx'dy'dp'dq' \tag{2-18}$$

其中 $dp$ 和 $dq$ 项是差分光学方向余弦项，分别等效于 $ndL$ 和 $ndM$。该方程表示（光学）相空间体积及其在光学系统中的守恒，如图2-3所示。因此，方程（2-12）提供了通过光学系统传播的广义光学拓展量不变性的最终形式。本节的目的是证明等式（2-12）的准确性。

从描述光线从$P$到$P'$的光程长度的点特性$V$开始，我们得到了坐标的函数形式，

$$V(r; r') = \int_P^{P'} n ds \quad (2-19)$$

其中$n$是折射率，是光线从$P$至$P'$路径$s$的函数。方程（2-13）的解由下式给出：

$$V(r; r') = V(P') - V(P) \quad (2-20)$$

其中$V$函数分别是点$P$和$P'$的光路分量。已经证明：

$$n\frac{dr}{ds} = ns = \nabla V(r) \quad (2-21)$$

因此，我们可以将方程（2-14）的两个分量表示为：

$$\begin{aligned} \nabla V(r) &= -ns \text{ and} \\ \nabla V(r') &= -n's' \end{aligned} \quad (2-22)$$

其中向量$s$和$s'$分别表示源空间和目标空间中的方向余弦。然后可以写入等式（2-16）的横向方向上的各个光学方向余弦分量：

$$\begin{aligned} nL &= p = -\frac{\partial V}{\partial x} = -V_x \\ nM &= q = -\frac{\partial V}{\partial y} = -V_y \\ n'L' &= p' = \frac{\partial V}{\partial x'} = V_{x'}, \text{ and} \\ n'M' &= q' = \frac{\partial V}{\partial y'} = V_{y'} \end{aligned} \quad (2-23)$$

$V$项上的下标表示相对于所列变量的偏导数。将方程（2-17）中的各个方程对传播路径进行微分，我们找到微分光学方向余弦的表达式：

$$\begin{aligned} dp &= -V_{xx}dx - V_{xy}dy - V_{xx'}dx' - V_{xy'}dy', \\ dq &= -V_{yx}dx - V_{yy}dy - V_{yx'}dx' - V_{yy'}dy', \\ dp' &= V_{x'x}dx + V_{x'y}dy + V_{x'x'}dx' + V_{x'y'}dy', \text{ and} \\ dq' &= V_{y'x}dx + V_{y'y}dy + V_{y'x'}dx' + V_{y'y'}dy'. \end{aligned} \quad (2-24)$$

重写方程（2-18）以分离源空间项（r）和目标空间项（r'），然后用矩阵表示方程组：

## 第二章 光学拓展量

$$\begin{vmatrix} V_{xx} & V_{xy} & 1 & 0 \\ V_{yx} & V_{yy} & 0 & 1 \\ V_{x'x} & V_{x'y} & 0 & 0 \\ V_{y'x} & V_{y'y} & 0 & 0 \end{vmatrix} \begin{matrix} dx \\ dy \\ dp \\ dq \end{matrix} = \begin{vmatrix} -V_{xx'} & -V_{xy'} & 0 & 0 \\ -V_{yx'} & -V_{yy'} & 0 & 0 \\ -V_{x'x'} & -V_{x'y'} & 1 & 0 \\ -V_{y'x'} & -V_{y'y'} & 0 & 1 \end{vmatrix} \begin{matrix} dx' \\ dy' \\ dp' \\ dq' \end{matrix} \quad (2-25)$$

如果 A 是左侧的方阵，B 是右侧的方阵，并且 w 和 w′ 分别是左侧和右侧的列向量，则：

$$Aw = Bw' \quad (2-26)$$

我们希望找出 w′ 作为 w 的函数，从而将每一边乘以 B，B$^{-1}$ 的倒数，

$$w' = B^{-1}Aw \quad (2-27)$$

公式（2-21）表示变量从源空间坐标 $x,y;p,q$ 到目标空间坐标 $x',y';p',q'$ 的变化。雅可比矩阵 J 在该变换期间提供相等，使得：

$$w' = Jw \quad (2-28)$$

其中

$$J = B^{-1}A \quad (2-29)$$

然后，变量的变化提供了：

$$dx'dy'dp'dq' = |J|dxdydpdq = \left|\frac{A}{B}\right|dx'dy'dp'dq' \quad (2-30)$$

其中 |J| 表示雅可比矩阵的行列式，或简称为雅可比。为了证明方程（2-12），我们需要证明方程（3-30）中的 |J|=1。我们找到了 |J| 的分量矩阵的行列式：

$$|A| = \begin{vmatrix} V_{xx} & V_{xy} & 1 & 0 \\ V_{yx} & V_{yy} & 0 & 1 \\ V_{x'x} & V_{x'y} & 0 & 0 \\ V_{y'x} & V_{y'y} & 0 & 0 \end{vmatrix} = V_{x'x}V_{y'y} - V_{x'y}V_{y'x} \quad (2-31)$$

而且：

$$|B| = \begin{vmatrix} -V_{xx'} & -V_{xy'} & 0 & 0 \\ -V_{yx'} & -V_{yy'} & 0 & 0 \\ -V_{x'x'} & -V_{x'y'} & 1 & 0 \\ -V_{y'x'} & -V_{y'y'} & 0 & 1 \end{vmatrix} = V_{xx'}V_{yy'} - V_{xy'}V_{yx'} \quad (2-32)$$

方程（2-25）和（2-26）中的微分阶可以改变，因此 A 和 B 的行列式相等，从而证明 |J|=1 和方程（2-12）。因此，广义上的光学拓展量在通过无损系统传播时是不变的。这个等式是基于 Clairaut 定理的使用，该定理指出，如果函数的这些偏导数在感兴趣的区域中是连续的，则二阶混合偏导数是相等的。如果在感兴趣的邻域内的一点上，二阶偏导数存在不连续性，则称矩

阵为非对称矩阵，这意味着二阶偏导不可交换。在这种情况下，无法确保广义光学拓展量的守恒性；然而，守恒有效性的反例是非几何的。这类示例引入损耗，因为它本质上意味着点特性 $V$ 通过光学系统有多条路径，即存在不连续或简并。

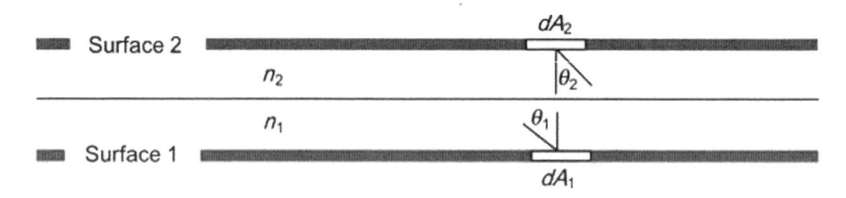

**图 2-4　两块热平衡的无限平行板，用热力学定律说明埃滕杜守恒**

（三）热力学定律中的光学拓展量守恒

在本节中，我们从热力学基本定律，特别是第零定律（如热平衡）和第一定律（能量守恒），介绍了光学拓展量守恒。从图 2-4 开始，我们有两个无限平面，下一个（表面 1）在指数 $n_1$ 中，上一个（曲面 2）在指数 $n_2$ 中，条件是 $n_1 < n_2$。此外，所有表面，包括介电过渡，都彼此平行。底面辐射度为 $L_1$，上表面辐射度为 $L_2$。$dA_1$ 的元素区域以 $\theta_1$ 角发射到元素环形立体角 $d\theta_1$。因此，辐射通量由下式给出：

$$d^2\Phi_1 = 2\pi L_1 dA_1 \cos\theta_1 \sin\theta_1 d\theta_1 \quad (2-33)$$

同样地，对表面 2 进行该处理：

$$d^2\Phi_2 = 2\pi L_2 dA_2 \cos\theta_2 \sin\theta_2 d\theta_2 \quad (2-34)$$

这些方程是方程（2-9）的简单扩展；然而，我们将结合热力学定律得出我们的答案。

来自表面 1 的一部分通量被电介质界面反射，然后被表面 1 吸收。这一假设意味着表面 1 有完美的吸收，这可以通过黑体实现。该黑体假设的结果意味着辐射 $L_1$ 与角度无关。反射量为 $R_1(\theta_1)$，其中 $R_1$ 是入射角的函数，是用菲涅耳方程求出的反射率。因此，通量与 1 成比例 $1-R_1(\theta_1)$ 从表面 1 到表面 2。与表面 1 一样，假设表面 2 上的所有入射通量都被吸收，因此第二个表面也是一个黑体。在相反方向上，反射率是 $R_2(\theta_2)$ 角的函数，因此第一个表面吸收的通量与 1 成正比 $1-R_2(\theta_2)$。

利用热力学第零定律和第一定律，我们得到了一个处于平衡状态的系统，使得从一个表面转移到另一个表面的通量必须等于另一个方向的通量。对于热平衡，使用 $\Phi_{1,in} = \Phi_{1,out}$，和 $\Phi_{2,in} = \Phi_{2,out}$。使用反射率和透射率项，在收集类似项后，可以获得两个表面的反射率和透光率项：

## 第二章 光学拓展量

$$[1-R_1(\theta_1)]d^2\Phi_1 = [1-R_2(\theta_2)]d^2\Phi_2 \quad (2-35)$$

等式（2—29）是平衡的表达式，而两个表面看到相同的净能量流这一事实意味着存在能量守恒。接下来，代入等式（2—27）和（2—28），并对面积和角度变量进行积分。在积分并使用 $A_1 = A_2 = \infty$ 从而可以移除区域组件：

$$L_1 \int_0^{\pi/2} [1-R_1(\theta_1)] \sin\theta_1 \cos\theta_1 d\theta_1 = L_2 \int_0^{\arcsin(n_1/n_2)} [1-R_2(\theta_2)] \sin\theta_2 \cos\theta_2 d\theta_2$$

$$(2-36)$$

请注意，右侧的上限受到临界角处全内反射条件的限制。右手侧使用的是斯奈尔定律，$n_1 \sin\theta_1 = n_2 \sin\theta_2$，以得出：

$$L_1 \int_0^{\pi/2} [1-R_1(\theta_1)] \sin\theta_1 \cos\theta_1 d\theta_1 = \frac{n_1^2}{n_2^2} L_2 \int_0^{\pi/2} [1-R_2(\theta_2)] \sin\theta_1 \cos\theta_1 d\theta_1$$

$$(2-37)$$

$R_1(\theta_1)$ 和 $R_2(\theta_2)$ 是可逆的，因此 $R_1(\theta_1) = R_2(\theta_2)$，这意味着从一个方向到另一个方向的光线将遵循相反方向光线的相同路径。重写方程（2—31）：

$$L_1 \int_0^{\pi/2} [1-R_1(\theta_1)] \sin\theta_1 \cos\theta_1 d\theta_1 = \frac{n_1^2}{n_2^2} L_2 \int_0^{\pi/2} [1-R_1(\theta_1)] \sin\theta_1 \cos\theta_1 d\theta_1$$

$$(2-38)$$

方程（2—32）中的被积函数不为零，因此我们得到了方程（2—9）的辐射度定理。根据等式，光学拓展量守恒如（2—10）和（2—11）。

### 三、光学拓展量的讨论

本节对术语 étendue 及其守恒、集中和偏度的相关性质进行了相当复杂的处理。尽管如此，这个话题可以通过额外的例子和见解来大大扩展。Etendue 是描述和设计高效非成像系统最重要的方面之一。重要的是要记住 étendue 仅仅是一个几何因素——它不包括光的任何物理属性。然而，正因为如此，人们似乎可以通过使用光谱、偏振、相干，甚至混合等光学现象来增加光束中的通量，从而打破 étendue 的限制。

简短解释每种增加通量而不影响 étendue 的方法是有必要的：

1. 光谱的方法。用二向色光学元件可将两束几何参数相同的光束相加。两束光的光谱为 $\Delta\lambda_1$ 和 $\Delta\lambda_2$，通量为 $\Phi_1$ 和 $\Phi_2$，且这些光谱不重叠。一束被二向窗反射，另一束被发射，因此总功率按原光束参数计算为 $\Phi_{tot} = \Phi_1 + \Phi_2$

2. 极化的方法。偏振元件可用于将两束几何参数相同的正交偏振光束相加。与光谱情况一样，总功率为 $\Phi_{tot} = \Phi_1 + \Phi_2$ 与原始光束参数。

3. 一致性的方法。干涉可以用来提供比 étendue 守恒所描述的更高的通量。这是通过建设性干扰和破坏性干扰来完成的。

4. 混合方法。这里提出的论点假设每条射线看到的是与其他射线相同的光学系统。然而，你可以有一个光学系统，一些射线看到 m1 元素，而另一组射线看到 m2 元素。一个说明性的例子是源耦合到反射器超过其发射空间的一半。不与向后反射器交互的光与预期的 étendue 传播出去，而向后反射的光匹配这个 étendue（假设源发射在向前和向后方向是对称的）。你的流量翻了一番，而 étendue 是期望值的一半。实际上，有源几何阻碍完美的性能。例如，白炽灯基本上会有整个反向反射辐射入射线圈。有些辐射会被吸收，但有些辐射会散射出源的几何形状，并增加向前方向的通量，而不影响 étendue。

最后，关于最后一点，请参阅 étendue squeeze。它显示了如何使用稀释和混合，以达到预期的结果，由于首先考虑保护 étendue。对于前三点，有人提出可以考虑物理 étendue，这样：

$$\int d\Xi = \sum_{P_i} \iiiint L\ P_i,\ \lambda,\ x,\ yx,\ p,\ q\ d\lambda dx dy dp dq \qquad (2-39)$$

其中 $\Xi$ 是物理 étendue，$L$ 是亮度，$P_i$ 是第 $i$ 偏振态，$\lambda$ 是波长。本质上，要追踪物理 étendue，我们必须回到源发射的基本定义——辐射函数。由于能量守恒，辐射函数通过光学系统可以减小，但不会增加。① 物理 étendue 的术语通过无损系统被完美地保存。

## 第二节　光学拓展量的其他表达式

在很多文献中，有许多使用中的术语或表达暗示了趋势及其保护。这许多术语可能会给非专业读者带来困惑，因此，我们在这里深入了解了用于表达倾向的大量术语。我们还讨论了每个术语的适用性和细微差别。

**一、辐射度、亮度和亮度**

首先，如光学拓展量的保护，由于通过光学系统的辐射的不变性，辐射这个术语通常与光学拓展量同义。虽然这种用法是可以理解的，但通过辐射守恒证明了光学拓展量守恒－这种用法是不正确的。由于每个量的单位，这一限制很容易显现出来：光学拓展量是面积立体角的单位（例如，$m^2-sr$），而辐射

---

① 这种说法假设系统中没有任何收益。如果有收益，则必须在式（2.112）中加入附加项。

度是每个投影面积和每个立体角的通量单位（例如：W/m² — sr）。细微的区别在于，光学拓展量不包含光学系统内通量分布的知识，而是仅表示光学系统入射光瞳或任何横截面上的通量传输能力。此外，辐射度描述的是光源，而光学拓展量描述的是光学系统的传输特性。为了设计照明系统，一种简单而方便的方法是：

①辐射度描述了源在空间和角度上的通量发射特性

②光学拓展量描述了通过光学系统的孔径传输函数

③通过光学系统传输后，可以通过光学拓展量函数在空间和位置上修改辐射函数，从而为传播的辐射提供新的辐射分布

④然后可以将这种新的辐射分布传播到下一个孔径，从而执行由埃滕杜埃函数滤波的辐射函数的迭代过程，以产生新的辐射度分布，直到击中目标，在此可以确定所需的度量，例如根据等式（2—4）的通量转移。

这一过程非常适合一阶计算，以设计基于通过埃滕杜滤波器的辐射传输的光学系统，特别是那些保持埃滕杜埃的光学系统。由于光学拓展量和辐射度的这种共生关系，这些术语通常可以互换使用，但这些术语的用户必须理解此处描述的细微差别。因此，为了减少潜在的混淆，不应使用术语来表示彼此。

亮度是辐射度的光度模拟；因此，在此继续前面提供的警告。在第1章中，我们讨论了术语"亮度"，它类似于亮度，因此也类似于辐射度；然而，它取决于实际的观察者，而不是标准化的观察者。实际观察者的加入将感性问题带入讨论。因此，我们的警告被放大了，因为感知问题增加了亮度和亮度之间的脱节。读者必须确保理解这些差异，并且为了缓解任何潜在的混淆，这些术语不能互换使用。

## 二、输出量

吞吐量是成像设计界经常听到的一个术语，其前面通常有"光学"一词。它描述了这样一个系统的流量传输能力，因此吞吐量直接等于光学拓展量。唯一需要注意的是，吞吐量几乎总是与成像（即透镜）系统结合使用，而不是与照明系统结合使用。其与成像系统的连接通常将其限制在近轴域。此外，有些人使用吞吐量来描述辐射分布，而不是透镜系统的趋势。请注意，"光吞吐量"通常表示某种形式的辐射，而"吞吐量"表示辐射。总之，不包括辐射分布的吞吐量是光学拓展量的模拟，如果暗示了近轴域，则它是光学拓展量的近轴版本。

### 三、范围

与法国的光学拓展量定义一致，术语光学范围、几何范围或范围本身用于描述系统的 édendue。与吞吐量一样，"光学"的前身通常与辐射度同义，而几何范围通常表示某种形式的辐射。因此，几何范围通常类似于光学拓展量，但与所描述的其他情况一样，必须谨慎使用这些不同的术语。读者必须确保所表达的量，如果暗示了近轴近似，并且存在感知成分。

### 四、拉格朗日不变量

上述各项的守恒也是常见现象。然而，特别是在透镜设计领域，光学或拉格朗日不变量 $H$ 用于近轴系统内的守恒：

$$H = nhu = n'h'u' \qquad (2-40)$$

在对象和图像空间之间，或者更一般地：

$$H = n(\overline{y}u - \overline{u}y) = n'(\overline{y}u' - \overline{u}'y) \qquad (2-41)$$

其中 $n$ 项是折射标记，$y$ 项是近轴横向位移，$u$ 项是相对于光轴的近轴角。"禁止"项（例如，$\overline{u}$）表示主要射线项，而"非禁止"项（"$y$"）表示边缘射线项。此外，"未加底漆"项（如 $n$）表示折射前，而"加底漆"的项（如 $u'$）表示折射后。最后，等式（2—33）中的 $h$ 和 $h'$ 分别是近轴物体和图像高度。该项在成像系统中的不变性只是其重要性的一个方面，因为其平方 $H^2$ 与通量传输和信息承载能力成比例，即图像中可分辨斑点的数量。

与光学拓展量一样，拉格朗日不变量表示光学系统的通量传输能力，它是不变量，但它是近轴表达式。简单地说，它是光学拓展量的近轴形式，但其实用性受到限制，因为非成像光学通常使用远超出近轴近似极限的角度（即 90°的输入或输出角度）。

### 五、阿贝正弦条件

在非傍轴表示法中，使用阿贝正弦条件：

$$nh\sin\theta = n'h'\sin\theta' \qquad (2-42)$$

其中该方程中的项遵循用于方程（2—33）和（2—34）的语法，除了 $u = \sin\theta$ 和 $u' = \sin\theta'$。阿贝正弦条件在成像设计中具有其他特性，因为它描述了一个没有彗差和球面像差的柱头系统。注意等式（2—35）与上一节的等式相似，其中 $h$ 项表示微分空间项（如等式 2—18 中的 $dx$ 或 $dy$），而 $n\sin\theta$ 项表示微分方向余弦项（如公式 2—18 的 $dp$ 或 $dq$）。因此，阿贝正弦条件是光学拓展量守恒的直接表达式，但它具有无彗差和球面像差的附加含义。

### 六、配置或形状因子

在辐射传热领域，从一个表面到另一个表面的功率传递以积分形式给出：

$$\Phi_{1\to 2} = \iint_{A_1 A_2} \frac{L_1(\theta, \varphi)\cos\theta_1 \cos\theta_2}{d^2} dA_1 dA_2 \Rightarrow L_1 \iint_{A_1 A_2} \frac{\cos\theta_1 \cos\theta_2}{d^2} dA_1 dA_2 \quad (2-43)$$

其中 $L_1$ 是辐射率，$\varphi$ 是方位角，$\theta_1$ 和 $\theta_2$ 是两个表面相对于连接它们的轴的方向，$d$ 是两个表面之间的距离，$A_1$ 和 $A_2$ 是两个表面的面积，方程的第二种形式适用于辐射为朗伯的特殊情况。在辐射传热领域，通常假设散热器发射为黑体或具有朗伯辐射分布。等式（2-36）的右侧有两个分量：由 $L_1$ 给出的辐射部分和由二重积分给出的几何部分。方程（2-36）只是方程（2-1）给出的扩展量的不同形式，它是通过代入微分立体角 $d\Omega = dA\cos\theta/d^2$ 得到的。配置或形状因子定义为：

$$F_{1\to 2} = \frac{\Phi_{1\to 2}}{\Phi_1} \quad (2-44)$$

其中 $\Phi_{1\to 2}$ 根据公式（2-36），$\Phi_1$ 是第一个表面发出的总功率。因此，配置因子是由一个表面发射的辐射与入射到第二表面的比率。对于来自第一表面的朗伯发射，$\Phi_1 = M_1 A_1 = \pi L_1 A_1$，其中 $M_1$ 是第一表面的辐射出射率。将朗伯第一表面的总功率和方程（2-36）代入方程（2-37），得到：

$$F_{1\to 2} = \frac{1}{\pi A_1} L_1 \iint_{A_1 A_2} \frac{\cos\theta_1 \cos\theta_2}{d^2} dA_1 dA_2 = \frac{\xi_{1\to 2}}{n^2 \pi A_1} = \frac{\Omega_{1\to 2}}{\pi} \quad (2-45)$$

其中 $\xi_{1\to 2}$ 和 $\Omega_{1\to 2}$ 分别是第一个表面与第二个表面所对的光学拓展量和立体角。在光学拓展量表达式中，分母是来自第一个表面的半球形朗伯发射的光学拓展量。在立体角表达式中，分母是来自第一表面的立体角发射。因此，在所有情况下，配置因子都是照射在第二表面上的辐射、扩展量或立体角与来自辐射器的类似量的比率。配置因子的计算可能很繁琐，尤其是对于更复杂的几何排列，因此有文献资源提供了积分的电子格式。

总之，配置因子直接表示光学系统的光学拓展量，但它是通过将其与发射器的光学拓展量进行比较来实现的。这种表达光学拓展量的方法很有用，因为它还提供了光学系统的传输效率。

# 第三节 使用扩展的设计示例

此处显示了许多示例。每个都使用通过理论光学系统传播的光源的辐射分布，该光学系统在任意空间半径 $R$ 和接受角 $\theta_a$ 上完美耦合。这些示例显示了光学系统的通量传输特性作为光学拓展量的函数。第一个例子是朗伯均匀的空间盘。第二个将角发射剖面更改为各向同性。第三种情况进一步增加了不均匀的空间发射模式。最后，第四个例子对于管状源更现实。

## 一、Lambertian，空间均匀的磁盘发射器

使用图 2-5a，从公式（2-4）开始计算光学系统的通量传输性能。由于光学系统是完美的，内部没有损耗，因此我们可以使用光学拓展量守恒来确定目标处的通量。只需解方程（2-1）即可确定从源传输到光学系统目标侧的通量。在源 $A_s$ 的整个区域和 $\theta \in 0, \theta_a$ 的角度范围内，方程（2-1）的解是：

$$\xi_S\ \theta_a\ = n^2 A_S \int_0^{2\pi}\!\!\int_0^{2\pi} \cos\theta \sin\theta d\theta d\varphi = \pi n^2 A_S \sin^2\theta_a \tag{2-46}$$

（a）　　　　　　　（b）　　　　　　　（c）

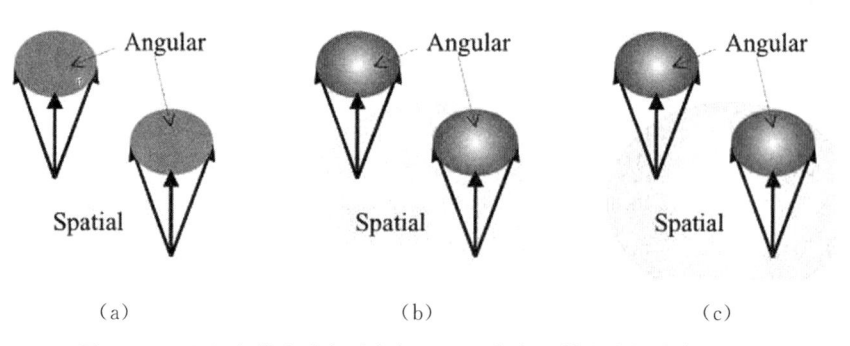

图 2-5　（a）朗伯和空间均匀源；（b）各向同性和空间均匀源和
（c）各向同性和空间均匀源）的空间和角发射模式的
描述空间非均匀源

其中我们在被积函数中用 $d\Omega = \sin\theta d\theta d\varphi$ 代替了微分立体角，并且光学拓展量项上的 S 下标表示光源范围与光学系统的视场完全匹配。因此，在光学系统之后，目标处的通量，具有半径为 $r_s$ 的源，发射具有 $L_s$ 的朗伯空间均匀源辐射，为：

$$\Phi = \pi L_s A_s \sin^2 \theta_a = \pi^2 L_s r_s^2 \sin^2 \theta_a \qquad (2-47)$$

如果光学系统捕获了所有的源发射，则 $\theta_a = \pi/2$，在目标处给出理论上的最佳通量

$$\Phi\left(\theta_a = \pi/2\right) = \Phi_{opt} = \pi L_s A_s = \pi^2 L_s r_s^2 \qquad (2-48)$$

通过比较非最优接受角（Eq.2-47）到最优情况（等式2-48）中，我们得到了系统的传输效率 $\eta$ 作为接受角的函数：

$$\eta(\theta_a) = \frac{\Phi(\theta_a)}{\Phi_{opt}} = \frac{\xi(\theta_a)}{\xi_{opt}} \sin^2 \theta_a \qquad (2-49)$$

理想传输效率的理论极限出现在 $\theta_a = \pi/2 = 90°$ 时。绘制公式（2-49）有两种方法：传输效率作为接受角度的函数或传输效率作为分数的函数。分数由 $\overline{\xi_s}(\theta_a) = \xi_s(\theta_a)/\xi_{opt}$ 给出。在这种情况下，应计入的分数是配置系数。第一种情况的公式（2-49）在图2-6a中绘制，第二种情况的公式（2-49）在图2-6b中绘制（$r = r_s$）。图2-6B水平轴上的分数为1等于以面积-sr 为单位的 $\pi^2 n^2 r_s^2$ 的最佳情况。图2-6a显示，在光学系统的接受角为45°之前，增加接受角具有增加的有效性，在此情况下其有效性降低。这一性质是由于朗伯角发射特性造成的。如公式（2-4）所示，图2-6b显示，由于朗伯空间上均匀的声源条件，传输效率与温度成线性关系：

（a）

（b）

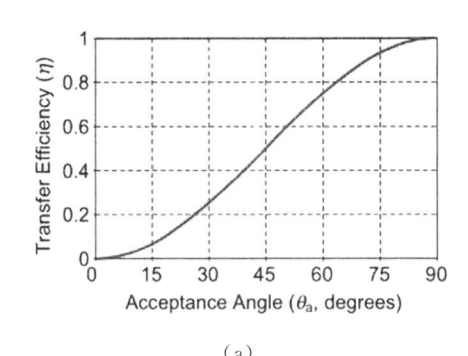

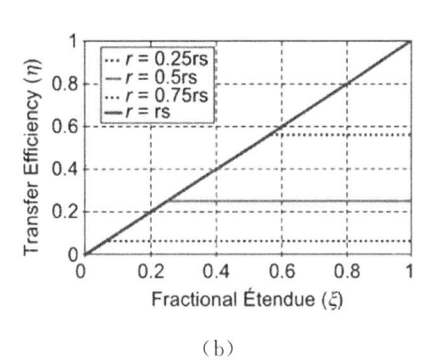

图2-6 在公式（2-51）的情况下，传递效率是（A）接受角和（B）应满足的分数的函数

对于配电盘 $b$，每条曲线的 $r$ 都是恒定的，因此接受角度是变化的，以保持弹性。分数为1等于 $\pi^2 n^2 r_s^2$ 的面积单位为 sr。

许多人会使用图2-6a来结合光源来描述光学系统的通量传递特性；然而，有许多原因使得图2-6b的形式对设计者更具吸引力。首先，我们假设光源的整个空间范围与光学系统的视场完全匹配。其次，我们使用了朗伯角分布和均匀的空间分布，这在实际系统中是不容易发生的。第三，截面形状随传播

而演变的系统在传输效率方面存在尚未开发的限制。在接下来的两个示例中，删除第二个大小写限制，并在前面章节中删除了第三个限制，并进一步细化（倾斜不变量）。对于第一种情况，我们通过包括可以被光学系统耦合的光源的空间范围来扩展表示。效率现在由以下公式提供：

$$\eta(r, \theta_a) = \frac{\Phi(r, \theta_a)}{\Phi_{opt}} = \frac{\xi(r, \theta_a)}{\xi_{opt}} = \bar{\xi}(r, \theta_a) = \frac{r^2 \sin^2\theta_a}{r_s^2} = \bar{r}^2 \sin^2\theta_a \tag{2-50}$$

其中 $r$ 是由光学系统耦合的光源的半径，并且 $\bar{r} = r/r_s$ 是由光学系统耦合的归一化光源半径。同样，传输效率与分数线是线性的；然而，如果限制光源的耦合半径或接受角度，则不能耦合来自整个光源的所有辐射。对于我们规定的源的耦合半径的情况，则允许接受角变化。然而，当 $\theta_a = \pi/2$ 时，出现最大分数张量，之后无法增加光学系统的通量传递。在数学形式中，该结果由下式给出

$$\eta(\bar{\xi}; \theta_a) = \begin{cases} \bar{\xi}, & \bar{\xi} \in [0, \bar{r}^2] \\ \bar{r}^2, & \bar{\xi} \in [\bar{r}^2, 1] \end{cases} \tag{2-51}$$

在左手边的效率函数中没有 $r$ 作为项，表明它是一个常量。公式（2-5）的情况如图 2-6b 所示，$r = mr_s, m \in \{0.25, 0.5, 1\}$。注意，如预期的那样，限制光源的耦合半径会将光学系统的传输效率限制在 1 以下。同样，人们可以检查指定接受角的传输效率。这种情况允许耦合的源半径变化；然而，不能超过 $r = r_s$ 的耦合。在数学形式中，该结果由下式给出

$$\eta(\bar{\xi}; r) = \begin{cases} \bar{\xi}, & \bar{\xi} \in [0, \sin^2\theta_a] \\ \sin^2\theta_a, & \bar{\xi} \in [\sin^2\theta_a, 1] \end{cases} \tag{2-52}$$

在左侧的效率函数中没有 $\theta_a$ 作为项，这表明它是一个常量。公式（2-52）的情况如图 2-7 所示，$\theta_a = m\pi/12, m \in \{1, 2, 3, 6\}$。注意，如预期的那样限制光学系统的接受角，将光学系统的转移效率限制在 1 以下。

限制空间均匀的朗伯源的耦合没有表现出意外的行为，因为存在投影面积的立体角（即，$d\Omega$ 项）（即，$\cos\theta dA$ 项）的直接折衷。分数度图通过将空间和角度范围结合在一起，显示了度数行为的守恒性。这是源辐射函数与角度和位置无关的结果。

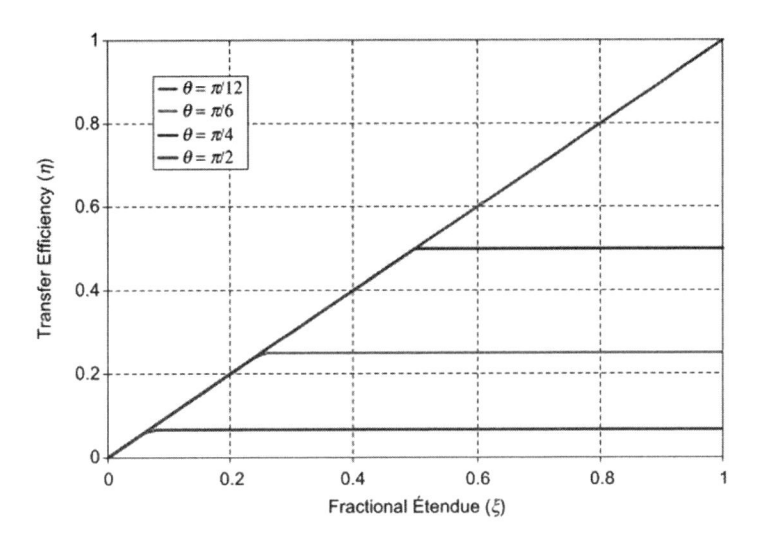

图 2-7 对于公式（2-52）的情况，转移效率是分数的函数

对于每条曲线，$\theta_a$ 保持不变，因此耦合的源半径是变化的，以获得光学拓展量守恒。请注意，分数 1 等于 $\pi^2 n^2 r_s^2$ 的分数，单位为-sr。

因此，唯一的结果是通过限制空间范围的耦合（见式 2-52 和图 2-6B）或接受角度（见公式 2-53 和图 2-7）导致总源通量的转移效率降低。

## 二、各向同性、空间均匀的磁盘发射器

根据图 2-5b，我们有相同的空间几何形状，但在这种情况下，圆盘发射的角度分布各向同性。如第一章所示，光源的辐射度与发射角的余弦成反比。按照上一节中的方法，传输效率为：

$$\eta(R, \theta_a) = \frac{\Phi(R, \theta_a)}{\Phi_{opt}} = \frac{r^2}{r_s^2}(1-\cos\theta_a) = \bar{r}^2(1-\cos\theta_a) = \bar{\xi}\frac{1-\cos\theta_a}{\sin^2\theta_a}$$

(2-53)

在这种情况下使用构型因子术语是不切实际的，因为几何构型因子积分中包含了来自各向同性性质的余弦分量。这一结果意味着辐射测量项和几何项是不可分的；因此，我们选择在所有情况下使用分数张度项而不是组态因子。对于给定的接受角 $\theta_a$，我们允许 $r$ 在 $[0, r_s]$ 之间变化，这给出了

$$\eta(\bar{\xi}; r) = \begin{cases} \bar{\xi}\dfrac{1-\cos\theta_a}{\sin^2\theta_a}, & \bar{\xi} \in [0, \sin^2\theta_a] \\ 1-\cos\theta_a, & \bar{\xi} \in [\sin^2\theta_a, 1] \end{cases}$$

(2-54)

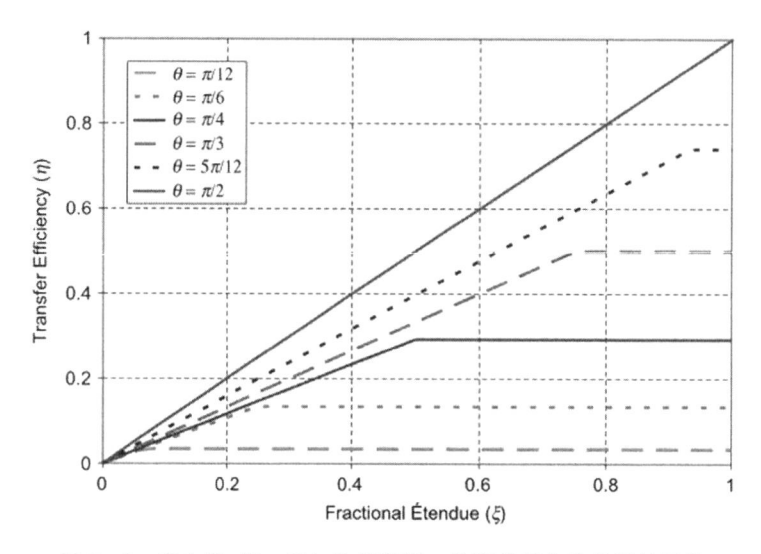

**图 2-8 在方程（2-53）的情况下，转移效率作为分数的函数**

对于每条曲线，$\theta_a$ 保持不变，因此耦合的源半径是变化的，以获得光学拓展量守恒。请注意，分数为 1 等于以 $\pi^2 n^2 r_s^2$ 为单位的面积-sr。

这一结果如图 2-8 中 $\theta_a=m\pi/12, m\in\{1,2,3,4,5,6\}$ 所示。注意，对于每条曲线，转移效率随着分数的增加而增加，直到某些值，这些值都对应于源半径 $r=r_s$。除了这些光学拓展量值之外，没有额外的光源范围可以通过光学系统进行耦合。因此，增大这些系统的空间视场将冲淡系统应有的传输特性。这个术语稀释表示存在没有充满助熔剂的熔剂，或者换句话说，它是未使用的熔剂。此外，传递效率随着规定的接受角度的增加而增加。这一结果是由于源的各向同性发射造成的。因此，与上一节的 Lambertian 情况相比，随着接受角的增加，有更多的通量。

同样地，对于给定的耦合半径 $r\leqslant r_s$，人们得到了作为变化的接受角的函数的传输效率：

$$\eta(\bar{\xi};\theta_a) = \begin{cases} \bar{\xi}\dfrac{1-\cos\theta_a}{\sin^2\theta_a}, & \bar{\xi}\in[0,\bar{r}^2] \\ \bar{r}^2, & \bar{\xi}\in[\bar{r}^2,1] \end{cases} \qquad (2-55)$$

由于右侧的第一部分是附加变量 $\theta_a$ 的函数，因此这个方程不容易绘制为分数光学拓展量的函数。但是，由于光学拓展量守恒，我们可以使用

$$\sin^2\theta_a = \frac{\bar{\xi}}{\bar{r}^2} \qquad (2-56)$$

## 第二章 光学拓展量

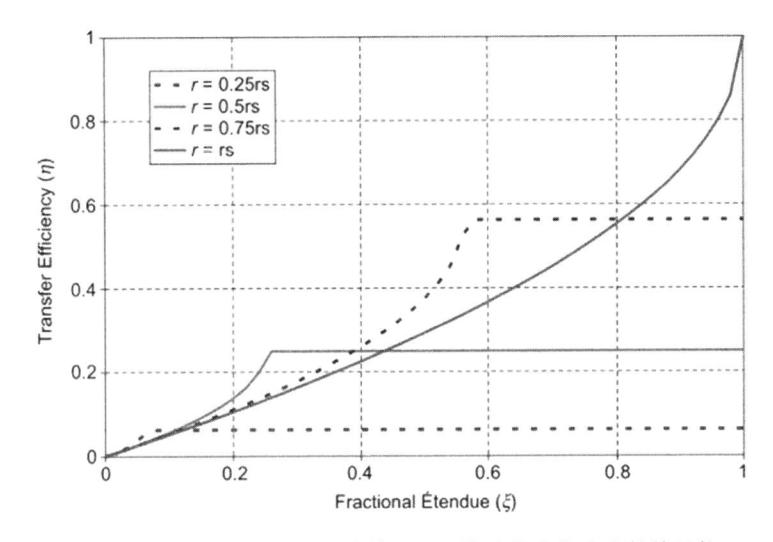

**图 2-9** 在方程 (2-57) 的情况下，转移效率作为分数的函数

对于每一条曲线，$r$ 保持不变，所以接受角度是变化的，以获得光学拓展量的守恒量。请注意，分数 1 等于 $\pi^2 n^2 r_s^2$ 的分数，单位为 $-sr$。

使用公式 (2-56) 中所写的光学拓展量守恒定律的能力允许对变量进行简单的改变，以获得带有分数光学拓展量项和常量的表达式。将公式 (2-55) 更新为公式 (2-56)，转移效率为：

$$\eta\left(\bar{\xi};\theta_a\right)=\begin{cases}\bar{r}^2\left(1-\sqrt{1-\bar{\xi}/\bar{r}^2}\right), & \bar{\xi}\in\left[0,\bar{r}^2\right]\\ \bar{r}^2, & \bar{\xi}\in\left[\bar{r}^2,1\right]\end{cases} \quad (2-57)$$

图 2-9 显示了当 $r=mr_s$，$m\in\{0.25, 0.5, 0.75, 1\}$ 时公式 (2-57) 的结果。同样，对于每个耦合光源半径，存在一个阈值，在该阈值上光学系统不能提高传输效率。当 $\theta_a=\pi/2$ 时，每种情况都会出现这一点。然而，与以前的情况不同的是，耦合源半径越小，传输效率提高得越快。这一结果是由于方程 (2-56) 的非线性 $\cos\theta_a$ 依赖，或者类似地，对分数光学拓展量的平方根依赖。在物理上，这一结果再次归因于源发射的各向同性。与 Lambertian 情况相比，随着接受角度的增加，传输效率提高。

### 三、各向同性、空间不均匀的磁盘发射器

根据图 2-5c，我们有相同的空间几何形状，但在这种情况下，圆盘发射的角度分布是各向同性的，空间分布在圆盘的中心达到峰值，边缘下降到零。源辐射函数为：

$$L(r,\theta_a)=L_s\frac{1-r/r_s}{\cos\theta_a}=L_s\frac{1-\bar{r}}{\cos\theta_a} \qquad (2-58)$$

其中$r\in[0,r_s]$和$\theta_a\in[0,\pi/2]$。作为耦合源半径和接受角的函数的最佳（即总）通量由下式给出

$$\Phi(r,\theta_a)=\frac{2}{3}\pi^2 L_s r^2(3-2\bar{r})(1-\cos\theta_a) \qquad (2-59)$$

而且

$$\Phi_{opt}=\frac{2}{3}\pi^2 L_s r^2 \qquad (2-60)$$

传输效率为：

$$\eta(r,\theta_a)=\frac{\Phi(r,\theta_a)}{\Phi_{opt}}=\bar{r}^2(3-2\bar{r})(1-\cos\theta_a)=\bar{\xi}(3-2\bar{r})\frac{1-\cos\theta_a}{\sin^2\theta_a} \qquad (2-61)$$

对于给定的接收角$\theta_a$，我们允许$r$在$[0,r_s]$范围内变化，从而得到：

$$\eta(\bar{\xi};\bar{r})=\begin{cases}\bar{\xi}(3-2\bar{r})\dfrac{1-\cos\theta_a}{\sin^2\theta_a},&\bar{\xi}\in[0,\sin^2\theta_a]\\ 1-\cos\theta_a,&\bar{\xi}\in[\sin^2\theta_a,1]\end{cases} \qquad (2-62)$$

利用光学拓展量（式2-56）守恒，去除归一化半径项：

$$\eta(\bar{\xi};\bar{r})=\begin{cases}\bar{\xi}(3\sin\theta_a-2)\dfrac{1-\cos\theta_a}{\sin^3\theta_a},&\bar{\xi}\in[0,\sin^2\theta_a]\\ 1-\cos\theta_a,&\bar{\xi}\in[\sin^2\theta_a,1]\end{cases} \qquad (2-63)$$

图2-10描述了$\theta_a=m\pi/12, m\in\{1,2,3,4,5,6\}$的这个方程。该图显示，增加耦合角增加一个给定的分数光学拓展量的传输效率。随着分数光学拓展量的增加，传输效率增加，但速率下降，直到耦合源半径等于$r_s$，此时传输效率不变。传输效率的提高速率降低是由于发射率不均匀，这导致发射通量随着耦合源半径的增大而减小。

同样，对于给定的耦合半径，$r\leqslant r_s$，可以发现传输效率随接收角的变化而变化：

$$\eta(\bar{\xi};\bar{r})=\begin{cases}\bar{r}^2(3-2\bar{r})\sqrt{1-\bar{\xi}/\bar{r}^2},&\bar{\xi}\in[0,\bar{r}^2]\\ \bar{r}^2(3-2\bar{r}),&\bar{\xi}\in[\bar{r}^2,1]\end{cases} \qquad (2-64)$$

图2-11显示了$\bar{r}=mr_s, m\in\{0.25,0.5,0.75,1\}$时式（2-64）的结果。与均匀空间发射剖面相比，如图2-9所示，当$\bar{r}<1$时，性能有所提高。这一结果是由于非均匀发射率导致光学系统空间视场打开的回报降低。随

着 $r$ 的增加，可用的通量减少，因为分布在磁盘发射器的中心达到峰值。这个例子是一个很好的例子，如果完全耦合源的空间范围，对设计师没有好处。因此，设计人员知道，与空间耦合（图 2-11）相比，解决角耦合（图 2-10）更能实现通量传递。

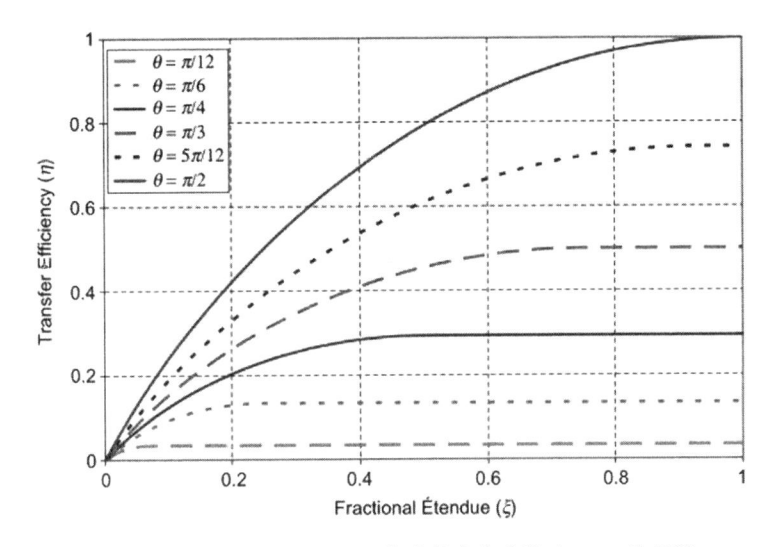

图 2-10 对于式（2-62），传递效率为分数 étendue 的函数

$\theta_a$ 对每条曲线保持常数，因此改变耦合源半径以获得 étendue 的守恒。请注意，1 的分数 étendue 等于 étendue$\pi^2 n^2 r_s^2$，单位为面积-sr

### 四、管发射极

前面的例子说明了 étendue 图用于更好地理解和设计指定源的光学系统的效用。然而，与实际的辐射源几何形状相比，平面发射器是不现实的。例如，led 更适合用模具的三维（3D）形状来表示，灯丝可以用螺旋来表示，正如预期的那样，用弧线来表示。然而，这些形状很难开发分析模型；因此，我们通常用更简单的 3D 形状来近似发射区域的形状。例如，管状发射极可用于灯丝和电弧。通过展示一个示例来说明这一点。

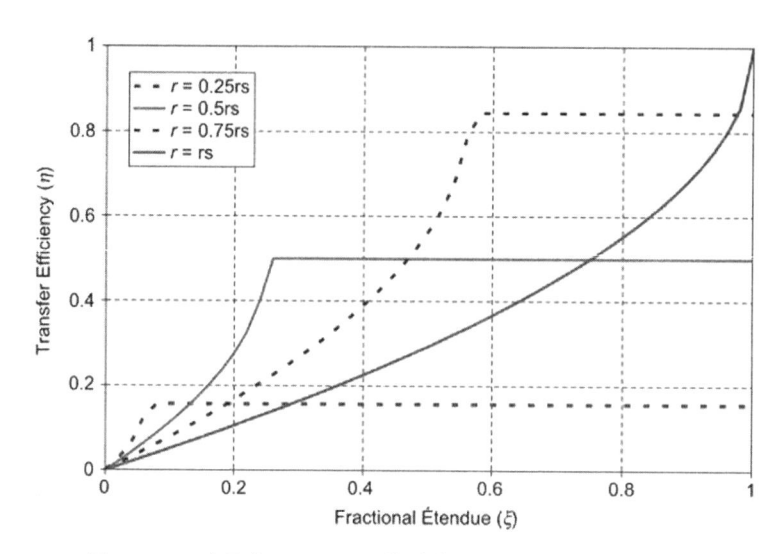

图 2-11 对于式 (2-63)，传递效率为分数 étendue 的函数

对于每条曲线，R 保持不变，因此接收角是变化的，以获得 étendue 的守恒。请注意，1 的分数 étendue 等于 étendue$\pi^2 n^2 r_s^2$，单位为面积-sr。

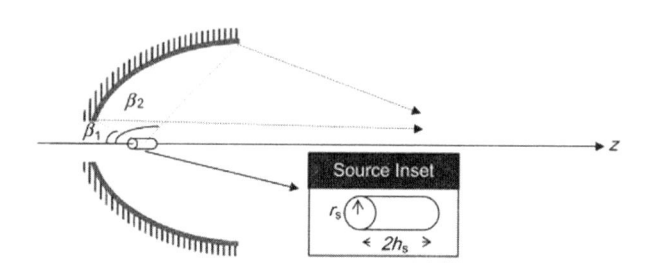

图 2-12 半径 $r_s$ 和长度 2 $hs$ 的管状发射器的几何布局，
以反射器的名义焦点为中心，该反射器捕获角度
范围 $\beta_1$，$\beta_2$ 内的光，如横截面所示

考虑一个照明系统，例如投影仪，利用电弧或灯丝光源照亮系统中的空间光调制器（即三色液晶面板或微镜阵列）。为了建立这种照明系统吞吐量特性的工作模型，通常采用管状体积发射器近似光源的空间发射几何形状。

从管状体积的每个点出发，角发射分布都是朗伯分布。为了确定源的 étendue，我们观察管状发射极的表面积，并将其视为均匀的；然而，空间发射分布既是辐射位置的函数，也是空间位置的函数。该光源位于光学元件（如反射器）的标称焦点附近①。如图 2-12 所示，来自角度为 $\beta_1$ 到 $\beta_2$ 的光源的光被反射器捕获并转移到 SLM 上。从负 z 轴到 $\beta_1$ 的光通过源孔丢失（即，灯泡通过该孔安装在名义焦点位置），而从 $\beta_2$ 发射到正 z 轴的光没击中反射器，被认为丢失。一些辐射直接照亮系统中的 SLM s；然而，辐射量是低的，由于源的朗伯性质和损失，由于源几何在这个立体角。

因此，它是典型的，至少在一阶，忽略这个直接辐射，并建立您的系统基于光捕获反射器②。我们将为这个例子那样做。为了计算传输效率的角发射分量，另一个假设是将管状辐射源近似为点源。该步骤确保管状源上所有点的捕获角范围 $\beta_1, \beta_2$ 相同。实际上，反射器的捕获角将随光源位置的变化而变化。

假设一个均匀的朗伯表面电子管发射极，我们计算了光源的传输效率。由式（2-3）的通量传递开始，有：

$$\Phi = L_s \iint\limits_{reflector} \cos\theta dA_s d\Omega = 4\pi r_s h_s L_s \int\limits_{\beta_1, \beta_2} \cos\theta d\Omega \qquad (2-65)$$

式中，$L_s$ 为空间均匀朗伯亮度，$r_s$ 为管状源半径，$2h_s$ 为管状源长度。因此，右边积分外的项表示管状源侧边的表面积。循环的两端不发出声音。（2-65）式右手边的积分是对投影立体角的积分，可以通过观察几何图形来求解。

考虑积分的核，$\cos\theta d\Omega$，它是微分投影立体角。投影立体角类似于包含代价 $\cos\theta$ 项的投影面积。管状发射极从其表面的每个点发射到 $2\pi$ 弧度，在投影上是 $\pi$。然而，只有 $\beta_1, \beta_2$ 角度范围内的光被反射器接收并转移到目标上。所以我们不需要解这个冗长的解析表达式，我们可以简单地看一下，感兴趣的角区域在单位球面上的投影。图 2-13 显示了这个投影。

---

① 注意，直到最近，锥形反射器，如椭圆，仅用于将光源的光转移到 slm；然而，更复杂的形状，如面或连续的形状，如基于非均匀有理 b 样条（NURBS），已被采用。这些类型的光学没有固有的"焦点"的概念，而是有一个焦散区域，源射线在其中发散。这些更复杂的光学形状及其设计将在以下章节中讨论。

② 关于自由光学的章节展示了一种考虑这种直接辐射的方法，称为同时多面（SMS）方法。

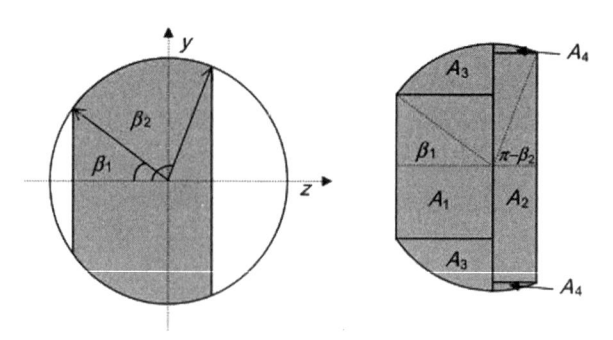

**图 2-13 光学系统子午面上投影立体角的几何**

$z$ 轴如图 2-12 所示，$y$ 轴是这个图的向上方向，单位半径投影到这个平面上的球面是一个半径为 1 的圆。（2-65）式左边的积分就是阴影区域的面积。其中 $z$ 轴与图 2-12 一致。这个区域在单位球上的投影是由纬度线圈定的内部段。这种投影对于管状发射器上的每个点都是有效的，因为为了计算感兴趣的角范围，我们已经将它近似为一个点源。因此，我们只需要计算图 2-13 中阴影区域的"面积"。共有六个区域，分别表示为 $A_1$ 和 $A_2$ 区域以及 $A_3$ 和 $A_4$ 的双倍区域。这四个区域的领域是：

$$A_1 = \sin 2\beta_1$$
$$A_2 = -\sin 2\beta_2$$
$$A_3 = \frac{1}{4}(\pi - 2\beta_1 - \sin 2\beta_1), \text{ and} \quad (2-66)$$
$$A_4 = \frac{1}{4}(2\beta_2 - \pi - 2\beta_1 + \sin 2\beta_2)$$

用标准几何方法求出了这些投影立体角区域的所有面积。$A_1$ 和 $A_2$ 区域分别是两个矩形的区域，而人们可以在一本数学参考书中找到半圆段区域 $A_3$ 和 $A_4$。

取式（2-66）中的各分量，可计算出投影立体角的积分"面积"：

$$A = A_1 + A_2 + 2A_3 + 2A_4$$
$$= \beta_2 - \beta_1 - \frac{\sin 2\beta_2 - \sin 2\beta_1}{2} \quad (2-67)$$

"面积" $A$ 是方程（2-65）左侧积分的解。将其代入方程（2-65）并假设我们的光学系统可能无法耦合整个空间范围 $r_s \to r$ 和 $h_s \to h$，我们得到：

$$\Phi = 2\pi r h L_s (2\beta_2 - 2\beta_1 - \sin 2\beta_2 + \sin 2\beta_1) = \frac{L_s \xi_{system}}{n^2} \quad (2-68)$$

其中系统 étendue，包括反射器的源角和捕获角的组合，由下式给出：

$$\xi_{system} = 2\pi n^2 r h (2\beta_2 - 2\beta_1 - \sin 2\beta_2 + \sin 2\beta_1) \quad (2-69)$$

由于我们的朗伯假设，可以完成后一步。如果源不是 Lambertian，则方程（2-65）的积分内将存在附加项，因此无法为系统显式计算 étendue。最佳 étendue 是源的，当 $\beta_1=0,\beta_2=\pi,r_s=r$ 时给出，

$$\xi_{opt}=4\pi^2 n^2 r_s h_s \tag{2-70}$$

由均匀的朗伯源发射的系统的最佳功率为：

$$\Phi_{opt}=4\pi^2 r_s h_s L_s \tag{2-71}$$

接下来，我们看看分数 étendue：

$$\frac{\xi_{system}}{\xi_{opt}}=\bar{\xi}_{system}=\frac{\bar{r}\bar{h}}{2\pi}(2\beta_2-2\beta_1-\sin 2\beta_2+\sin 2\beta_1) \tag{2-72}$$

其中 $\xi_0=(2\beta_2-2\beta_1-\sin 2\beta_2+\sin 2\beta_1)/2\pi$，$\bar{r}=r/r_s$，$\bar{h}=h/h_s$。我们想要将传输效率绘制为方程（2-72）的函数，就像在前几节中所做的那样。现在，我们通过使用柱坐标中的通量发射密度函数 $\psi$ 将注意力转向管状体积发射器的实际发射剖面：

$$\Psi(\bar{r},\bar{h},\theta)=\begin{cases}\Psi_0(1-\bar{r})[\varepsilon+2(1-\varepsilon)|\bar{h}|], & \bar{r}\leqslant 1 \text{ and } |\bar{h}|\leqslant 1\\ 0, & \text{otherwise}\end{cases} \tag{2-73}$$

其中 $\Psi_0$ 是管状发射器中心轴上的通量发射密度（即单位流明/$mm^3$），$\varepsilon\in[0,2]$ 是纵向不对称发射因子，归一化捕获半径由 $\bar{r}=r/r_s$ 给出，并且归一化的捕获长度由 $\bar{h}=h/h_s$ 给出，其中 $h$ 是 $z$ 轴上的位置，源以原点为中心并沿该轴定向。术语 $\varepsilon$ 表示沿管状发射器长度的均匀发射，值为1，在中心达到峰值的分布出现在值为2，在管的末端（即电极）达到峰值的分布出现在值为0。方程（2-73）中的最后一项是关于沿轴归一化位置的线性分布，其函数形式确保通量发射密度在 $h=[-h_s,h_s]$ 有效范围内归一化。典型的弧光灯可以近似为 $0\leqslant\varepsilon\leqslant 1$ 的情况，即电极周围的位置比中心发射更多的辐射。可以使用源排放的改进模型，特别是那些基于源输出直接测量的模型，但是这种简化的模型允许进行分析处理，同时提供我们寻求的洞察力。对 $r$、$z$ 和 $\theta$ 积分方程（2-73），我们发现在分数参数 $\bar{r}$ 和 $\bar{h}$ 的管内源发出的总功率：

$$\Phi=\begin{cases}\Phi_0(3\bar{r}^2-2\bar{r}^3)[\varepsilon\bar{h}+(1-\varepsilon)\bar{h}^2], & \bar{r}\leqslant 1 \text{ and } |\bar{h}|\leqslant 1\\ \Phi_0, & \text{otherwise}\end{cases} \tag{2-74}$$

其中 $\Phi_0$ 是公式（2-73）中描述的光源发射的总流明量，它等于 $2\pi^2 r_s^2 h_s \Psi_0/3$，它是半径为 $r_s$ 且高度为 $h_s$ 的圆锥体的体积。除以总源功率，我

们发现传输效率是源参数的函数:

$$\eta(\bar{r}, \bar{h}; \gamma) = \frac{\Phi}{\Phi_0} \begin{cases} (3\bar{r}^2 - 2\bar{r}^3)[\varepsilon \bar{h} + (1-\varepsilon)\bar{h}^2], & \bar{r} \leqslant 1 \text{ and } |\bar{h}| \leqslant 1 \\ 1, & \text{otherwise} \end{cases}$$

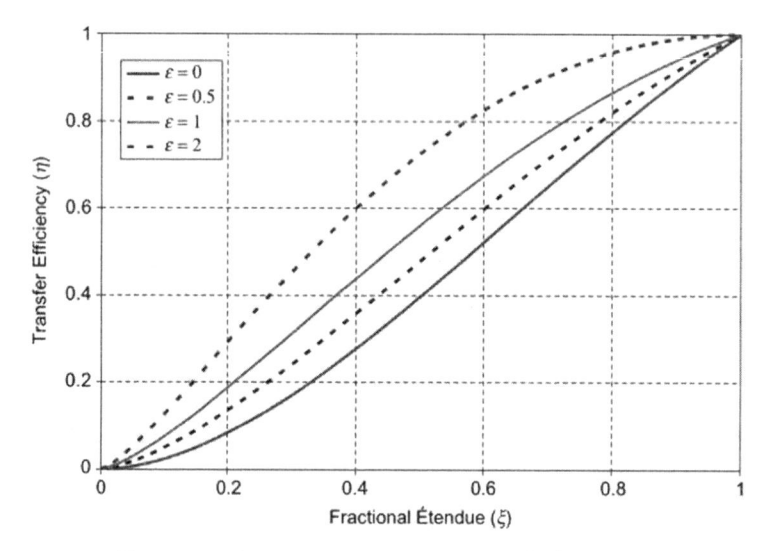

(2-75)

图 2-14 对于 $\varepsilon \in \{0, 0.5, 1, 2\}$,传输效率作为
方程 (2-76) 的分数扩展量的函数

没有设置其他源参数;因此,允许各种参数 $r$、$h$、$\beta_1$ 和 $\beta_2$ 变化。这种缺乏明确定义意味着这些参数可以相互交换——也就是说,对于每个方程(2-71)的各种参数值都存在 étendue 守恒。请注意,1 的小数 étendue 等于 $4\pi^2 n^2 r_s^2$ 的 étendue,单位面积为-sr。

最后,回到方程(2-72),为了简化分析,假设源具有 $\bar{h} = \bar{r}$ 的几何参数,我们将这些几何参数代入方程(2-75)作为分数 étendue 的函数:

$$\eta(\bar{r}, \bar{h}; \gamma) = \frac{\Phi}{\Phi_0} \begin{cases} \left[3\frac{\bar{\xi}}{\xi_0} - 2\left(\frac{\bar{\xi}}{\xi_0}\right)^{3/2}\right]\left[\varepsilon\sqrt{\frac{\bar{\xi}}{\xi_0}} + (1-\varepsilon)\frac{\bar{\xi}}{\xi_0}\right], & \bar{\xi} \leqslant \xi_0 \\ 1, & \xi_0 \leqslant \bar{\xi} \leqslant 1 \end{cases}$$

(2-76)

我们在 étendue 上删除了"系统"下标。对于四种情况 $\varepsilon \in \{0, 0.5, 1, 2\}$,我们将方程(2-76)绘制为图 2-14 中分数 étendue 的函数。根据 étendue 守恒,对于我们选择源参数的光学系统没有损失。因此在反射器处没有吸收损失，没有散射损失，在设计参数范围内入射到反射器上的通量被无损失地传递到目标。后一点假设系统中没有"像差"损失——它是一个完美的光变压器。

该图的一个有趣方面是，只要根据公式（2-72）实现了 étendue 守恒，就允许各种源参数 $r$、$h$、$\beta_1$ 和 $\beta_2$ 变化相互交换。因此，这四个参数有无限可能实现 étendue 守恒。实际上，这个数字的允许交易是不正确的——从一种分布模式中获取光线并将其转换为另一种模式存在问题。这种现象是由于与 étendue 直接相关的偏斜不变量。该示例在该部分中进行了更新，以包括由于偏斜造成的损失。对于 1 的分数 étendue，我们用反射器捕获了所有光并将其转移到目标；因此，有两种选择可以将其变为物理现实：

①反射器包含围绕源的 $4\pi$ 球面度，并且目标位于这个封闭的反射器内，或者。

②有一些辐射不会撞击反射器并直接入射到目标。这种直接辐射必须在反射器输出的设计角度内。这种类型的设计是下一节的重点。

该图显示，对于增加的 ε 参数，可以通过反射器更好地将光从光源耦合到目标。低 ε 时，源辐射的捕获开始较低，但与较高的 ε 值相比，随着分数 étendue 的增加而增加。这个结果是合乎逻辑的，因为对于 ε＝2，有一个发射分布，该分布在系统原点达到峰值并下降，因此在电极处为 0。对于 ε＝0 值，在原点没有发射，但在电极所在的边缘处达到峰值。该结果是由于假设反射器是围绕耦合沿 z 轴对称并以原点为中心的管状源而设计的。因此，对于 ε＝0 值，对于低分数 étendue 值几乎没有可耦合的通量，而对于 ε＝2 情况则相反。当然，系统可以围绕不同的位置进行设计，例如两个电极位置之一；然而，这最终会导致三种可能性之一：

假设反射器是围绕位于原点的对称源设计的，则由于需要耦合更大的源而导致更多损耗更大的反射器来耦合这个明显更大的对称源，或一种围绕不对称源耦合的新颖设计，这样反射器表面上的不同位置耦合来自源的不同区域。请注意，这种类型的设计技术称为定制设计。

请注意，$0 \leqslant \varepsilon \leqslant 1$ 的值是电弧源的典型近似值，因此系统设计人员必须争取更大的源或采用量身定制的设计。最终，这一结果是使用弧光灯的系统（例如投影仪显示器）将弧隙尽可能小的光源纳入其中的原因。最后，方程（2-76）假设我们有源参数的可变值。相反，假设 $\beta_1 = 0$ 和 $\beta_2 \in m\pi/4$，$m \in \{1, 2, 3\}$，的固定捕获角，其中 ε＝0.5，则等式（2-75）变为：

$$\eta(\bar{r},\bar{h};\gamma) = \begin{cases} \left[3\frac{\bar{\xi}}{\xi_0} - 2\left(\frac{\bar{\xi}}{\xi_0}\right)^{3/2}\right]\left[0.5\sqrt{\frac{\bar{\xi}}{\xi_0}} + 0.5\frac{\bar{\xi}}{\xi_0}\right], & \bar{\xi} \leqslant \bar{r}^2\xi_0 \\ \left[3\xi_0 - 2\xi_0^{3/2}\right]\left[0.5\sqrt{\xi_0} + 0.5\xi_0\right], & \bar{r}^2\xi_0 \leqslant \bar{\xi} \leqslant 1 \end{cases}$$

(2-77)

对于三个 $\beta_2$ 值,该结果绘制在图 2-15 中。在这种情况下,可以看到可以耦合到目标的分数 étendue 有一个上限,这发生在 $\bar{r}=\bar{h}=\sqrt{\xi_0}$ 处。因此,传输效率是有限度的。

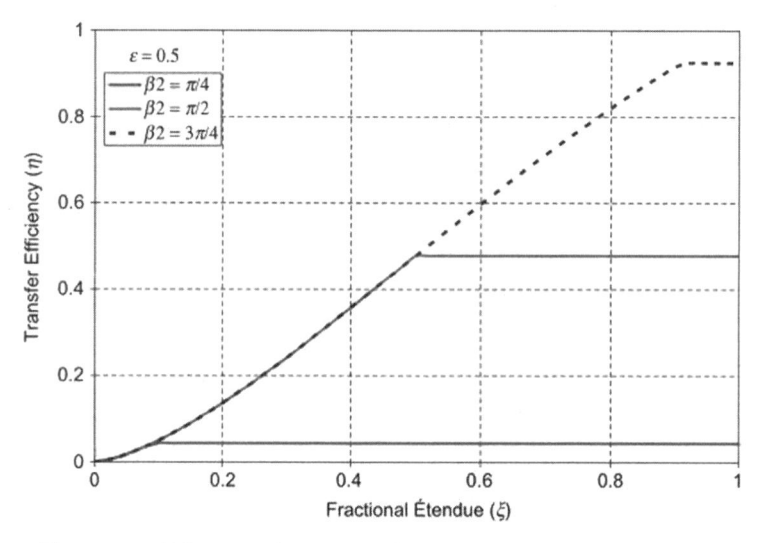

图 2-15 对于 $\beta_1 = 0$ 和 $\beta_2 = m\pi/4$, $m \in \{1, 2, 3\}$, $\varepsilon = 0.5$,
传递效率作为方程 (2-77) 的分数扩展量的函数

在这种情况下,限制角度范围设置了可以耦合到目标的分数扩展范围的上限;因此,传输效率是有限的。请注意,1 的小数 étendue 等于 $4\pi^2 n^2 r_s^2$ 的 étendue,单位为 area-sr。

图 2-15 只显示了反射器捕获的光,然后假设后面的目标没有损失。如前所述,还有另一个因素,称为偏度,它限制了将光从一个分布(例如,圆管,如弧光源)传输到另一个分布(例如,圆形平面,如出射孔)的能力。

## 第四节 浓度比与旋转偏斜不变

### 一、浓度比

浓度是与 étendue 及其守恒相关的术语。浓度定义了来自输入区域 $A$ 的通量与输出孔径区域 $A'$ 传输的比率。因此，它被称为浓度比：

$$C = \frac{A}{A'} \tag{2-78}$$

这个表达式实际上是热力学定律的一个极限，如前所述，它是辐射和 étendue 不变性的先驱。聚光比是非成像光学系统的基本组成部分，主要是由于太阳能聚光器的发展。使用方程（2-12）来保存广义 étendue，我们可以找到这个比率的更有用的形式。首先，在二维（2D）系统中，其中：

$$dxdp = dx'dp' \tag{2-79}$$

我们整合了系统的边界。这些边界是输入角度 $\theta_x \in [-\theta, \theta]$ 和输入空间范围 $x \in [-a, a]$ 以及相应的输出角度和空间范围。对于左侧，输入，侧，结果是：

$$\int_{x_1}^{x_2} dx \int_{p_1}^{p_2} dp = n \int_{-a}^{a} dx \int_{-\theta}^{\theta} \cos\theta_x d\theta_x = 4an\sin\theta \tag{2-80}$$

同样，右侧的输出端以类似的方法找到，使得：

$$na\sin\theta = n'a'\sin\theta' \tag{2-81}$$

注意方程（2-81）与方程（2-35）的阿贝正弦条件之间的一致性。在 2D 系统中，公式（2-80）中的面积因子分别由 $a$ 和 $a'$ 的孔径尺寸描述，使得 2D 集中比由下式给出：

$$C_{2D} = \frac{a}{a'} = \frac{a'\sin\theta'}{n\sin\theta} \tag{2-82}$$

在三维（3D）系统中，使用类似方法找到浓度比，但现在保留 $dy$ 和 $dq$ 项。对于左侧，假设笛卡尔对称：

$$\int_{x_1}^{x_2} dx \int_{y_1}^{y_2} dy \int_{p_1}^{p_2} dp \int_{q_1}^{q_2} dq = n^2 \int_{-a}^{a} dx \int_{-b}^{b} dy \int_{-\theta}^{\theta} \cos\theta_x d\theta_x \int_{-\varphi}^{\varphi} \cos\theta_y d\theta_y = 16abn^2 \sin\theta\sin\varphi \tag{2-83}$$

其中边界是 $\theta_y \in [-\varphi, \varphi]$ 和 $y \in [-b, b]$。右手边也有类似的发现。

因此发现结果是：

$$C_{3D} = \frac{A}{A'} = \frac{ab}{a'b'} = \frac{n'^2 \sin\theta' \sin\varphi'}{n^2 \sin\theta \sin\varphi} \qquad (2-84)$$

在旋转对称系统中，$dxdy = ydyd\beta$，其中 $r$ 是半径坐标，范围 $r \in [0, a]$，$\beta$ 是空间角，范围 $\beta \in [0, 2\pi]$，$\theta_x = \theta_y$。求解方程两边并化简得到 3D 浓度比：

$$C_{3D} = \frac{A}{A'} = \left(\frac{n'\sin\theta'}{n\sin\theta}\right)^2 \qquad (2-85)$$

其中 $A = \pi a^2$ 和 $A' = \pi a'^2$。

当输出光在半球上发射时，可以找到具有规定接受角 $\theta_a$ 的聚光器的最佳表达式，使得 $\theta' = \pi/2$。在这种情况下，最佳的 2D 浓度比是：

$$C_{2D,\text{opt}} = \frac{n'}{n\sin\theta_a} \qquad (2-86)$$

旋转对称情况的最佳 3D 浓度比为：

$$C_{3D,\text{opt}} = \left(\frac{n'}{n\sin\theta_a}\right)^2 \qquad (2-87)$$

方程（2-86）和（2-87）提供了浓度的理论极限，假设一个无损系统从区域 $A'$ 的输出孔径以 $\pm\theta_a$ 的接受角传输入射到区域 $A$ 的输入孔径的所有辐射半球角分布。

**二、旋转偏斜不变**

虽然 étendue 守恒限制了光学系统的传输特性，但偏度通常要求更高。通常围绕旋转对称设计光学系统，包括非成像系统。旋转对称设计有可能限制性能，因为从源发射的光线随后由该对称系统传输到目标的光线偏斜。这种限制是由于旋转对称光学系统不能改变光线的偏斜度。因此，不可能有效地将来自一种形状的光源的光耦合到不同形状的目标中。设计者必须在系统中加入旋转不对称，包括不对称几何（即具有"扭曲"的系统）、各向异性散射、各向异性梯度折射率材料等，以便将一种分布形状变为另一种。因此，在旋转对称系统中，单个射线的偏斜度是不变的，来自源的所有射线的偏斜度分布也是不变的。

（一）偏斜不变性证明

为了显示光学系统中光线的偏斜（或偏斜不变量），我们从图 2-16 及其定义开始：

$$s = \vec{r} \cdot \vec{k} \times z \qquad (2-88)$$

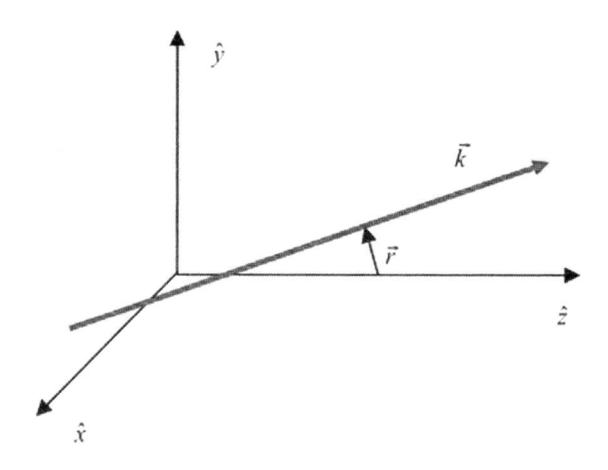

图 2-16 根据公式 (2-88) 显示偏度分量的布局

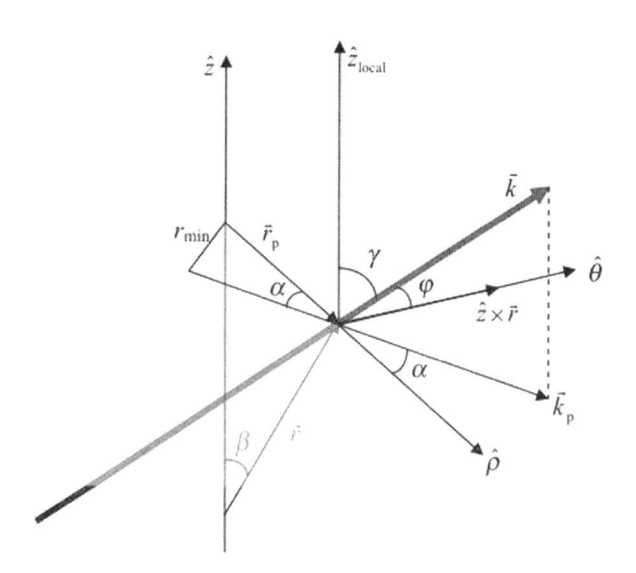

图 2-17 单条射线的布局以证明倾斜不变性

$z$ 轴表示定义旋转对称轴的光轴。投影表面以灰色显示。任何带阴影的组件都表示它位于投影表面下方,而黑色的组件位于表面上或上方。唯一超出投影面的向量是 $z$、$z_{local}$ 和 $\vec{k}$。

其中 $\vec{r}$ 是将光轴连接到光线的任意向量,$\vec{k}$ 是沿光线方向的向量,幅度为 $\|\vec{k}\|=n$,$n$ 是光线介质的折射率,$z$ 是沿光轴方向的单位矢量。使用图 2-17

进行讨论的其余部分，我们表明旋转偏度不随通过光学系统的传播而变化。从方程（2-88）中偏度的定义开始，我们可以根据三重积的性质重写：

$$s = \vec{k} \cdot \vec{z} \times \vec{r} \tag{2-89}$$

根据图 2-17 中的几何，我们可以改写方程：

$$s = \|\vec{k}\| \cdot \|\vec{z} \times \vec{r}\| \cos\varphi \tag{2-90}$$

其中 $\varphi$ 是从 $\theta$ 轴到射线的角度（即 $\vec{k}$）。此外，从几何：

$$\begin{aligned}\|\vec{z} \times \vec{r}\| &= \|\vec{r}\| \sin\beta \\ &= \|\vec{r_p}\|\end{aligned} \tag{2-91}$$

其中 $\beta$ 是从光轴（即 $z$）到矢量 $\vec{r}$ 的角度。替换后一个表达式，同时还使用 $\|\vec{k}\| = n$ 给出的事实：

$$s = n\|\vec{r_p}\|\cos\varphi \tag{2-92}$$

$\cos\varphi$ 项将射线定向到其相对于 $\theta$ 轴的位置，但我们可以使用另外两个角度 $\alpha$ 和 $\gamma$ 来执行此操作。从几何中，我们可以看到实现这一点的操作是：

$$\cos\varphi = \sin\gamma \sin\alpha \tag{2-93}$$

其中 $\gamma$ 是从 $z$ 轴到射线的角度，$\alpha$ 是从 $p$ 轴到投影 $\vec{k_p}$ 向量的角度。将方程（2-93）代入方程（2-92），我们得到：

$$s = n\|\vec{r_p}\|\sin\gamma\sin\alpha \tag{2-94}$$

最后，从图中我们注意到 $r_{\min} = \|\vec{r_p}\|\sin\alpha$，表示光线最接近光轴的极限。将此项代入方程（2-94）：

$$s = nr_{\min}\sin\gamma = r_{\min}k_t \tag{2-95}$$

其中 $r_{\min}$ 是向量 $\vec{r}$ 的最小幅度，$k_t = n\sin\gamma$ 是 $\vec{k}$ 的切向分量。

等式（2-95）对于光线在指数为 $n$ 的介质中传播时是不变的，因为对于光线而言所有项都是常数。术语 $r_{\min}$ 只是光线最接近定义的光轴的方法，它是一个常数。$k_t$ 是光线的切向分量，它是折射率为 $n$ 的介质中的常数。在折射或反射时，我们使用斯涅尔定律：

$$k_t = n\sin\gamma = n'\sin\gamma' = k'_t \tag{2-96}$$

因此，

$$s = r_{\min}k_t = r_{\min}k'_t = s' \tag{2-97}$$

等式（2-97）证明了给定光线的偏度在通过光学系统传播时是恒定的或

不变的。

(二) 精制管状发射器示例

研究管状发射器的传输效率作为分数 étendue 的函数，以模拟与反射器集成的电弧源对辐射的捕获。在那个例子中，我们只研究了 étendue 的基本形式来形成我们的理解；但是，如上一节所示，还必须考虑辐射的倾斜不变性，以便更好地分析光学系统的传递特性。在此开发中大量使用参考文献①，我们设置了如图 2-18 所示的几何形状，与图 2-17 类似，但在这种情况下，我们投影到子午平面（即 $z-\rho$ 平面），切线方向的微分立体角由下式给出：

$$d\Omega = \sin\frac{\pi}{2} - \theta \ d\theta d\varphi \tag{2-98}$$

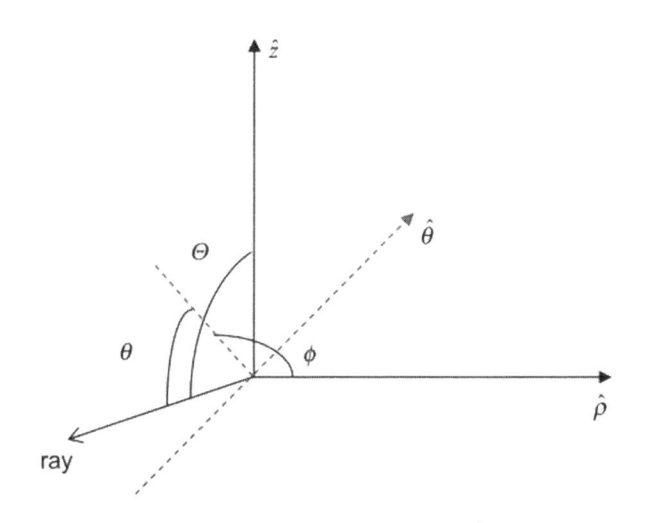

**图 2-18** 沿 $z$ 方向的光轴在子午线平面 $(z-\rho)$ 上的单射线布局

其中 $\theta$ 是射线及其在子午平面上的投影之间的切向角，而其中 $\varphi$ 是方位角（即围绕切向轴相对于子午平面的旋转角度或图 2-17 中的 $\theta$-轴）。根据方程 (2-1)，我们还得到了微分 étendue：

$$d^2\xi = n^2\cos\Theta dAd\Omega = n^2\cos\Theta\cos\theta d\theta d\varphi \tag{2-99}$$

其中 $\Theta$ 为光轴 ($z$) 与光线之间的夹角。此外，等式 (2-98) 的最后一个等式项已替换为 $d\Omega$。从几何图形中，根据公式 (2-93)，可以使用两次单独的旋转来实现光线相对于光轴的正确方向

---

① R. Winston, J. Miñano, and P. Benítez, Nonimaging Optics, Elsevier Academic Press, Burlington, MA (2005)

$$\cos\Theta = \cos\theta\sin\varphi \qquad (2-100)$$

从斜不变量的定义和几何图 2—18：

$$s = nr\sin\theta \qquad (2-101)$$

重新排列后得到它对 $\theta$ 的导数：

$$\frac{ds}{r} = n\sin\theta d\theta \qquad (2-102)$$

此外，利用三角函数和公式（2—101），我们发现：

$$\cos\theta = \sqrt{1 - \frac{s^2}{n^2 r^2}} \qquad (2-103)$$

将式（2—100）、式（2—102）、式（2—103）代入式（2—99），可以得到 étendue 的微分表达式：

$$d^2\xi = \frac{n}{r}\sqrt{1 - \frac{s^2}{n^2 r^2}}\sin\varphi dA s d\varphi \qquad (2-104)$$

对该表达式积分，得到偏态分布：

$$\frac{d\xi}{ds} = \int_{Surface}\int_{\varphi_{\min}}^{\varphi_{\max}} \frac{n}{r}\sqrt{1 - \frac{s^2}{n^2 r^2}}\sin\varphi d\varphi dA \qquad (2-105)$$

其中，在发射器表面上的面积积分，$\varphi_{\min}$，$\varphi_{\max}$ 为方位接收范围。对于与反射器耦合的管状发射器，由于反射器捕获了实际发射的一部分，发射随方位范围的函数而变化。利用式（2—100）和式（2—101），我们得到了方位接受范围：

$$\varphi_{\min} = \arcsin\frac{\cos\Theta_{\min}}{\sqrt{1 - \frac{s^2}{n^2 r^2}}} \qquad (2-106)$$

$$\varphi_{\max} = \pi - \arcsin\frac{\cos\Theta_{\min}}{\sqrt{1 - \frac{s^2}{n^2 r^2}}} \qquad (2-107)$$

其中这些方程与参考①不同，因为方位角截止角在最小和最大方向上可能不同。由式（2—95）可知：

$$r_{\min} = \frac{|s|}{n\sin\Theta_{\min,\max}} \text{ and } |s| < nr\sin\Theta_{\min,\max} \qquad (2-108)$$

为了简单起见，假设通过反射器耦合到圆形圆盘的管状发射器 $\Theta_{\min} =$

---

① R. Winston, J. Miñano, and P. Benítez, Nonimaging Optics, Elsevier Academic Press, Burlington, MA (2005)

$\Theta_{\max}$，假设 $\Theta_{\min}=\Theta_{\max}$。使用 Equation（2-11），我们可以替换 Equation（2-105）中的积分限制，然后将其集成为其中的 $\varphi$：

$$\frac{d\xi}{ds} = \int_{nr\sin\Theta_{\max} > |s|} \frac{2n\sin\Theta_{\max}}{r}\left[1 - \frac{s^2}{n^2 r^2 \sin^2\Theta_{\max}}\right]^{1/2} dA \quad (2-109)$$

对于耦合半径为 $R$ 的圆盘，偏度分布为：

$$\frac{d\xi}{ds} = \begin{cases} 4\pi n R\sin\Theta_{\max}\left[\sqrt{1-\left(\frac{|s|}{nR\sin\Theta_{\max}}\right)^2} - \frac{|s|}{nR\sin\Theta_{\max}}\arccos\frac{|s|}{nR\sin\Theta_{\max}}\right], & \frac{|s|}{nR\sin\Theta_{\max}} \leq 1 \\ 0 & otherwise \end{cases}$$

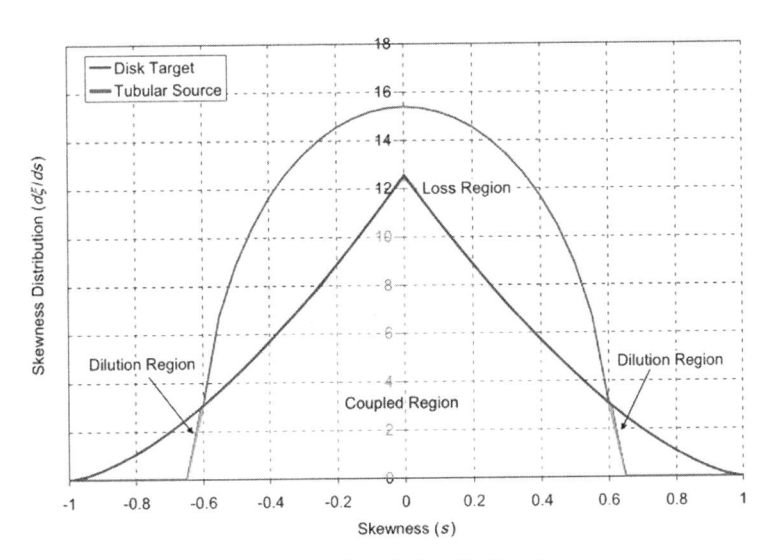

$$(2-110)$$

图 2-19 盘靶和管状源的偏度分布

两种分布之间的重叠表示通量可以从源到目标耦合的相空间；源偏态分布小于目标偏态分布的区域存在稀释效应。源偏态分布大于目标偏态分布的部分存在损失。

对于半径为 $R$、长度为 $2h$ 的耦合管，偏态分布为

$$\frac{d\xi}{ds} = \begin{cases} 8\pi n R\sin\Theta_{\max}\sqrt{1-\left(\frac{|s|}{nR\sin\Theta_{\max}}\right)^2} & \frac{|s|}{nR\sin\Theta_{\max}} \leq 1 \\ 0 & otherwise \end{cases}$$

$$(2-111)$$

最后，我们能够计算出通过反射器与圆形圆盘耦合的管状发射器的效应偏

度不匹配。反射器是旋转对称的，因此它不能改变输入分布的偏度。由于对于偏度是被动装置，因此需要计算式（2-110）和式（2-111）的偏度重叠，以求得系统的效率。这里研究了一个特定的情况，使管和磁盘的表面积是相同的：$R_{disk}=1$，和 $R_{tube}=h=1/\sqrt{2}$。圆盘允许从 0 到 π 的输入，而电子管发射的角度范围为 [π/3, 2π/3]。图 2-19 显示了两种几何形状的偏度分布。有许多地区组成了这个地块：

耦合的区域。当 $d\xi_{source}/ds \leqslant d\xi_{target}/ds$ 时，该区域所表示的相空间内的流量从源到目标是耦合的。

损失。当 $d\xi_{source}/ds \geq d\xi_{target}/ds$ 时，该区域所表示的相空间内的流量从源端到目标端不耦合

稀释。当 $d\xi_{source}/ds \leqslant d\xi_{target}/ds$ 且没有可用的源流量时，相空间由耦合区域的部分流量填充。简单地说，耦合通量向这些区域扩散。

因此，对于同样服从 étendue 守恒的系统，耦合的 étendue 用源曲线和目标曲线的偏态分布的最小值的积分表示。数学上，这表示为：

$$\xi_{max} = \int_{-\infty}^{\infty} \min\left(\frac{d\xi_{source}}{ds}, \frac{d\xi_{target}}{ds}\right) ds \qquad (2-112)$$

$\xi_{max}$ 表示实现了 étendue 的守恒。对于有损耗的系统，$\xi_{target} \leqslant \xi_{max}$。图 2-19 所示的情况，交叉点发生在 $s \approx \pm 0.60011$。使用上面的值和一个类似于源，但仅在 $\varepsilon=1.0$ 的情况下，$\xi=r^2\xi_0$ 的（2-77）式表明，在不包括倾斜不变性的情况下，系统将辐射从源传输到目标的效率为 68.40%。考虑到倾斜不变性损耗，系统的效率仅为 45.33%。如图 2-19 所示，这种差异是由于损失区域较大造成的。这种损失区域是由于两种形状不匹配：圆柱形管和圆盘。根据前面的脚注，如果标称圆柱形管的发射分布不均匀，就会产生进一步的复杂性和不匹配。

# 第三章　非成像光学设计方法

## 第一节　CPC 设计基础

### 一、CPC 设计简介

复合抛物面式集光器（CPC）是为汇聚一个位于无穷远处无限大光源发出光线而设计的集光器。我们从一个辐射源和一个接收器开始，希望接收器可以最大限度地接收并汇聚辐射源发出的光线。图 3-1（a）为辐射源 $E_1$ 和一个接收器 $AB$。

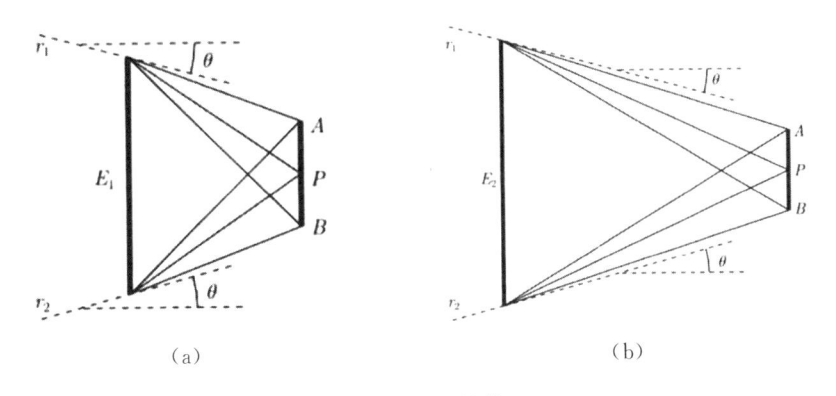

(a)　　　　　　　　(b)

图 3-1　光源与接收面

若光源向左移动且光源尺寸由 $E_1$ 变为 $E_2$，如图 3-1（b）所示，这样其边缘光线将一直与 $r_1$ 和 $r_2$ 重合，并且彼此成 2θ 角度。在 $AB$ 的辐射场如图 3-2 所示，其中 $AB$ 为水平方向的线。在接收器 $AB$ 上的每一点来看，入射光线都包含于两条成 2θ 角的边缘光线之间。这些边缘光线来自于有限距离外的一个无限大的光源 $E_1$。

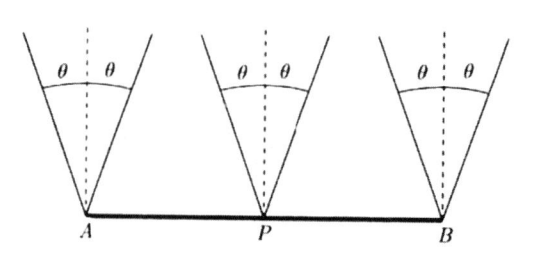

图 3-2 光源的辐射场

我们的目标是聚焦尽可能最大面积上的光辐射，也就是通过孔径 AB 最大程度地传送尽可能多的能量。具体方法如下：令 AB 为器件的出射孔径，并且在 A 点和 B 点放置反射镜，可以由简单的平面反射镜开始，在 A 点放置一面平面镜，在 B 点放置另一面反射镜。由于 P 点为 AB 的中点，光源 AB 关于过 P 点的垂线对称，左右两侧的反射镜也关于该垂线对称（图 3-3）。

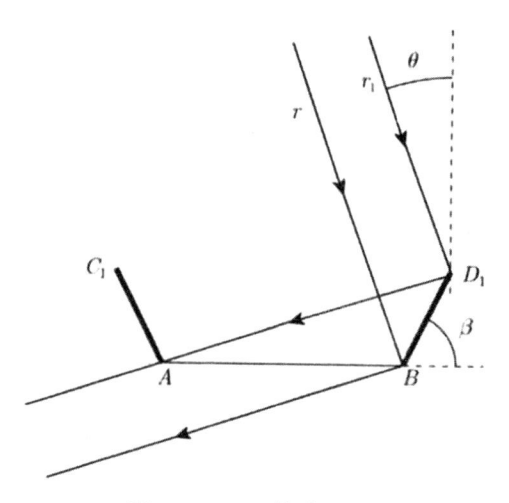

图 3-3 CPC 构建（一）

为了向 AB 偏转最大程度的光，角 $\beta$ 必须尽可能小这样才能使入口孔径 $C_1D_1$ 足够得大，但是对于 $\beta$ 的最小值存在一个极限，即满足当光线 $r_1$ 经过 $D_1$ 反射射向 A 点这一情况时的 $\beta$ 值。如果 $\beta$ 更小则光线经过 $BD_1$ 反射向 $AC_1$ 并由 $AC_1$ 反射远离 AB。当第一组反射镜放置好之后，可以在其上面放置第二组反射镜，图 3-4 表明了这种情况的可行性。

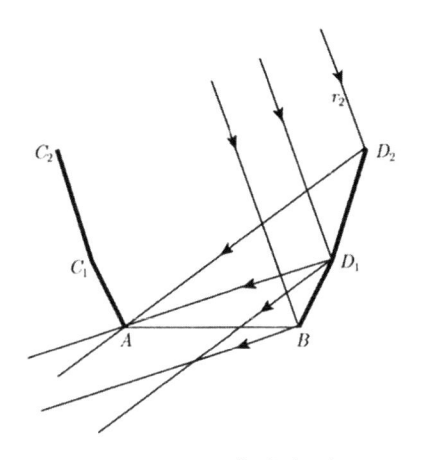

**图 3-4　CPC 构建（二）**

在这种情况下反射镜的斜率是经过选定的，以使入口孔径最大化，这意味着这个反射镜必须将左侧射来的光线 $r_2$ 在 $D_2$ 点反射向 $A$ 点，这样我们就可以一个接着一个的向上放置反射镜，这些反射镜都有着有限的尺寸，并且可以做得尽可能小，这样我们能放置越来越多的小反射镜。这些小反射镜在一起趋向于一条曲线，如图 3-5 所示。之前提到的角度 $\beta$ 对每个小反射镜都有最小值，此时成为了曲线的斜率并且在每一点都有最小值。

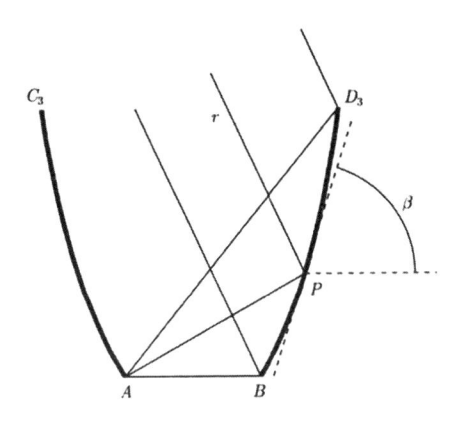

**图 3-5　CPC 曲线生成**

这条定义好的曲线必须满足条件：必须将来自左侧的边缘光线反射到 $A$ 点，同时也可以将一系列平行的光线反射到一点。有着此类特性的几何曲线是一条抛物线，这条抛物线以来自左侧的边缘光线为对称轴并且以 $A$ 点为焦点。我们也可以认为这条抛物线上的每一点都对应一个能够产生最大入口孔径 $C_3D_3$ 的 $\beta$ 最小值。

如图3-6所示,当抛物线向上延长到某一特定点时,抛物线开始向内倾斜,使入口孔径变小。此时,右侧最上面的反射镜开始遮挡底部的左侧,左侧亦然。由于我们的设计目的在于尽可能地获得最大入口孔径,所以应该在两条抛物线的 CD 处切开,此处 CD 相距为最大值。最终集光器的形状如图3-7所示。该集光器件的侧面包括两个抛物线弧:AC 和 BD。BD 是以 A 为焦点以过 A 平行于 BC 的直线为轴。弧 AC 与弧 BD 对称,这种集光器之所以称为 CPC 正是由于它是由两个抛物线弧构成的。

由于最初目标是尽可能地使该聚光器获得最大的入口孔径,我们的设计理念是通过两个抛物线形反射镜的组合将来自光源边缘的光线反射到接收器的边缘。这正是边光原理在非成像聚光器件设计中的应用。

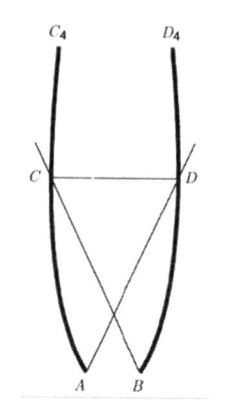

图3-6 高度的选取

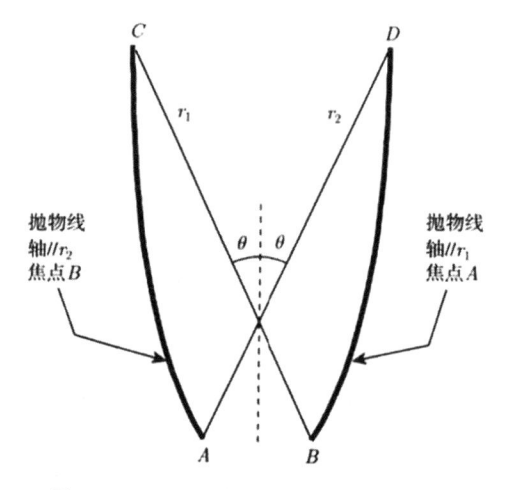

图3-7 CPC口径与接收角 $\theta$ 的最大化

## 二、集光率

下面我们来分析该器件的一个重要特性,图 3-8 标明的是平行边缘光线汇聚到接收器边缘的情况。图 3-9 (a) 表明边缘光线进入 CPC 的情况,该边缘光线与垂直方向成 $\theta$ 角的方向入射并且经过反射射向接收器的边缘。

图 3-9 (b) 表示的情况为入射光线与垂直方向所成角 $\theta_1 < \theta$ 的情况,光线经过反射射向接收器;图 3-9 (c) 为入射光线与垂直方向所成角 $\theta_2 > \theta$ 的情况,这样的光线经过一系列反射将调转方向并最终通过入口孔径射出集光器。

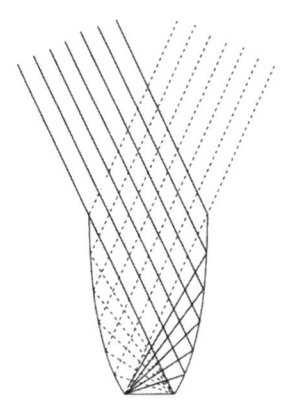

**图 3-8 CPC 边光追迹**

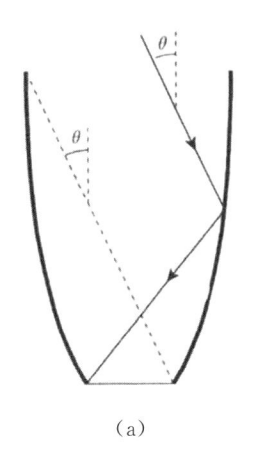

(a)

(b)

(c)

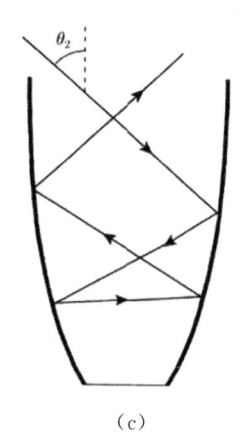

**图 3-9 边光及内外光线的追迹**

在 CPC 内部的光线，全部入射角度 $\theta_1 < \theta$ 的光线都将汇聚到接收器上；而所有入射角 $\theta_2 > \theta$ 的光线都将反向通过入口射出。汇聚到接收器上的光线我们称为被接收，出射的光线称为被拒绝。被接收器所接收的光线数量与进入 CPC 的光线总量之间的比值称为接收率：

$$接收率 = \frac{被接收器接收的光线数量}{进入 CPC 的光线总量} \tag{3-1}$$

因此，对于 $\theta_1 < \theta$ 或者 $\theta_1 > -\theta$ 的情况，接收率为 1.0（进入 CPC 的全部光线都被接收器接收），而对于 $\theta_2 > \theta$ 或者 $\theta_2 < -\theta$ 的情况接收率为 0（所有进入 CPC 的光线都被拒绝，且由入口孔径出射）。因此 CPC 的接收率在图 3-10 中表现为一个线形。$\theta$ 称为半接收率角，这是因为 CPC 可以在 $-\theta \sim +\theta$ 这个 $2\theta$ 的角度范围内接收全部辐射。由于设计使入口孔径尽可能大且不损失辐射

能量，所以我们制得的聚光器能够最大限度地传递光线并汇集起来。

图 3-10 接收率与入射角的关系

接下来我们可以计算该聚光器件所汇聚的光线，这之前我们需要记住抛物线的一个属性，该属性在图 3-11 中给出。如果过 A，B 的线与光轴垂直则有 [A，C] + [C，F] = [B，D] + [D，F]，其中 F 为焦点而 AC 和 BD 是与光轴平行的光线，[X，Y] 表示任意两点之间的距离。

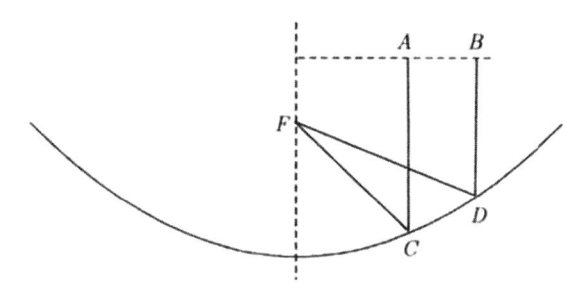

图 3-11 抛物线的几何特性

在图 3-12 中 CPC 的入口孔径为 $a_1$，出口孔径为 $a_2$，半接收角为 $\theta$。抛物线 $BD$ 以 $A$ 为焦点且其轴平行于 $BC$。根据前面提到的抛物线的属性我们可以写出如下关系：

$$[C, B] + a_2 = [E, D] + [D, A] \Leftrightarrow a_2 = a_1 \sin\theta \Leftrightarrow \frac{a_1}{a_2} = \frac{1}{\sin\theta} \quad (3-2)$$

由于 [C，D] = [D，A] 且 [E，A] = $a_1 \sin\theta$，这样我们就可以得到该集光器的入口孔径和出口孔径尺寸之间的关系了。

(a)

(b)

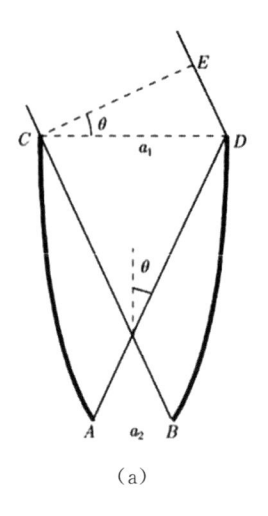

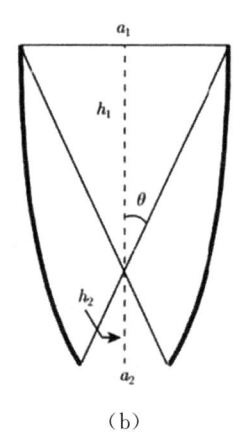

**图 3－12　CPC 高度与最大入射角的关系**

直线 CE 与由左侧入射的边缘光线垂直，由波前 CE 到 A 点的光程与所有垂直于 CE 的边缘光线都相等。我们还可以获取 CPC 的高度，由图 3－12（b），得到

$$h = h_1 + h_2 = \frac{a_1/2}{\tan\theta} + \frac{a_2/2}{\tan\theta} = a_1 \frac{1+\sin\theta}{2\tan\theta} \qquad (3-3)$$

CPC 尽管在二维情况下是理想的，但是将其制成三维集光器件时却不理想，图 3－13 所示是将一个二维 CPC 的抛物线绕其对称轴旋转形成一个对称的圆。

## 第三章 非成像光学设计方法

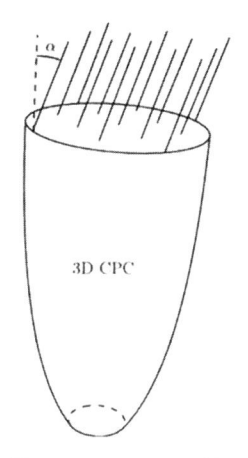

图 3-13 3D CPC 情况

现在考虑一组平行光线以偏离法向 $\alpha$ 的角度入射到 CPC 的入口孔径。我们可以追迹入射的平行光线并看看有多少最终射到位于底部的出口孔径。图 3-14 表示的是对于 CPC 分别以 $10°$,$20°$,$40°$ 和 $60°$ 四种接收角入射的最终情况:可见 CPC 并不完美,在设计角度之内的一些光线被其拒绝了,这些光线经过多次反射最终由入口孔径出射,还有一些设计角度以外的光线却进入了器件并且最终反射到了接收器上。如果考虑在设计角度 $\theta$ 范围内的传输光通量,我们将发现全部都没有透射,该情况如图 3-15 所示。

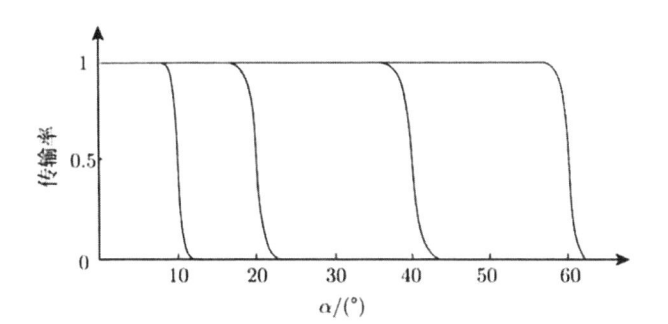

图 3-14 3D CPC 的接收率与接收角 $\theta$ 关系

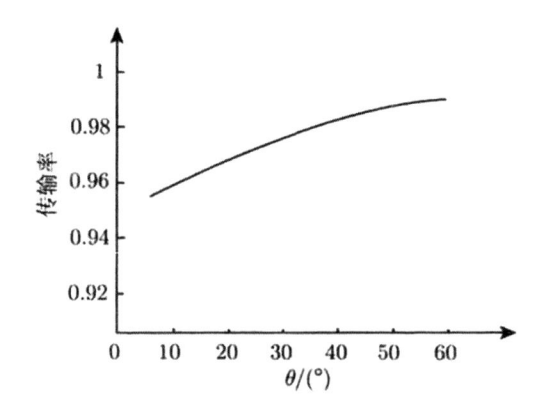

图 3-15 总体接收率与接收角 $\theta$ 的关系

对于 CPC 入口孔径上的一点，我们考虑改点垂直向下方向的立体角所包含的全部光线照射到 CPC 出口孔径对应面积元上的光通量，正如我们所见在设计角度内入射的光线并非 100% 透射，这是由于无论在设计角度内的光线或者其他倾斜入射的光线的透射都非理想。随着角度 $\theta$ 的增加在该角度内的光线透射也随之增加，也就是说随着角度 $\theta$ 的增加，CPC 的反射镜的尺寸也随之减小并且将有更多的光入射到出口孔径上面。

### 三、最大集光能力

CPC 是为了最大限度聚光而设计的一种二维聚光器。本书借用热力学第二定律证明其聚光能力为最大值。

下面考虑一个如图 3-16 所示的光学系统。它向两个方向无限延伸，包含一个处于温度 TK 向温度为 0K 的外界发射辐射的半径为 $r$ 的圆柱形黑体 $S_R$。随着辐射在空间传输，辐射抵达一个半径为 $d$ 的虚拟圆柱体，该虚拟柱体的表面可以看做是一个线性的集光器 $C$。一个面积为 dA 处于温度 $T$ 的黑体发射体向外发射朗伯辐射，发射到半球表面上的总光通量为

$$d\Phi_{hem} = \sigma T^4 dA \tag{3-4}$$

式中，$\sigma$ 为 Stephan-Boltzmann 常量，那么一段长为 $I_u$ 的圆柱状黑体向外发射的辐射通量为

$$\Phi_u = 2\pi r \sigma T^4 I_u \tag{3-5}$$

当 $I_u = 1$ 的情况下（考虑单位长度）我们得到了单位长度发出的辐射通量：

$$\Phi = 2\pi r \sigma T^4 \tag{3-6}$$

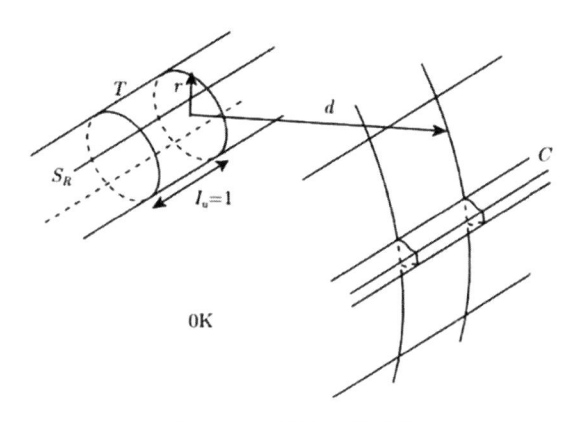

**图 3-16 线性光学系统**

图 3-16 中所示的光学系统在图 3-17 中也有表示,聚光器 C 有一宽度为 $a_1$ 的入口孔径和宽度为 $a_2$ 的出口孔径。入口孔径 $a_1$ 只能与辐射源 $S_R$ 或者与温度为 0K 的其余空间进行热交换。单位长度的 $a_1$ 所接收的辐射量为

$$\Phi = \sigma T^4 \frac{2\pi r}{2\pi d} a_1 \qquad (3-7)$$

这些能量现在可以毫无损耗的被聚光器 C 聚焦到孔径 $a_2$ 上。

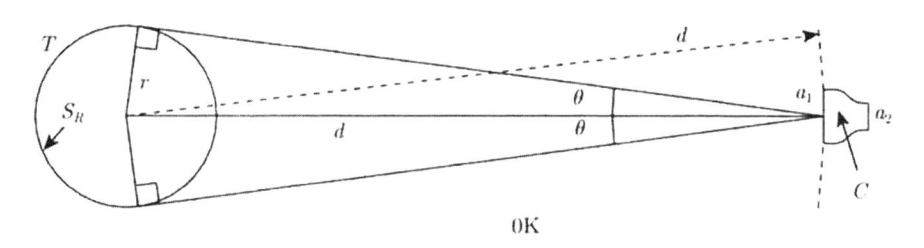

**图 3-17 系统的顶视图**

下面考虑在聚光器 C 的出口孔径 $a_2$ 有一个黑体来吸收辐射,并因此而升温,热力学第二定律指出出口孔径 $a_2$ 的温度 $Ta_2$ 永远不可能高于辐射源的温度 $T$,即 $Ta_2 \leqslant T$。如果有 $Ta_2 > T$,我们就可以在 $a_2$ 和 $S_R$ 之间放置一个热机,该热机为永动机,这是不可能实现的。我们在考虑 $a_2$ 升温至可能存在的最高温度即光源 $SR$ 温度 $T$ 并保持稳定。在这种情况下其每单位长度所辐射的能量为

$$\Phi_2 = \sigma a_2 T^4 \qquad (3-8)$$

为了维持温度的稳定,就必须使 $a_2$ 处于热平衡状态,也就是说其由辐射源 $S_R$ 吸收的辐射等于其向外发射的辐射。这样我们一定会得到如下关系:

$$\Phi = \Phi_2 \Leftrightarrow a_2 = a_1 r/d \Leftrightarrow a_1 \sin\theta \quad (3-9)$$

$a_2$ 通过集光器入口孔径 $a_1$ 与辐射源进行辐射交换，由 $a_1$ 发出的辐射和来自 $a_2$ 的辐射只能给 SR 加热。实际上，如果 $a_2$ 可以向空间发射辐射那么它就也能够从 0K 的空间吸收辐射，此时它并不能由辐射源 $S_R$ 获取温度。入口孔径为 $a_1$ 且出口孔径为 $a_2$ 的集光器件的接收角不能高于图 3－17 中所示的角度。这也就意味着集光器 C 不能接收任何来自 $2\theta$ 以外方向的光线。对应地，由 $a_2$ 发射并由 $a_1$ 射出的光线也必定限制在 $2\theta$ 的角度范围内。

在图 3－17 中，$a_1$ 为半径为 $d$ 的曲线，我们可以令柱体 $S_R$ 越来越大并将其向左侧移动，这样 $r/d$ = 常量且 $\theta$ 同样也为恒量，如图 3－18 所示。随着聚光器 C 的入口孔径 $a_1$ 所对应的半径 $d$ 增加，它逐渐趋于一个平面（或在二维系统中的一条直线）。在这种极限情况下最大集光能力也由式（3－9）给出：

$$\frac{a_1}{a_2} = \frac{1}{\sin\theta} \quad (3-10)$$

这与先前获得的 CPC 聚光力的值相同。所以可以得出结论：CPC 实际上是一种理想集光器件。

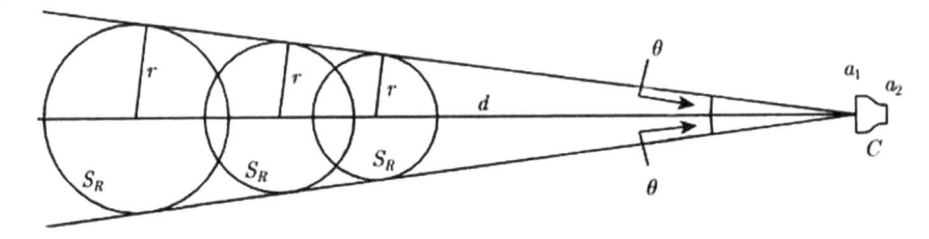

**图 3－18 柱面光源的半径与距离之比不变情形**

我们可以用一种简单的方法计算三维集光器的最大集光能力，用图 3－19 中所示的球体代替无限长圆柱光源，聚光器 C 的入口孔径为面积 $A_1$，出口孔径为面积 $A_2$。在 $A_1$ 处的光源定义为半角为 $\theta$ 的圆锥。这种光学系统的一个例子是以太阳为光源，以地球为集光器 C 接收并汇聚太阳的辐射能量。图 3－20 为该系统的纵切图，其中辐射源 $S_R$ 的半径为 $r$，温度为 T 并向温度为 0K 的空间发出辐射。随着发出的辐射在空间中的传播，它最终将照亮一个半径为 $d$ 的虚拟球面，在这个虚拟球面上有集光器的入口孔径 $A_1$，它将落在其表面的辐射汇聚到出口孔径 $A_2$ 上面。

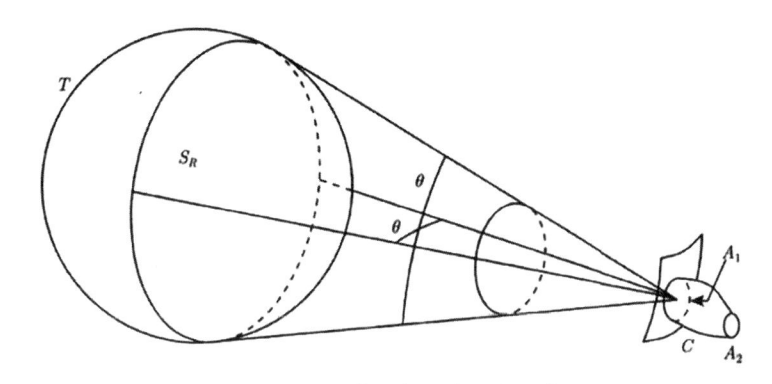

图 3-19 球面光源的集光系统

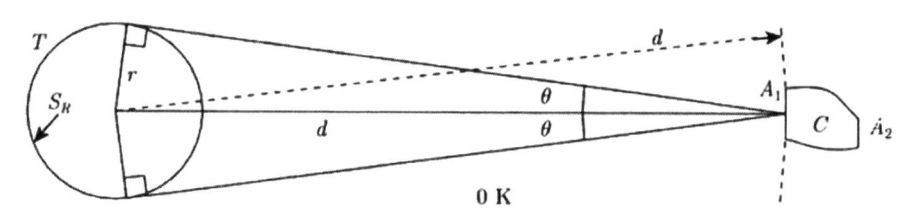

图 3-20 球面光源集光系统的侧视图

由球面光源 $S_R$ 发出的辐射通量表达式为

$$\Phi = 4\pi r^2 \sigma t T^4 \tag{3-11}$$

而 $A_1$ 所获取的辐射量为

$$\Phi_A = \frac{4\pi r^2 \sigma t T^4}{4\pi d^2} A_1 \tag{3-12}$$

该辐射将汇聚于放置于 $A_2$ 处的黑体上，其温度将加热到与光源 $S_R$ 相同的最大温度值 $T$，$A_2$ 发出的辐射必须与其接收的辐射相同以维持热平衡状态，则有

$$\frac{4\pi r^2 \sigma t T^4}{4\pi d^2} A_1 = A_2 \sigma T^4 \Leftrightarrow \frac{A_1}{A_2} = \frac{d^2}{r^2} \Leftrightarrow \frac{A_1}{A_2} = \frac{1}{\sin^2 \theta} \tag{3-13}$$

尽管在这个模型中孔径 $A_1$ 为一个半径为 $d$ 的球面，但是随着 $d$ 趋于无穷远而光源也如图 3-18 中情况逐渐成比例变大（$\theta$ 保持恒定），则入口孔径 $A_1$ 将趋于一个平面。

当集光器 $C$ 由折射率为 $n$ 的材料制成时，就可以获得一个更加一般化的结论了。此时，位于出口孔径处的黑体浸于折射率的材料中，因此对于其发出的辐射我们必须应用材料折射率为 $n$ 时的 Stephan-Boltzmann 常量 $\sigma$，值为

$$\sigma = n^2 \frac{2\pi}{15} \frac{k^4}{c_0 h} = n^2 \sigma_V \tag{3-14}$$

式中，$\sigma_V = 5.670 \times 10^{-8} \text{Wm}^{-2}\text{k}^{-4}$ 为真空中的值（$n=1$）；$k$ 为玻尔兹曼常量；$h$ 为普朗克常量；$c_0$ 为真空中光速；辐射源 $S_R$ 依旧处于真空之中即 $n=1$，则

式（3-13）变为

$$\frac{4\pi r^2 \sigma_V t T^4}{4\pi d^2} A_1 = A_2 n^2 \sigma_V T^4 \Leftrightarrow \frac{A_1}{A_2} = n^2 \frac{d^2}{r^2} \Leftrightarrow \frac{A_1}{A_2} = \frac{n^2}{\sin^2\theta} \quad (3-15)$$

由于 $A_2$ 现在发出 $n^2$ 倍的光线，则对光线的汇聚比之前高了 $n^2$ 倍。在二维系统中表达式变为

$$\frac{a_1}{a_2} = \frac{n}{\sin\theta} \quad (3-16)$$

这种由折射率为 $n$ 的材料制成的具有理想聚光效果的聚光器 CPC 如图 3-21 所示。在这种情况下光线进入 CPC 将发生折射，其孔径角由 $2\theta$ 减少为 $2\theta^*$（根据折射定律 $\sin\theta = n\sin\theta^*$），对于非传导性的 CPC 满足：$a_1 \sin\theta^* = a_2$。

一个集光器可以提供的最大集光能力为：$C_{\max} = n/\sin\theta$（3-16），在 $n=1$ 的情况（集光器内充满空气）下最大集光能力变为 $C_{\max} = 1/\sin\theta$。非成像集光器能够达到这些最大极限，这在汇聚太阳能方面是相当重要的。

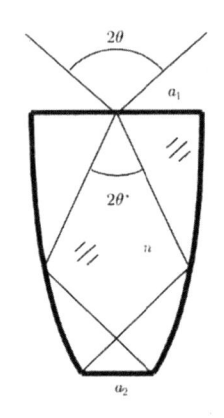

图 3-21 介质 CPC 情形

## 第二节 菲涅尔配光设计

### 一、菲涅尔透镜简介

菲涅尔（Fresnel）透镜以其质轻体薄，用料省，设计方法灵活多样，整

体结构紧凑，光学性能良好等优点，引起了许多学者的研究兴趣。按其用途大致可以分为三类：一是用于太阳能聚光集热，提高菲涅尔透镜的聚光效率及聚光倍数将有利于提高太阳能的利用效率，能用较小的面积收集更多的能量，进而提高了光电转换效率。除了聚光性能，均匀性也是透镜设计时应考虑的问题之一，较好的均匀会聚能更好地满足聚光光伏的需求。此外，对于由单个透镜构成的太阳能集光器在聚光时会存在色散现象，这将限制集光器的集光效率，因此在设计时将消色散的问题考虑在内会有效提高集光率。二是用于照明配光，菲涅尔透镜因其各环带之间相互独立。为了满足特定的配光要求，可以对各环带作出不同的调整。适当改变菲涅尔透镜环带的倾角，能使得光的空间分布更为均匀。菲涅尔透镜的结构也是影响其光效的一个重要因素之一。柱面菲涅尔透镜主要适用于线性光源的配光设计中，它能充分利用光源，降低能耗。有时，将菲涅尔透镜与其他曲面一起使用，能满足更为严格的配光要求和应用场合，如汽车照明系统的配光。三是用于成像及立体显示，因为菲涅尔透镜是普通透镜的一种变形，除了有聚光能力，也保留了成像的功能。利用菲涅尔透镜的成像原理，配合使用柱透镜等其他装置，可以使光线在人眼处形成立体图像，而不需要佩戴 3D 眼睛。利用旋转镜和菲涅尔透镜可以对断层摄影术进行光学计算。

（一）菲涅尔透镜特点

与传统的球面透镜或非球面透镜相比，菲涅尔透镜的表面不是一个连续的曲面，它是由多个同心圆环带或相互平行的棱镜面组合而成。它是传统透镜的一种变形，其上的每一个环可以认为是与其具有相同焦距的凸透镜面上的一部分，拥有相同的焦距，但彼此又是独立不连续的。这样的设计取代了传统透镜的连续曲面，使得透镜厚度得到大幅度的消减。在保留聚光效果的同时，节省了材料的用量。

菲涅尔透镜是以一整片玻璃作为制造基地，细心查看便可发现它的表面是由许多微小的环状结构组成的，曲面划分的很细，看上去像是一圈一圈的螺纹，环带的边缘较为突起，而中心则是较为平坦的凸面，因此菲涅尔透镜也称为螺纹透镜。由于数控车床的出现与相应技术的发展，利用整块玻璃来生产菲涅尔透镜已成为可能。

菲涅尔透镜虽然有用材少、重量轻、体积小等优点，但是却存在着成像品质低下的缺点，因此精密成像仪器如单反相机以及数码相机仍然使用了传统的球面透镜或非球面透镜。菲涅尔透镜通常是由玻璃或聚烯烃材料制成，尺寸大小随不同的应用要求而定。多数情况下，菲涅尔透镜都很纤薄平坦，并具有一定程度的韧性，厚度通常在 1cm 之内。

### (二) 菲涅尔透镜分类

因使用目的不同，菲涅尔透镜的设计方法也不尽相同，从设计上划分可以分为透射型和反射型。对透射型菲涅尔透镜，光线从透镜的一面入射，经过透镜后从另一面出射，聚焦成为一点或以平行光或有一定发散角的光束射出。出射光线与入射光线分别位于透镜的两侧。这种类型的透镜常设计为准直透镜或是聚光镜。和透射型菲涅尔透镜相反，反射型菲涅尔透镜的入射光线经透镜表面后反射回来，入射面常有反射涂层，用来降低光线的透过率。这种类型的透镜常作为照明光源反射器和太阳能聚光器。从焦点数量上看，有单个焦点和多个焦点两类。从结构上划分，平面型的、弧面型的、柱状的、阵列的等。在某些特定的场合下，菲涅尔透镜的形式可以有多种变化，其设计方法也灵活多样。

## 二、几何光学原理

在利用成像光学原理设计光学系统的过程中，人们通常只关心光线的传播方向及光照的范围，而很少需要知道光的波动信息，如相位、偏振等。在这样宏观的情况下，利用光线的概念和相关的定律，就能简单有效地进行设计。几何光学便是以光线为基础来研究光的传播和成像规律的学科。在几何光学中，光线一般遵循以下几条基本定律：①光线沿直线传播定律；②反射和折射定律；③光路可逆原理；④光的独立传播定律。基于上述光线传播的基本定律，就能够计算出光线在光学系统中的传播路径。这种计算过程称为光线追迹，是设计光学系统时必不可少的步骤之一。

### (一) 三棱镜光路

棱镜一般是由透明均匀介质（如玻璃）制作而成的棱柱体，三棱镜即是截面成三角形的棱镜。如图 3-22 所示，是光线经过普通三棱镜时的折射情况。与棱镜的侧棱垂直的面称为棱镜的主截面。图中的 △ABC 就是棱镜的一个主截面。

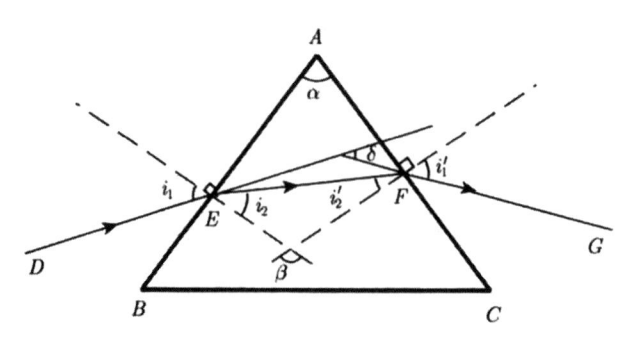

图 3-22 光线在三棱镜中的折射

光线 $DE$ 从空气中沿主截面入射,在界面 $AB$ 上的 $E$ 点发生第一次折射。由于光线是从折射率小的介质传到折射率大的介质,故折射角 $i_2$ 小于入射角 $i_1$,光线偏离顶点 $A$。光线在棱镜中沿 $EF$ 方向传播,并在 $AC$ 界面上的 $F$ 点发生第二次折射,此时光线是由光密介质进入光疏介质,故折射角大于入射角,光线越加偏离顶点 $A$。光线经过两次折射后,其传播方向的变化可以用入射光线 $DE$ 的延长线和出射光线 $FG$ 的反向延长线夹角 $\delta$ 来表示,定义 $\delta$ 为光线的偏折角。

由图 3—22 可知,与 $i_1, i_2, i'_1, i'_2$ 还有棱镜顶角 $\alpha$ 之间存在以下的数学关系:

$$\begin{aligned}\delta &= i_1 - i_2 + i'_1 - i'_2 = i_1 + i'_1 - i_2 + i'_2 \\ \alpha &= i_2 + i'_2 \\ \delta &= i_1 + i'_1 - \alpha\end{aligned} \qquad (3-17)$$

式(3—17)表明,当棱镜的顶角 $\alpha$ 确定以后,偏折角 $\delta$ 随光线的入射角的改变而改变。实验还表明,在 $\delta$ 随 $i_1$ 的变化过程中,当 $i_1$ 取某一个值时,对应的偏折角有最小值 $\delta\min$,称为最小偏折角。证明可得,只有满足以下条件:

$$\begin{aligned}i_1 &= i_2 \\ i'_1 &= i'_2\end{aligned} \qquad (3-18)$$

偏折角能取到最小值。此时的偏折角可表示为

$$\begin{aligned}\delta_{\min} &= 2 \cdot i_1 - \alpha \\ \delta_{\min} &= 2 \cdot i'_1 - \alpha\end{aligned} \qquad (3-19)$$

若用最小偏折角和棱镜顶角来表示入射角和出射角,可以得到下列式子:

$$\begin{aligned}i_1 = i'_1 &= \frac{\delta_{\min} + \alpha}{2} \\ i_1 = i'_1 &= \frac{\alpha}{2}\end{aligned} \qquad (3-20)$$

由折射定律可以得到棱镜折射率的表达式:

$$n = \frac{\sin \dfrac{\delta_{\min} + \alpha}{2}}{\sin \dfrac{\alpha}{2}} \qquad (3-21)$$

从式(3—21)中可以看到,一个已知顶角的三棱镜,只要测出光线经过时的最小偏转角,就可以算出棱镜对该光线的折射率 $n$。

(二)菲涅尔透镜的聚光原理

布封伯爵普遍认为是第一个想出菲涅尔透镜这一结构的人,他提出将若干个相互独立的透镜截面安置在同一个框架上从而形成一个更为轻巧纤薄的透

镜。这是菲涅尔透镜设计思想的雏形。此后，法国物理学家兼工程师 Fresnel 根据透镜的成像特点，即透镜在成像时对光线偏折起决定作用的是其表面的曲率，而透镜本身的厚度对成像贡献较少，之所以一般的凸透镜厚度较大，是为了满足其表面曲率或大孔径的要求，因此他提出在设计透镜时，可以减少其轴向厚度，但表面曲率保持不变。图3-23是菲涅尔透镜形成的原理。按该方法设计而成的透镜不仅保持了汇聚光线这一能力，同时还节省了材料，使得透镜整体结构得到简化。

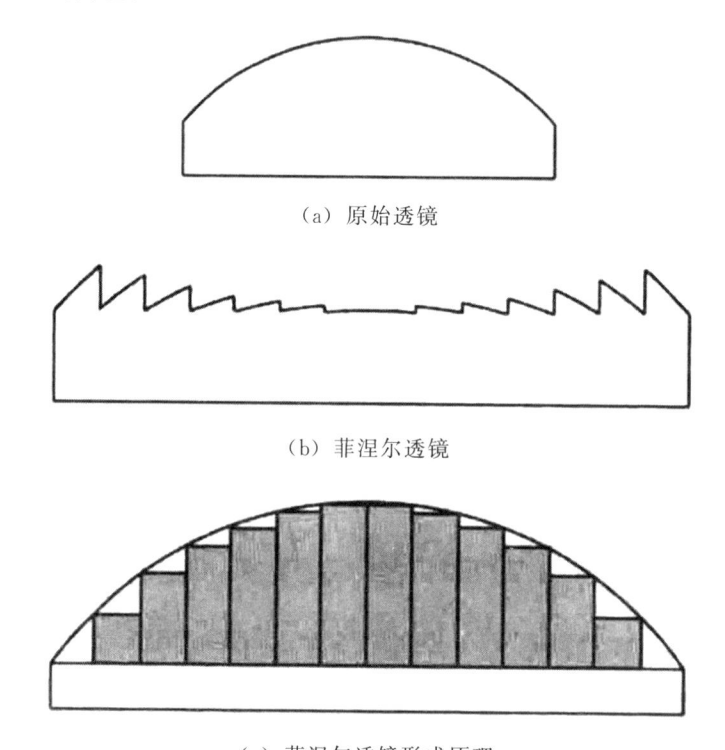

(a) 原始透镜

(b) 菲涅尔透镜

(c) 菲涅尔透镜形成原理

**图 3-23 菲涅尔透镜的形成原理**

在实际加工及应用时，透镜厚度的减少，使得透镜曲面位置靠前，致使出射光线的出射点也相应提前，因而光线通过透镜发生汇聚时的焦点位置比同一曲率普通透镜的焦点位置要靠前，即焦距变短了，如图3-24所示。为了使菲涅尔透镜的焦距不发生变化，在实际设计时必须对每一环的曲率重新进行调整。

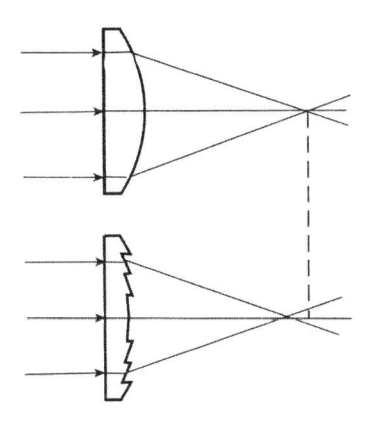

图 3-24 表面曲率不变时，菲涅尔透镜的焦距变短

### 三、菲涅尔透镜设计

（一）菲涅尔透镜的设计

以平面型菲涅尔透镜作为研究对象，按其设计原理可知每个环带的光学表面应该是一曲面，既可以是球面，也可以是非球面。理论上，按该设计方法所得到的透镜，其优点是平行光经过后，每一条光线都能汇聚到焦点上。能获得较高的聚光比。但是对于曲面透镜而言，存在着机械加工繁杂、曲面精度难于掌控、制作成本高昂的问题。因此在实际加工及应用时常采用的方法是以斜面来代替光滑曲面。

用斜面来代替曲面，不仅解决了上述问题，同时还有利于简化设计时的复杂程度。但这样的方法也存在着一个缺点，即光线不可能全部集中到一点上，而是不可避免地形成一个具有一定尺寸大小的亮斑。为了便于描述，本书将透镜的中心记为第 0 环，紧靠其外的记为第 1 环，从内到外以此类推。透镜中心一环的半径用 $h_0$ 表示，第 $i$ 个环带中点到透镜中心的距离记为 $h_i$。平行光从菲涅尔透镜平面一侧垂直入射，图 3-25 为光线经过透镜后汇聚到焦点的示意图。

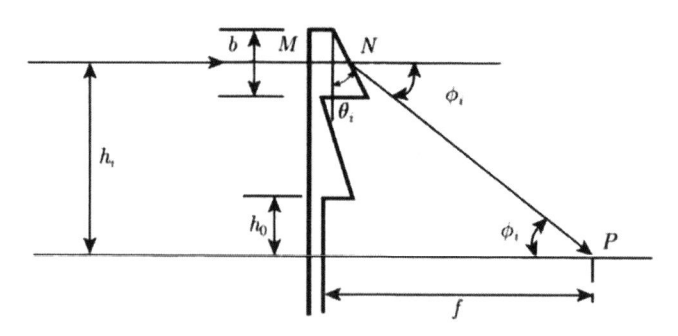

图 3-25 平行光经菲涅尔透镜后汇聚到焦点

平行光线从第 $i$ 环的中点 $M$ 入射，由于光线是垂直入射，故在 $M$ 点不发生偏折，当光线穿过透镜到达 $N$ 点时，光线与出射界面不垂直，此时发生了偏折。其中 $\theta_i$ 为第 $i$ 个环带面的倾角，$\varphi_i$ 为该光线汇聚到焦点处时与光轴的夹角，$\varphi_i$ 同时也是光线的偏折角。如图 3-26 所示，将 $N$ 点处的光线折射情况进行了放大。在 N 点处，光线由透镜第 $i$ 个环带面传至空气中时，其中入射角为 $i_1$，出射角为 $i_2$，光线的偏折角为 $\Phi_i$。由角度的几何关系及折射定律可得

$$i_2 = i_1 + \varphi_i$$
$$\theta_i = i_1$$
$$n \cdot \sin i_1 = \sin i_2 = \sin i_1 + \varphi_i \tag{3-22}$$
$$\tan \Phi_i = \frac{h_i}{f}$$

将上述四个式子联立，可以推出第 $i$ 个环带面的倾斜角 $\theta_i$，即表示为

$$\tan \theta_i = \tan i_1 = \frac{\sin \varphi_i}{n - \cos \varphi_i} \tag{3-23}$$

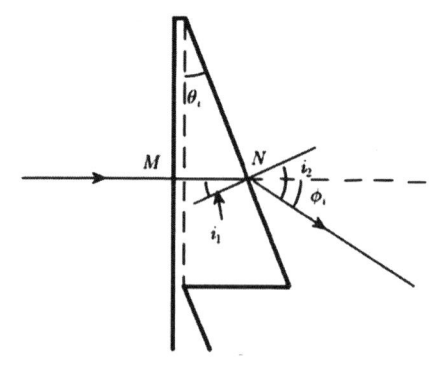

图 3-26 光线在环带面上发生偏折

**(二) 菲涅尔透镜模型分析**

为了使后续设计的透镜阵列能有较好的聚光效果，首先分析单个菲涅尔透镜的尺寸、焦距和环带宽度对焦点形成的影响。首先分别设定单个透镜的直径为 5mm，6mm，7mm，8mm，9mm，焦距分别取 1000mm 和 2000mm，环带的宽度分别取 0.5mm，1mm，2mm。分别建立模型仿真进行数据分析比对。可以得出以下结论。

(1) 当透镜焦距为 1000mm，环带宽度为 0.5mm 的情况下，焦点半径随透镜直径变化的影响不大，焦点最大照度值会随透镜直径的增大而减小。当焦距为 2000mm，且环带半径为 0.5mm 不变时，所得焦点的半径随透镜直径的变化不明显，最大光照度则随着透镜直径的增大而减小。

(2) 当透镜的直径与环带宽度一样时，焦距从 1000mm 变为 2000mm 后，焦点的半径和光照度的最大值都没有太大变化。即透镜焦距在一定范围内的变化，对形成焦点半径和最大照度的影响不大。

(3) 在透镜焦距和直径相同的情况下，当环带宽度增大时，除了焦点半径变大，焦点中心的最大照度值也明显下降，即透镜对光线的汇聚能力变差，聚光效果不理想。因此在选型时，宜采用环带宽度较小的透镜来组成阵列。

光线在通过菲涅尔透镜后，先开始汇聚，在焦平面处的光束到达最细，然后光线又逐渐扩散，但整体的变动不是很明显，焦点半径的变动范围在 1mm 以内。

在一定范围内透镜的焦距和直径对光线汇聚的影响较小。当透镜的焦距和直径确定，改变环带宽度会对焦点的半径和照度产生较大影响。一个透镜在焦平面附近的照度情况与焦平面处的情况相差不是很大。即透镜存在着一定的焦深，在设计非共焦面透镜阵列时应当考虑该因素。

**四、菲涅尔透镜阵列的设计**

透镜阵列设计的主要目的是为了让平行光经过透镜阵列后，能在焦平面处形成特定的图形。构成图形的点是由落在焦平面上的多个焦点组合而成。因此在设计时首先需要建立透镜各焦点和图形上各点的对应关系。理论上，阵列中透镜的数量越多，能得到的焦点数也越多，因此可以形成精细复杂的图形，即形成的图形所包含的内容更为丰富，但是透镜数量的增加会使建模和仿真较难进行。简化图形设计，以具有间隔的点来取代连续的线，用有限数量的点集来代替完整的图形。

为了获得一个单元透镜排布紧凑，整体结构简单易加工，并尽可能提高光线利用率的透镜阵列，在设计时将多个单元透镜实体按蜂窝式的排布方法进行组合。若单元透镜的半径为 r，为了使透镜铺满阵列所在的平面而不留空隙，同时又要使透镜之间重叠的部分达到最少。经计算得到相邻的两个单元透镜中心的间隔距离应为 $\sqrt{3}r$。图 3-27 为蜂窝式透镜阵列的示意图。在进行设计前分别对组成阵列的单元透镜和图形点进行编号以及坐标值记录。

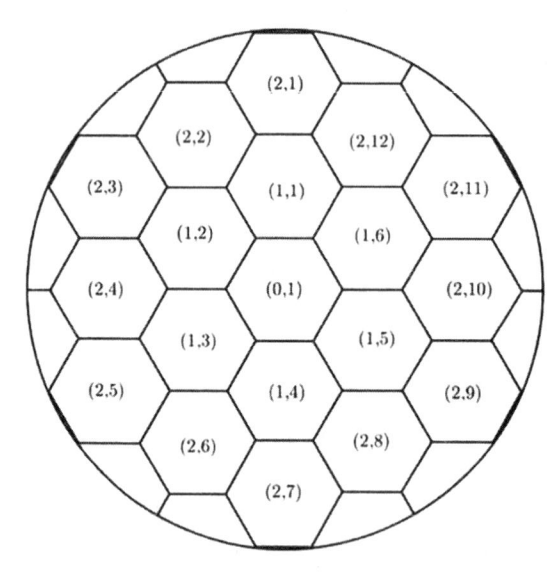

**图 3-27 蜂窝式透镜阵列示意图**

（一）菲涅尔透镜的偏转机理

按蜂窝状排列后形成的透镜阵列对光线具有汇聚作用，各个单元透镜都能将照射到其上的平行光线汇聚到焦平面上，但此时还不足以形成特定的图形。阵列中各菲涅尔透镜的焦点都在其各自的光轴上，如图 3-28 所示。因此在不做任何处理的情况下，平行光照到透镜阵列后，在焦平面处得到的焦点图形也必定是呈蜂窝状的。

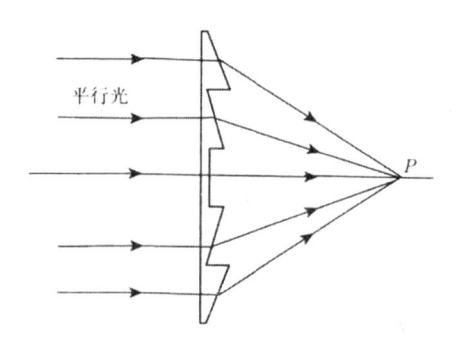

**图 3-28 平行光经过菲涅尔透镜后的光路**

为了使光线经过透镜阵列后产生的焦点发生偏转,并最终落到设定的位置组成图形,现在对每个菲涅尔透镜的平面一侧加上一定角度的倾斜面来达到偏转光线的目的。光线在透镜入射面处发生第一次折射,穿过透镜在出射面处发生第二次折射。焦点的位置会因斜面的存在而发生偏离,如图3-29所示。具体设计是,先对阵列中的某个透镜作分析,设该透镜的中心点的坐标为 $O(x, y, z)$,与它对应的图形点坐标为 $P(x', y', z')$,由于平行光是沿 $x$ 轴正方向入射的,经过该透镜中心的光线的偏折角度 $\Phi$ 为

$$\Phi = \arctan \frac{\sqrt{(y'-y)^2 + (z'-z)^2}}{x'-x} \tag{3-24}$$

在设计精度不是很高的情况下,有

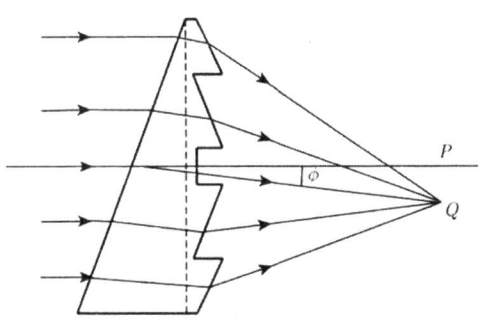

$$f = x' - x \tag{3-25}$$

**图3-29 平行光经偏转菲涅尔透镜后的光路**

我们对出射点在透镜中心的光线进行分析,由该点和与其对应的图形点的坐标可以确定光线的偏折角 $\Phi$。如图3-30所示,由偏折角 $\Phi$ 可以算出第二个面的折射关系:

$$i'_2 = \Phi$$
$$n \cdot \sin i'_1 = \sin i'_2 \tag{3-26}$$

从图3-30中可以得到入射角 $i_1$ 和入射角 $i'_1$ 以及入射角 $i_1$ 和偏转斜面的角度 $\alpha$ 的几何关系:

$$i_1 = i_2 + i'_1$$
$$\alpha = i_1 \tag{3-27}$$

结合第一个面的折射关系:

$$\sin i_1 = n \cdot \sin i_2 \tag{3-28}$$

就能够得到偏转斜面的角度表达式:

$$\tan\alpha = \tan i_1 = \frac{n \cdot \sin i'_1}{n \cdot \cos i'_1 - 1} \tag{3-29}$$

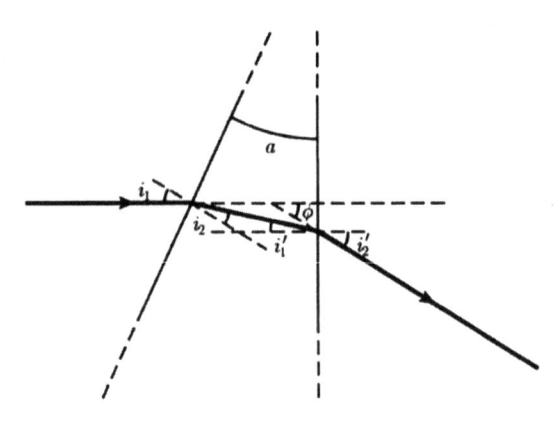

图 3-30 光线经偏转透镜的折射情况

由于光线是在三维空间中传播的，所以其偏转角度需要有两个参数来表示，与之对应的偏转斜面的面法向量也需要两个参数来确定。用 $\theta$ 表示斜面法向量与 $x$ 轴负方向的夹角，用 $\varphi$ 来表示斜面法向在 $yz$ 平面内的投影与 $z$ 轴的夹角，如图 3-31 所示。$\varphi$ 的取值在（180°，180°）内，规定顺时针为正，逆时针为负。$\theta$ 的大小也可以用来表征光线偏折程度，而 $\varphi$ 则可以用来表征光线偏转的方向。两个参数确定后，偏折斜面就能唯一确定，光线的偏转也唯一确定。

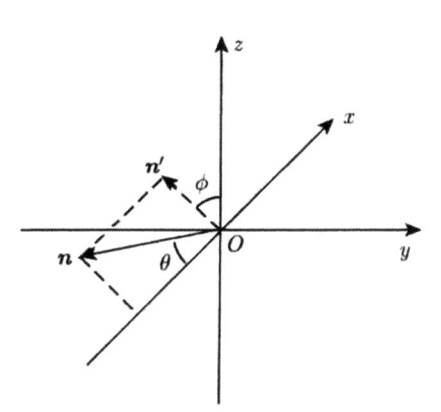

图 3-31 偏转斜面法向量的参数表示

（二）等面型蜂窝式菲涅尔透镜阵列

等面型蜂窝式透镜阵列是焦平面处的接收面的面型与透镜阵列的面型相同，整个图形的尺寸大小与透镜阵列的尺寸大小相当。每个图形点与阵列中的一个透镜建立对应关系，对应关系以光线偏折较小为依据。一般阵列中的透镜个数会多于图形点的个数，将没有建立对应关系的单元透镜做背景光处理，不参与图像的形成。这样来达到形成图像的效果。

透镜阵列焦距为 1000mm，由于组成阵列的每个透镜将平行光汇聚到不同的焦点上，且每个透镜对光线的偏折方向都各有差异，当接收面放置于设定的焦距处，获得的图像符合设计要求。若接收面放置的位置在设定焦距之前或之后，形成的图像将和预期的不同。

（三）非等面型蜂窝式菲涅尔透镜阵列

与等面型透镜阵列不同，非等面型即透镜阵列的面型与接收面的面型有差别。非等面型蜂窝式透镜阵列是可以将大面积的平行光汇聚到小面元上形成图形，此时光线总体的偏折程度会大于等面型透镜阵列。图形中的每个点与阵列中的透镜建立对应关系，可以根据能量均匀分配以及点数对比作为建立依据。相比等面型透镜，非等面型菲涅尔透镜的偏转面倾斜角度普遍比等面型的要大，即光线的偏折更加明显。同时对接受面位置的限制更为严格。

（四）非共焦面的蜂窝式透镜阵列

为了让平行光经过透镜阵列后，能在不同的焦平面处形成不同的图形。即光线从同一个透镜阵列中出来，不同部分的光线在不同焦平面处聚会，透镜阵列中至少包含两种焦距不同的单元透镜。对阵列透镜的编码组合方式与共焦面透镜类似，只不过添加透镜的焦距信息来加以区分不同焦距的透镜。

# 第三节　流矢设计方法

## 一、流矢设计方法简介

我们已经知道，如果采用朗伯光源产生的流线可以获得一个理想的鼓状集光器。由朗伯光源产生的其他形状的流线也可以作为特定几何形状的集光器。均匀照明的一个实例是太阳光。太阳向各个方向发射太阳光，当光线到达地球的时候，这些光线被限制在很小的角度范围 $-\alpha \sim \alpha$。因此这些到达地球的太阳光可以看成是包含在一个角度为 $2\alpha$ 的椎体内，如图 3-32 所示。

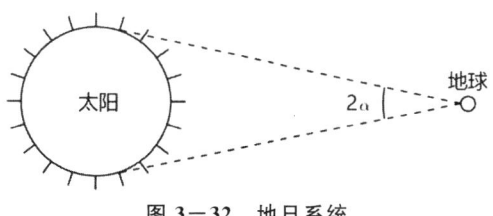

图 3-32　地日系统

我们在与太阳的方向垂直的方向上取一个平面，这样该平面上所有的点都能够被角度为 $2\alpha$ 的锥体内部的光线照亮。例如，平面上的点 $P_1$ 所有的光线都被限制在边缘光线 $r_U$ 和 $r_L$ 之间，如图 3-33 所示。

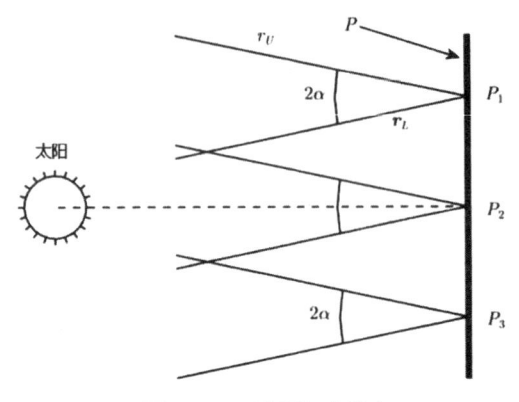

图 3-33 地面阳光张角

假设我们在垂直于点 $P$ 的方向上放置一个薄双面反射镜，如图 3-34 所示。反射镜遮住了 $r_{L1}$ 和 $r_{L2}$ 之间的光线，在未加反射镜之前这些光线本应照射到点 $P$ 上。

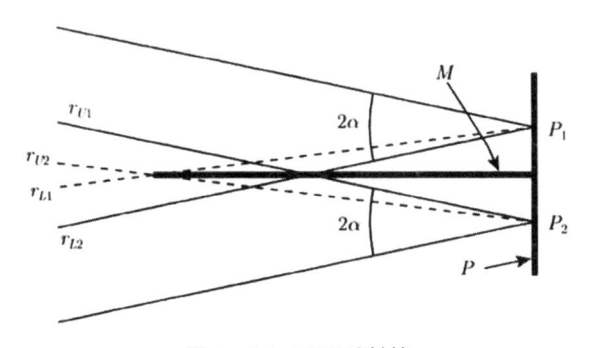

图 3-34 双面反射镜

但是如果没有反射镜，边缘光线 $r_{U1}$ 和 $r_{U2}$ 之间被反射到 $P_1$ 的光线也将射向 $P_2$。因此，反射镜并未改变射向点 $P_1$ 和 $P_2$ 的光线。因为反射镜遮住一侧的光线同时也反射了另一侧的光线。在平面上其他的点处也有相同的情况。

如果使用两个反射镜，我们就得到了图 3-35 中的几何形状。它是一种非成像器件，能够以 $\alpha$ 的半接收角接收光线并以相同的角度发射它所接收的光线，并保持发射面积的恒定。我们可以认为这种器件是一种由反射镜 $M_1$ 和 $M_2$ 决定的光波导装置。

另一个例子，我们考虑图 3-36 中所示的圆形（2D）朗伯发光体 $S_R$。两条与光源相切的边缘光线穿过任意点 $P$，与光源垂直的反射镜 $M$ 平分这些光线。

由于上述陈述的原因，反射镜不会改变光源产生的辐射场。我们可以在光源的径向上放置两个反射镜 $M_1$ 和 $M_2$，如图 3-37 所示。这些反射镜不会改变光源产生的辐射场。圆弧 $a_1$ 处光源产生孔径角为 $2\theta$ 的辐射场，反射镜的存在并未改变这一辐射场。但是，弧 $a_1$ 所接收的辐射场仅仅来自光源的 $a_2$ 部分，而其余部分的光线都被反射镜所遮挡。我们可以移除反射镜外侧的光源而仅仅留下 $a_2$ 部分。圆弧状光源 $a_2$ 将通过反射镜 $M_1$ 和 $M_2$ 的帮助在 $a_1$ 处产生一个孔径张角为 $2\theta$ 的均匀辐射场。

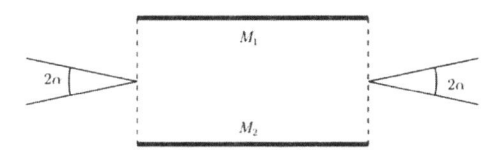

图 3-35 平行平面镜

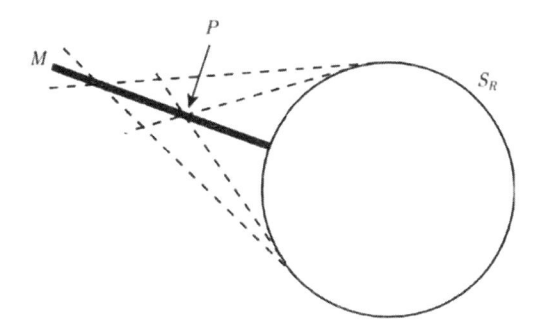

图 3-36 球面光源上的双面反射镜

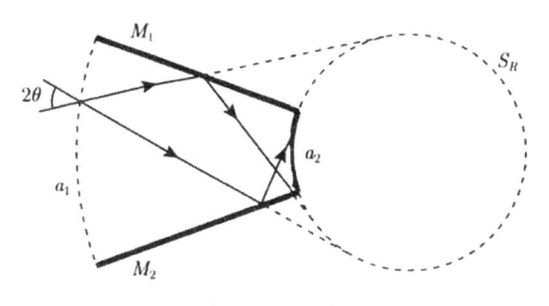

图 3-37 球面光源上的双面反射镜

反转光线的方向，可以设想 $M_1$ 和 $M_2$ 构成一个集光器，它的圆形入口孔径为 $a_1$，接收角为 $2\theta$，圆形接收器孔径为 $a_2$。由于 $a_2$ 处的光源为朗伯型（辐

射孔径张角为 $\pm \pi/2$），因此该集光器为理想集光器并且能够最大程度汇聚光线。

流线在每一点都平分边缘光线，因此使用由光源所产生辐射场的两条流线可以构建如图 3-37 中描述的集光器。选择其他流线（光源径向方向的直线）可以得到

不同尺寸的集光器。同样地，选择不同的流线高度，我们就可以设计出不同接收角的集光器。

如图 3-38（a）所描述的，两条流线之间区域内的光展是守恒的。

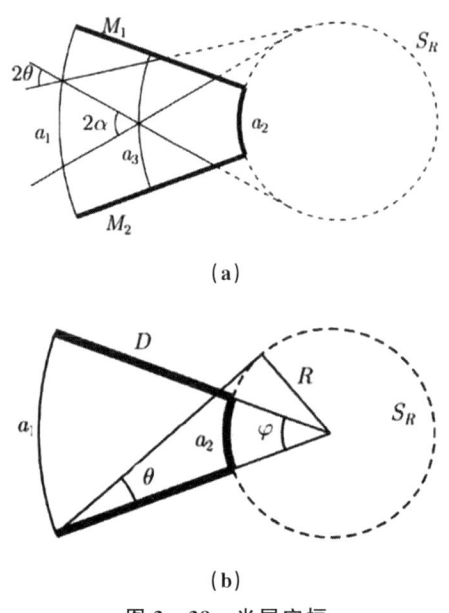

图 3-38 光展守恒

由于光在 $a_2$ 处的孔径角为 $\pm \pi/2$，所以两个反射镜（沿流线方向放置）$M_1$ 和 $M_2$ 之间光线的光展为 $U = 2a_2$。在圆弧 $a_3$ 和圆弧 $a_1$ 处都具有相同的光展值，分别为 $U = 2a_3 \sin\alpha$ 和 $U = 2a_1 \sin\theta$。注意图 3-38（b）中，我们得到：$a_2 = R\varphi$ 而 $a_1 = D\varphi$，其中 $R$ 是光源的半径而 $D$ 是圆心到 $a_1$ 的距离。于是可以得到：$a_2/a_1 = R/D = \sin\theta$。

如果整个光源 $S_R$ 都给出，则穿过流线 $M_1$ 上一点 $P_1$ 和 $M_2$ 上一点 $P_2$ 之间光线的光展为一个恒量，不随 $P_1$ 和 $P_2$ 的移动而变化。如果 $M_1$ 和 $M_2$ 均为反射镜，则当光线在它们之间传播时，其光展守恒。

还应注意，如果取 $a_1$ 和 $a_3$ 之间的镜面部分，我们将得到一个角度变换器。该角变换器入口孔径 $a_1$ 是一个圆形，接收角为 $2\theta$；同轴的出口孔径为 $a_2$，出

射角度为 $2\alpha$。该光学器件满足光展守恒：$2a_1 sin\theta = 2a_3 sin\alpha$。

边缘光线的平分线的方向以及它们之间的夹角定义了一个方向和量值，即一个矢量。它称为流矢 $J$，在平面上的每一点都指向边缘光线平分线的方向，其标量值为 $|J|=2n\, sin\theta$，两边缘光线的夹角为 $2\theta$ 且在该点处的折射率为 $n$。图 3-39 描述的是一个光源 $S$ 向外发射光线，两条边缘光线 $r_1$ 和 $r_2$ 同时穿过点 $P$，夹角为 $2\theta$。$P$ 点处指向 $r_1$ 和 $r_2$ 平分线方向的流矢的量值为 $2n\, sin\theta$，$n$ 为 $P$ 点处的折射率。

流矢指向与流线相同的方向。若流线为直线，则流矢的方向与流线方向重合；若流线是一条曲线，则流矢与流线相切。

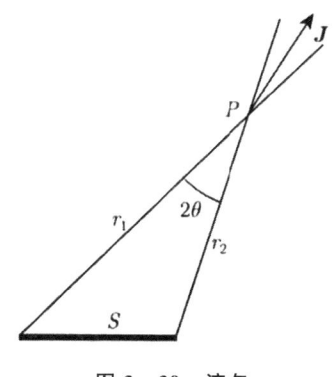

**图 3-39 流矢**

## 二、流矢的定义

设穿过浸于折射率为 $n$ 介质中面积为 $dA$ 表面且包含在一个立体角 $d\Omega$ 内的能量通量为 $d\Phi$，我们可以写出：

$$d\Phi = L'dU = L'n^2 dA\cos\theta d\Omega \quad (3-30)$$

式中，$dU$ 是辐射的光展；$L' = L/n^2$ 为约化辐射度（或者约化亮度）；$\theta$ 是 $dA$ 的法矢量 $n$ 与立体角方向 $t$ 的夹角，如图 3-40 所示。

若 $n$ 与 $t$ 均为单位矢量，则它们的内积为

$$t \cdot n = |t||n|\cos\theta = \cos\theta \quad (3-31)$$

因此式（3-30）可以写为

$$d\Phi = t \cdot nL'n^2 dAd\Omega \quad (3-32)$$

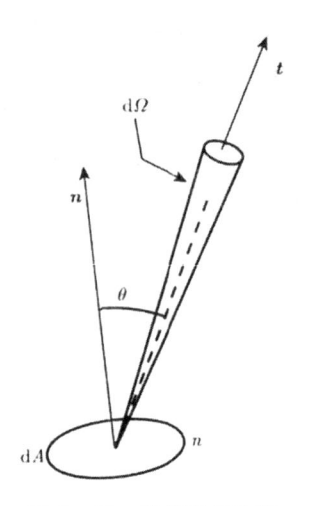

**图 3-40 光通量示意图**

现在考虑图 3-41 中给出的另外一种情况，给出法向为 $n$ 的一个面积元 $dA$，但是光线以两个方向 $t_X$ 和 $t_Y$ 穿过 $dA$。此时，穿过包含在立体角 $d\Omega_X$ 内的光线射向方向 $t_X$，如果 $t_X \cdot n > 0$，则表示 $d\Phi > 0$。另一方面，穿过 $dA$ 包含在立体角 $d\Omega_Y$ 内的光线射向方向 $t_Y$，存在 $t_Y \cdot n > 0$，则表示 $d\Phi < 0$。

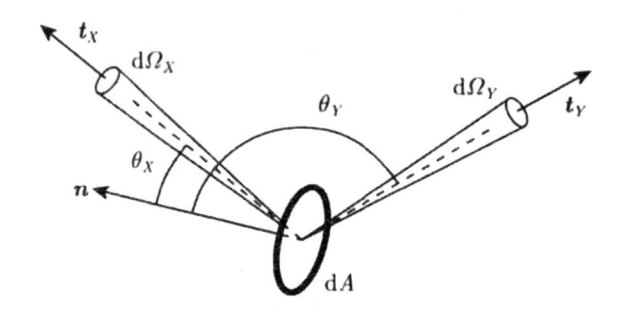

**图 3-41 通量的方向定义**

现在考虑单位时间内通过面积 $dA$ 的总能量。它可以通过对式（3-30）的立体角进行积分求得

$$d\Phi = dA \int L'n^2 \cos\theta d\Omega \tag{3-33}$$

注意式（3-33）为一阶微分，因为它与 $dA$ 呈比例关系。但是在式（3-30）中 $d\varphi$ 是一个二阶微分，这是因为与 $dA$ 和 $d\Omega$ 的乘积成比例。

如果在 $dA$ 上的辐射分布为朗伯型 $L$，因此 $L'$ 将不取决于方向。这样我们就可以将其从积分中提取出来得到

$$d\Phi = L' dA \int n^2 \cos\theta d\Omega \quad (3-34)$$

该计算针对所有有光线的方向进行积分，现在定义：

$$J_N = \frac{d\Phi}{L' dA} \quad (3-35)$$

由此可以看出，单位时间穿过面积 dA 的单位约化辐射度的辐射光（能量）与积分成比例：

$$J_N = \int n^2 \cos\theta d\Omega \int n^2 t \cdot n d\Omega \quad (3-36)$$

式中，$n = (\cos\gamma_1, \cos\gamma_2, \cos\gamma_3)$，这里分量为相应的方向余弦。同样可以写出 $t = (\cos\theta_1, \cos\theta_2, \cos\theta_3)$，其中分量也是相应的方向余弦。这样矢量内积可以写为

$$\begin{aligned} t \cdot n &= (\cos\theta_1, \cos\theta_2, \cos\theta_3) \cdot (\cos\gamma_1, \cos\gamma_2, \cos\gamma_3) \\ &= \cos\theta_1\cos\gamma_1 + \cos\theta_2\cos\gamma_2 + \cos\theta_3\cos\gamma_3 \end{aligned} \quad (3-37)$$

式（3-36）中的积分式可以写为如下形式：

$$J_N = \int n^2 (\cos\theta_1\cos\gamma_1 + \cos\theta_2\cos\gamma_2 + \cos\theta_3\cos\gamma_3) d\Omega \quad (3-38)$$

再改写为如下形式：

$$J_N = \cos\gamma_1 \int n^2 \cos\theta_1 d\Omega + \cos\gamma_2 \int n^2 \cos\theta_2 d\Omega + \cos\gamma_3 \int n^2 \cos\theta_3 d\Omega \quad (3-39)$$

即

$$J_N = \left(\int n^2 \cos\theta_1 d\Omega, \int n^2 \cos\theta_2 d\Omega, \int n^2 \cos\theta_3 d\Omega\right) \cdot (\cos\gamma_1, \cos\gamma_2, \cos\gamma_3) \quad (3-40)$$

或

$$J_N = J \cdot n \quad (3-41)$$

式中，向量

$$J = \left(\int n^2 \cos\theta_1 d\Omega, \int n^2 \cos\theta_2 d\Omega, \int n^2 \cos\theta_3 d\Omega\right) \quad (3-42)$$

称为流矢或者光矢量。由式（3-35）可以得到

$$\frac{d\Phi}{dA} = L' J \cdot n \quad (3-43)$$

为穿过法向为 $n$ 的面积 dA 的单位面积内的通量。可以看到 $J$ 指向每单位面积最大通量的方向。流矢也可以同光展联系起来，根据前面给出的式（3-43）和 $d\Phi = L' dU$ 可以得到

$$\frac{dU}{dA} = J \cdot n \quad (3-44)$$

我们认为 $L'$ 不依赖于方向，若光学系统中的辐射源自一个朗伯光源，则 $J$ 为空间每一点上单位面积中光展的量度。

由式（3－41）可以看出，$Jn$ 是 $J$ 在表面法向量方向上投影的量值。之前在式（3－26）中已知 $n^2 cos\theta_3 dS2 = dp_1 dp_2$，同样地，$n^2 cos\theta_2 d\Omega = dp_1 dp_3$。于是式（3－42）中的 $J$ 可以如下形式写出：

$$J = \int dp_2 dp_3 , \int dp_1 dp_3 , \int dp_1 dp_2 \qquad (3-45)$$

对于二维系统，通量、约化辐射度和光展由式（3－30）的二维形式联系起来：

$$d\Phi = L' dU = L' n da cos\theta d\theta \qquad (3-46)$$

式中，$L' = L/n$。对于二维情况，一种类似于式（3－42）的表达形式可以写为

$$J = \int ncos\theta_1 d\theta_1 , \int ncos\theta_2 d\theta_2 \qquad (3-47)$$

式中的夹角由图 3－42 定义。图中可以看出 $\theta_1 = \theta_2 + \pi/2$，因此 $sin\theta_1 = cos\theta_2$ 和 $sin\theta_2 = -cos\theta_1$。式（3－47）于是可以改写为

$$J = \int nd\ sin\theta_1 , \int nd\ sin\theta_2 = \int nd\ cos\theta_2 , -\int nd\ cos\theta_1$$
$$(3-48)$$

因此

$$J = \int dp_2 , -\int dp_1 \qquad (3-49)$$

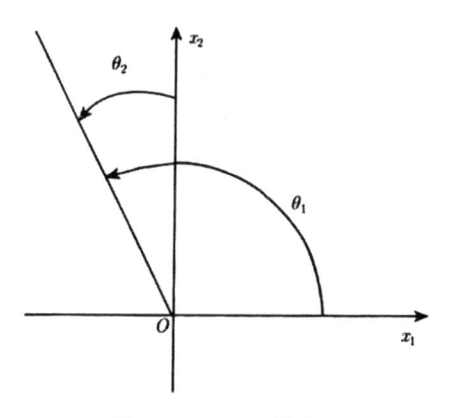

图 3－42 $\theta_1 \theta_2$ 的定义

对于平面上的每一点，可以定义一个流矢 $J$。这定义出了一个矢量场，如图 3－43 所示。

(a)

(b)

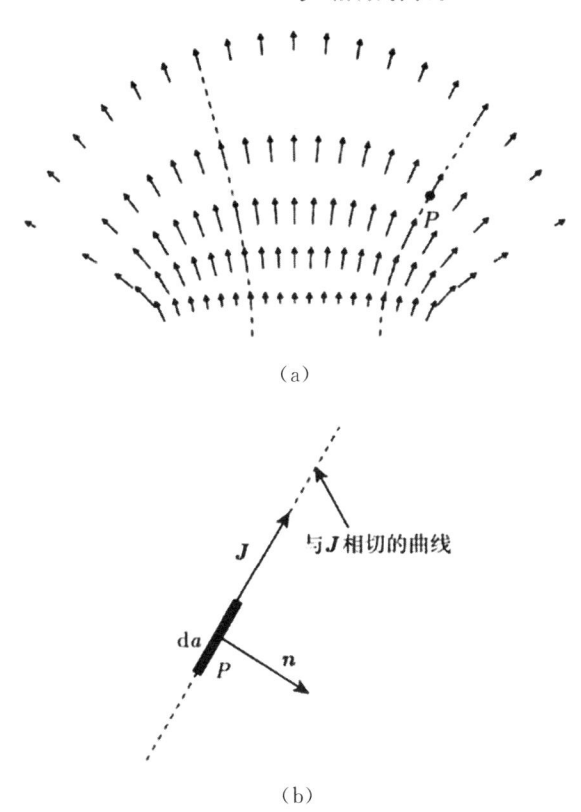

**图 3—43 流矢场分布**

现在考虑在每一点处与相切的线，如图 3—43（a）所示。考虑这些线中的一条上面的点 $P$，如图 3—43（b）所示，穿过其中一条线的线元的净通量由式（3—43）的二维形式给出：

$$d\Phi = daL'J \cdot n \tag{3—50}$$

但是，由于这条线与 $J$ 相切，法矢量与 $J$ 垂直，因此 $J \cdot n = 0$。这意味着穿过 da 的净通量 d$\varphi$ 为零。这种情况下，由左向右穿过 da 的通量与由右向左穿过的通量相抵消，使穿过的净通量为零。于是在任意两条这类线之间的通量是恒定的，如图 3—43（a）所示。由于在一个光学系统中约化辐射度也是恒定的，所以可以根据式（3—30）得出光展也守恒这一结论。我们已知两条流线之间的光展保持恒定，因此可以认为与 $J$ 相切的这些线即为流线。

三维情况下，这些线变为表面，通量在这些面内是保持恒定的。这些表面称为流面。

### 三、基于边缘光线的流矢计算

流矢是关于穿过给定点的边缘光线方向的函数,现在来计算点处流矢的方向和量值。考虑平面上一点且穿过的所有光线都限制在边缘光线和之间,如图 3—44 所示。现在考虑一个局部坐标系统,其中 x2 轴平分边缘光线 rA 和 rB。于是可以计算 J

$$J = \int_A^B \mathrm{d}p_2, \ -\int_A^B \mathrm{d}p_1 \ = \ p_{B2} - p_{A2}, \ - \ p_{B1} - p_{A1} \quad (3-51)$$

(a)

(b)

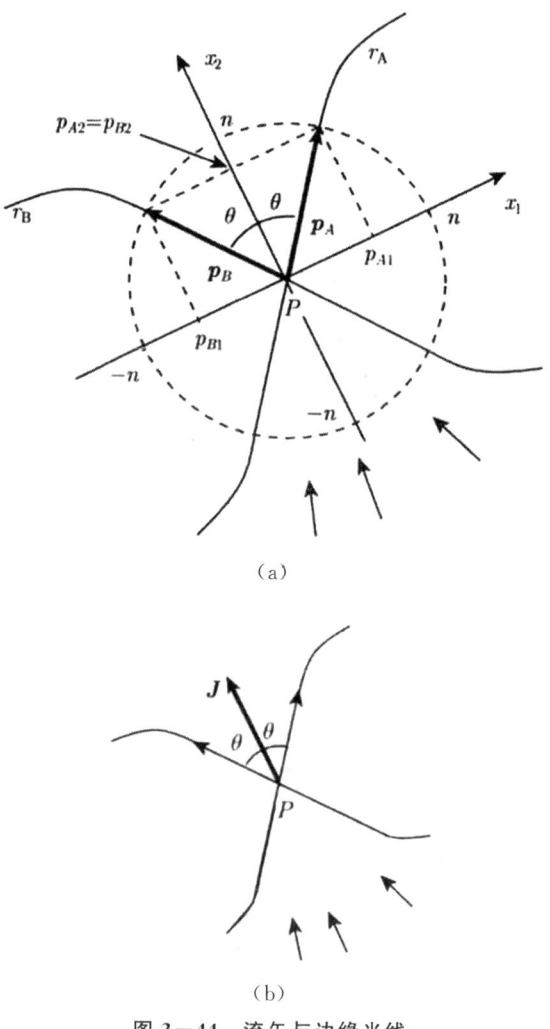

图 3—44 流矢与边缘光线

但是由于 $pA_1 = n\sin\theta$ 以及 $PB_1 = -PA_1$，我们得到
$$J = (0, -n(-\sin\theta - \sin\theta)) = (0, 2n\sin\theta) \quad (3-52)$$

于是可以总结出：$J$ 指向边缘光线平分线的方向且其模 $|J| = 2n\sin\theta$。这一结果与同 $J$ 相切的线为流线这一事实相一致，因为这些线也平分辐射场的边缘光线。

我们还可以看出，在给定折射率 $n$ $x_1$, $x_2$ 的介质中，边缘光线的路径由流矢规定。实际上 $J$ 的模给出了每一点上边缘光线之间的夹角，其方向规定了坐标系上边缘光线的方向。

### 四、流矢和光展

我们应用前面得到的结论：流矢平分边缘光线，并且考虑流矢与光展之间的关系。

对于二维系统，我们以平面上沿曲线的一段长度代替式（3-44）中的面积。式（3-44）可以写为
$$dU = dcJ \cdot n = J \cdot (dcn) = J \cdot dc_N \quad (3-53)$$

式中，$dc_N$ 的模为 $dc$，并且与我们计算光展的曲线 $c(\sigma)$ 垂直。

作为一个特殊的情况，我们在 $x_1$ 轴上取一个无穷小的长度 $dx_1$，其法向为 $(0, 1)$。定义 $dx_1 = 0$，$dx_1$，如果 $J = J_1, J_2$，根据式（3-53）可以得到：$dU = J \cdot dx_1 = J_2 dx_1$。假设有一在折射率为 n 的介质中穿过 $dx_1$ 半角为 $\theta$ 的光束，且该光束与水平方向的夹角为 $\varphi$，如图 3-45 所示。因此有
$$dU = 2n\sin\theta\sin\varphi dx_1 \quad (3-54)$$

根据式（3-49）有
$$J_2 = -\int_A^B dp_1 = p_{A_1} - p_{B_1} \quad (3-55)$$

关于光展的表达式也可以写为 $dU = (PA_1 - PB_1) dr_1$。图 3-45 所示的几何结构表明该表达式与式（3-54）是等价的。

现在考虑光线穿过参数化曲线 $c$ 的一般情况，由式（3-53）得到
$$U = \int_c J \cdot dc_N \quad (3-56)$$

如果该曲线始于点 $P_1$ 终止于点 $P_2$，光展由 $U = 2\ G\ P_2\ -G\ P_1$ 给出。

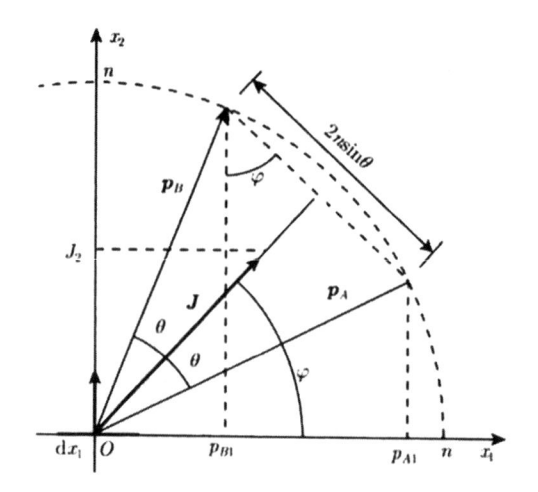

图 3-45 光展计算

现在考虑由图 3-46 所示光线通过两点 $P_1$ 和 $P_2$ 的情况，这里 $P_2 = P_1 + \mathrm{d}x_1, \mathrm{d}x_2$。由式 $\mathrm{d}U = 2\mathrm{d}G$，有

$$\mathrm{d}U = J \cdot \mathrm{d}c_N = J \cdot (-\mathrm{d}x_2, \mathrm{d}x_1) = 2\mathrm{d}G \tag{3-57}$$

式中，$(-\mathrm{d}x_2, \mathrm{d}x_1)$ 是与 $(\mathrm{d}x_1, \mathrm{d}x_2)$ 垂直的向量，于是可以写出：

$$-J_1 \mathrm{d}x_2 + J_2 \mathrm{d}x_1 = 2\left(\frac{\partial G}{\partial x_1}\mathrm{d}x_1 + \frac{\partial G}{\partial x_2}\mathrm{d}x_2\right) \tag{3-58}$$

因此得到

$$\left(2\frac{\partial G}{\partial x_2} + J_1\right)\mathrm{d}x_2 + \left(2\frac{\partial G}{\partial x_1} - J_2\right)\mathrm{d}x_1 = 0 \tag{3-59}$$

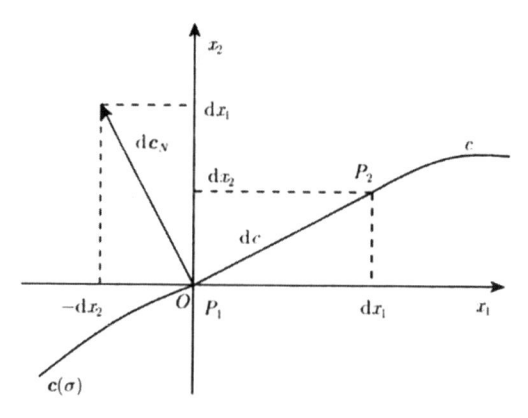

图 3-46 线元上的法矢量

由于该方程必须适用于任意 $\mathrm{d}r_1$ 和 $\mathrm{d}r_2$，一定有

# 第三章 非成像光学设计方法

$$J_1 = -2\frac{\partial G}{\partial x_2} \tag{3-60}$$

及

$$J_2 = -2\frac{\partial G}{\partial x_1} \tag{3-61}$$

或者

$$J = 2\frac{\partial G}{\partial x_2}, \frac{\partial G}{\partial x_1} \tag{3-62}$$

在每一点与流矢相切的线都成为流矢线，由式（3-62）可以得到：$J \cdot \nabla G = 0$。我们可以得出结论：流矢 $J$ 与 $G = \text{constant}$ 的曲线相切，因此流矢 $J$ 与 $G = \text{constant}$ 的曲线（即流线）相接。

流矢线不能相交，如果相交就意味着在一个给定的点出现了两个指向不同方向的流矢，这是不可能的，因为无论在三维情况时的式（3-42）还是在二维情况下的式（3-47）都只能给出一个流矢的矢量值。

自由空间中来自光源或衰减器的流矢 $J$ 的散度为

$$\nabla \cdot J = \frac{\partial J_1}{\partial x_1} + \frac{\partial J_2}{\partial x_2} = 2\left(-\frac{\partial G}{\partial x_1 \partial x_2} + \frac{\partial G}{\partial x_2 \partial x_1}\right) = 0 \tag{3-63}$$

## 五、圆盘状光源的流矢

对于一个给定的朗伯光源，我们该如何计算其流矢呢？作为例子，考虑二维情况下的线光源和三维情况的圆盘状光源。

首先来研究一个点 $F_1$ 和 $F_2$ 之间的朗伯光源。在点 $P$，来自光源的光线包含在两条边缘光线 $r_A$ 和 $r_B$ 之间，如图 3-47（a）所示。该系统关于 $x_2$ 轴对称。由于点 $P$ 处的边缘光线被限制在边缘光线 $r_A$ 和 $r_B$ 之间，矢量 $J$ 可以由式（3-64）得到

$$J = \int_{P_A}^{P_B} dp_2, -\int_{P_A}^{P_B} dp_1 = \Delta p_2, -\Delta p_1$$
$$= p_{B2} - p_{A1}, p_{B1} - p_{A2} = p_B - p_A \tag{3-64}$$

由图 3-47（b）可见，矢量 $J$ 垂直于矢量

$$\Delta p = \Delta p_1, \Delta p_2 = p_{B1} - p_{A1}, p_{B2} - p_{A2} = p_B - p_A \tag{3-65}$$

并具有相同的模长。由图 3-47（c）可见，矢量 $J$ 也可以写为如下形式：

$$\Delta p = \int_{P_A}^{P_B} dp_1, \int_{P_A}^{P_B} dp_2 \tag{3-66}$$

图 3-47（b）中我们能够得出

$$|\Delta p| = 2n\sin\theta \tag{3-67}$$

因此

$$|J|=2n\sin\theta \qquad (3-68)$$

由于 $J$ 垂直于 $\Delta p$，$J$ 矢量指向 $p_A$ 和 $p_B$ 的平分线方向。

(a)

(b)

(c)

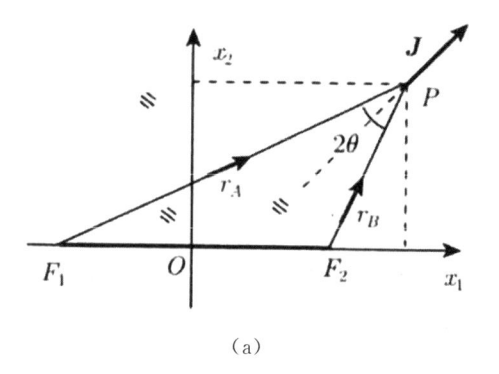

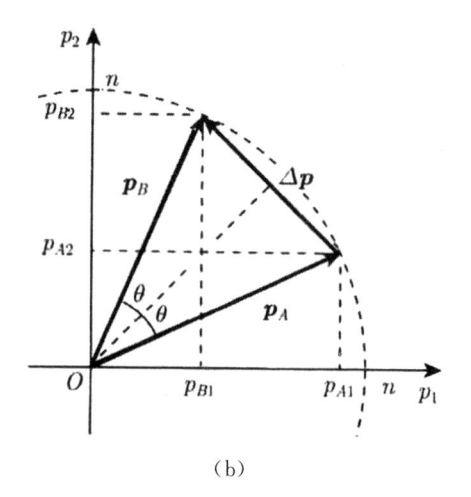

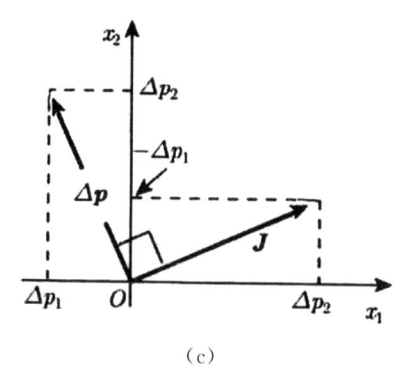

**图 3-47 圆盘状光源的流矢**

于是在 $P$ 点处的流矢 $J$ 指向朗伯光源发出的边缘光线 $r_A$ 和 $r_B$ 平分线的方

向，如图 3-47（a）所示。因此流矢的流线（这些线在每一点都与流矢相切）是以 $F_1$ 和 $F_2$ 为焦点的双曲线。这些线在图 3-48（b）中给出，在平面上的每一点都平分来自光源的边缘光线，即在平面上每一点都平分光源边缘点 $F_1$ 和 $F_2$ 发出的光线。

(a)

(b)

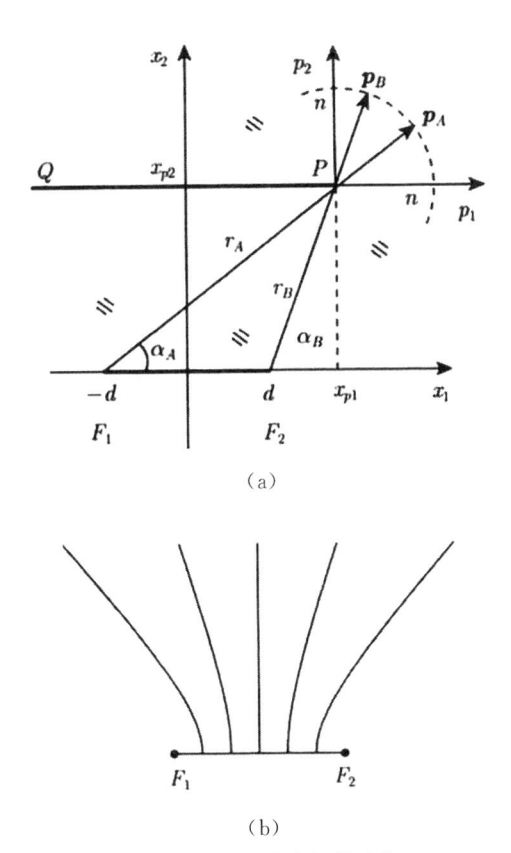

**图 3-48 朗伯光源的流矢**

现在考虑由光源到 $P$ 点以及其对称点 $Q$ 所确定直线的光展，如图 3-48（a）所示。如果 $P=(Tp_1, Tp_2)$，则 $Q=(-x_{p_1}, x_{p_2})$，则由 $F_1F_2$ 到 $QP$ 的光展为：$U(Q, P)$。此时，根据式（3-57），有 $U=4G$，又根据式（3-62）可得

$$J = \frac{1}{2}\left(-\frac{\partial U}{\partial x_2}, \frac{\partial U}{\partial x_1}\right) \tag{3-69}$$

这给出了在 $P$ 点处的流矢 $J$。

由光源 $F_1F_2$ 到一条直线 $QP$（两点关于轴对称）的光展为

$$U = 2n(\left[P, F_1\right] - \left[P, F_2\right]) \tag{3-70}$$

式中，$[X,Y]$ 表示点 $X$ 到点 $Y$ 之间的距离。如果 $P=(x_{p_1},x_{p_2})$，且 $F_1=(-d,0)$ 和 $F_2=(d,0)$，我们得到：$P-F_1=(x_{p_1}+d,x_{p_2})$ 和 $P-F_2=(x_{p_1}-d,x_{p_2})$。于是可以得到

$$U = 2n\left[\sqrt{(x_{p1}+d)^2+x_{p2}^2} - \sqrt{(x_{p1}-d)^2+x_{p2}^2}\right] \quad (3-71)$$

由于光学系统关于 $x_2$ 轴对称，由式（3-69）和式（3-71）中对 $U$ 的散度的计算我们得到了 $J$ 的分量

$$J_1 = n\frac{x_{p_2}}{\sqrt{(x_{p_1}-d)^2+x_T^2}} - n\frac{x_{p_2}}{\sqrt{(x_{p_1}+d)^2+x_{p_2}^2}} = n\left[\frac{x_{p_2}}{[P,F_2]} - \frac{x_{p_2}}{[P,F_1]}\right]$$

$$J_2 = n\frac{x_{p_2}}{\sqrt{(x_{p_1}+d)^2+x_{p_2}^2}} - n\frac{x_{p_2}}{\sqrt{(x_{p_1}-d)^2+x_{p_2}^2}} = n\left[\frac{x_{p_1}+d}{[P,F_1]} - \frac{x_{p_1}-d}{[P,F_2]}\right]$$

$$(3-72)$$

或者

$$J_1 = n\sin\alpha_B - n\sin\alpha_A = p_{B2} - p_{A2}$$
$$J_2 = n\sin\alpha_A - n\sin\alpha_B = p_{A1} - p_{B1} \quad (3-73)$$

这与式（3-64）相同，由光展公式（3-70）我们也能发现：

$$U = \text{constant} \Rightarrow [P,F_1] - [P,F_2] = \text{constant} \quad (3-74)$$

这种情况下定义双曲线的焦点为 $F_1$ 和 $F_2$。考虑光展守恒，点 $P$ 和点 $Q$ 必须位于流矢的流线所对应的双曲线上。

假设先前考虑的系统是关于 $x_3$ 轴呈轴对称的三维系统。考虑由圆形光源到相距圆半径为 $\rho$ 的圆形接收面的光展，如图 3-49 所示。正如在图 3-49 (a) 中我们所见到的，如果半径的变化量为 $d\rho$，则对应产生了一个宽度为 $d\rho$ 的圆环带，其面积为 $dA = 2\pi\rho d\rho$。由式（3-44）得到

$$dU = 2\pi\rho d\rho J_3 \quad (3-75)$$

因此

$$J_3 = \frac{1}{2\pi\rho}\frac{\partial U}{\partial \rho} \quad (3-76)$$

第三章 非成像光学设计方法

(a)

(b)

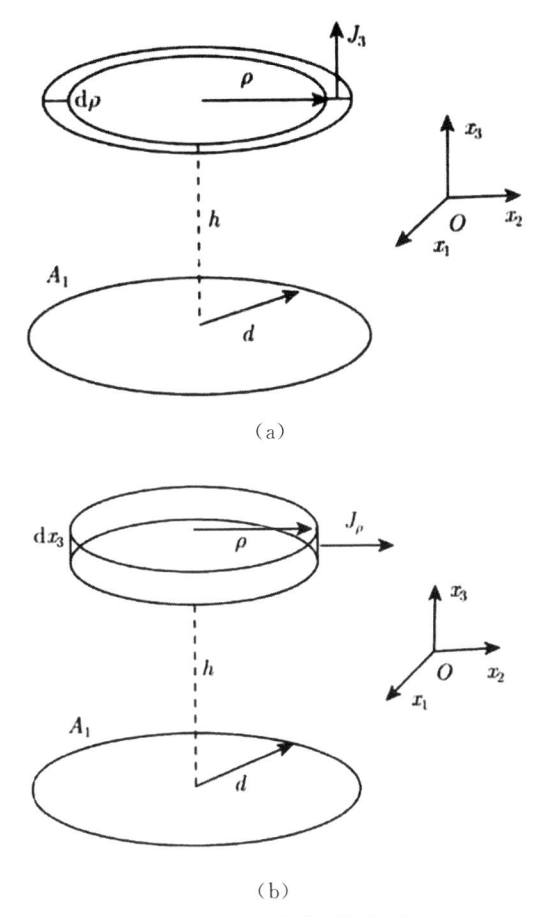

图 3-49 圆盘光源的光展

图 3-49 (b) 中光源和半径为 $\rho$ 的圆形表面之间距离的变化 $dh$ 所引起的光展的变化为

$$dU = -2\pi\rho dh J_\rho \tag{3-77}$$

因此

$$J_\rho = -\frac{1}{2\pi\rho}\frac{\partial U}{\partial h} \tag{3-78}$$

注意现在光展的变化是负的，因为半径为 $\rho$ 表面里光源的距离增大了，穿过它的光线的光展随之变小。这也可以认为是光通量的减小，因为 $d\Phi = L'dU$。

由半径为 $d$ 的光源到放置在距离 $h$ 以外半径为 $\rho$ 的表面的光展已经可以计算出来：

$$U = \frac{\pi^2}{4}\left[\sqrt{(\rho-d)^2+h^2}-\sqrt{(\rho+d)^2+h^2}\right]^2 \qquad (3-79)$$

于是流矢分量可以写为

$$J_3 = \frac{1}{2\pi\rho}\frac{\partial U}{\partial \rho} = \frac{\pi}{2}\left[\frac{d^2-\rho^2-h^2}{\sqrt{(d^2+\rho^2+h^2)^2-4d^2\rho^2}}+1\right] \qquad (3-80)$$

和

$$J_\rho = -\frac{1}{2\pi\rho}\frac{\partial U}{\partial \rho} = \frac{\pi}{2}\frac{h}{\rho}\left[\frac{d^2+\rho^2+h^2}{\sqrt{(d^2+\rho^2+h^2)^2-4d^2\rho^2}}-1\right] \qquad (3-81)$$

**六、集光器的流矢设计方法**

流矢可以作为理想集光器的设计工具。这一方法通过沿流矢的流线放置反射镜，它所对应的也就是我们所知的流线。这些反射镜并不改变辐射场分布，因此也不会改变矢量场。

这一结论现在可以用来设计集光器。已知一个线性的平直光源产生喇叭状的集光器，其反射镜为双曲线形。但是我们无法设计出基于复合抛物面而不改变原有 $J$ 矢量场分布的集光器，因为 CPC 的母线是抛物线而非双曲线。只有在双曲线的一个焦点移动到无限远处这种极限情况下，我们才能得到抛物线。考虑图 3－48，我们可以固定 $F_2$ 点并允许 $F_1$ 沿着直线移动至无穷远处，这样流矢的流线便成为抛物线形了。朗伯光源于是趋于一条直线并且沿水平方向向两边无限延伸。所对应的流线以水平为轴以 $F_2$ 为焦点，如图 3－50 所示。此外，流矢指向光源边缘光线 $r_A$ 和 $r_B$ 的角平分线方向。

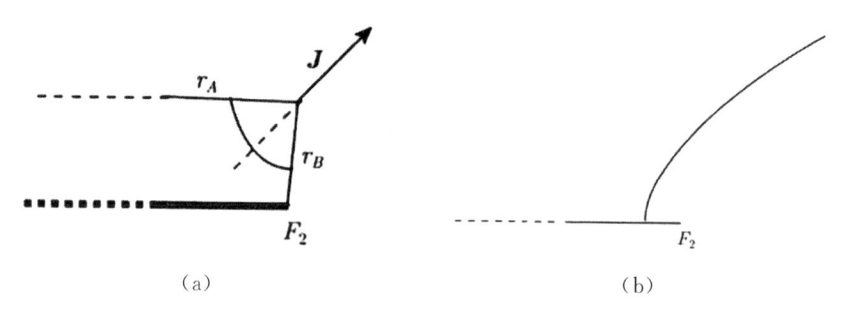

图 3－50 流矢法集光器设计

现在便可以结合两条抛物线构成一个 CPC。由两条半无穷的直线可以得到两个抛物线。由于在一个 CPC 中，两个抛物线弧与垂直方向成一定的角度，所以这两条直线也必须与竖直成一定角度。图 3－51 描述的是这样的一种可能。在此使用了一个朗伯源 $F_2F_1F_3$，让点 $F_1$ 和 $F_3$ 位于无穷远处。

第三章　非成像光学设计方法

(a)

(b)

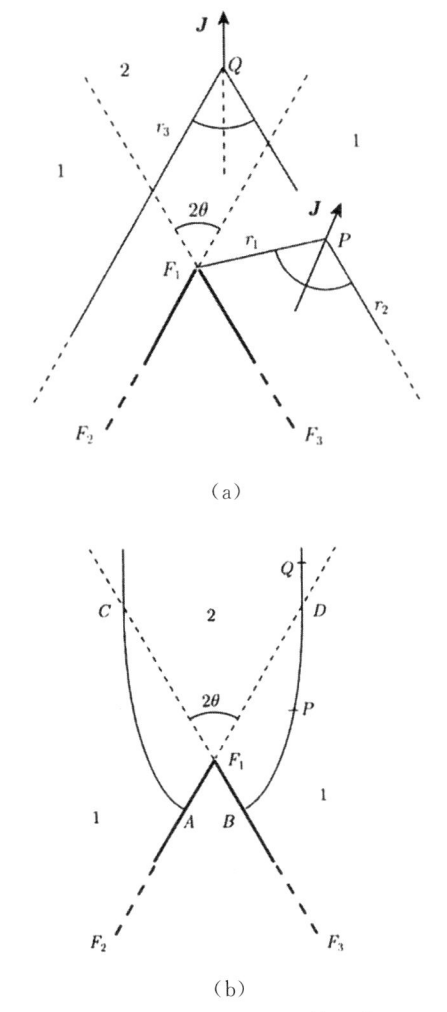

图 3—51　两个朗伯源的组合

对于区域 1 和 2 内的点，光源的可见形状是不同的，因此在两个区域内的矢量需要以不同的方法计算。对于右侧区域 1 中的点 $P$，仅有光源 $F_1F_3$ 是可见的，即光源的可见边是 $F_1$ 和 $F_3$（注意是位于无穷远处的点）。因此光源在右侧区域 1 内 $P$ 点处的边缘光线是 $r_1$ 和 $r_2$。流矢指向边缘光线 $r_1$ 和 $r_2$ 的平分线方向且其流线是以 F 为焦点，轴与 $r_2$ 平行的抛物线，如图 3—51 (a) 所示。左侧区域 1，$J$ 的流线与右侧区域对称。在区域 2 光源 $F_2F_3$ 可见，即光源可见的边缘是 $F_2$ 和 $F_3$。流矢在区域 2 内 $Q$ 点处的方向必指向光源边缘光线 $r_1$ 和 $r_2$ 平分线的方向。因此在该区域流矢 $J$ 的流线是垂直的。由朗伯光源产生的流

· 111 ·

线，其形状如图 3-51（b）所示。抛物线形反射镜 AC 和 BD 构成了一个接收半角为 $\theta$ 且接收器为倒写 V 形的 CPC 集光器 $AF_1B$。

我们还可以获得对于平直接收器的 CPC。在 AB 处截取朗伯光源 $F_2F_1F_3$，我们得到图 3-52 中所示的结果。同样地，在这个空间中也必须分为几个不同的区域以分析每个区域中矢量的流线形状。区域 1 中仅仅光源 $BF_3$ 是可见的（位于无限远处），因此在该区域矢量的流线是以 B 为焦点，轴与 $F_3B$ 平行的抛物线。在区域 2，光源 $ABF_3$ 是可见的。在这些点的朗伯光源与以 A 为原点与 $BF_3$ 平行的直线型光源等价。因此在该区域矢量的流线是以 A 为焦点，轴与 $BF_3$ 平行的抛物线。

在区域 3，朗伯光源 $F_2F_3$ 可见且与一个无穷远 V 形光源等价，因此流线与水平垂直。最后，在区域 4 只有一段直线 AB 可见，因此在该区域流线形状为以 A 和 B 为焦点的双曲线。由 A 点到 C 点和 B 点到 D 点之间流矢的流线构成了一个接收半角为 $\theta$ 的 CPC 集光器，它能够将入射到 AB 的光线汇聚到接收器 CD 上。

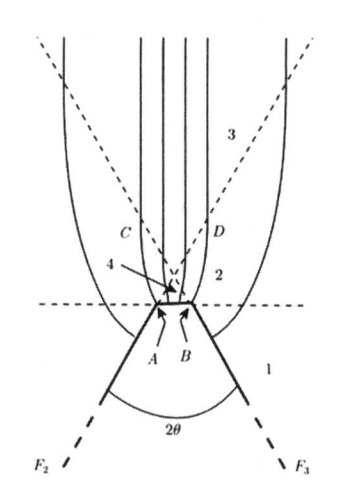

图 3-52  三面朗伯光源的 CPC 设计

为了利用流矢设计出其他类型的非成像器件，我们需要引入朗伯吸收体作为的吸收槽和朗伯光源作为的源，如一个复合椭流线集光器（CEC）。

# 第四节 同步多表面设计法

## 一、SMS 简介

同步多表面设计法又称 Minano－Benitez 设计方法、SMS（simultaneously multi－ple surface）设计法，来源于其允许对多个光学表面同时进行设计的性质。

一般的非成像光学设计方法都是以点光源为基础，不考虑光源的尺寸，这可以大大降低设计的难度，但在实际应用中多采用扩展光源，从而导致实际效果与设计预期效果存在偏差。但是在 SMS 设计方法中，光学表面按顺序的反射或折射全部来自于扩展光源端点发出的边缘光线。在光源尺寸确定的情况，保证光展恒定的前提下，由起点顺序地按照法线方向应用反射定律或者折射定律，在计算机程序的辅助下可以得到待定光学表面上的参数，由样条曲线的拟合最终确定曲面形状。

## 二、SMS 光学结构

同步多曲面设计方法（SMS）可以设计出如下几种光学器件：①折射/折射（RR）器件；②折射/反射（RX）器件；③反射/折射（XR）器件；④折射/反射/全反射（RXI）器件。

（一）RR 结构

RR 结构多为透镜类的光学元件，SMS 方法采用数值计算和曲线拟合来得到透镜轮廓。首先定义光源 $E_1E_2$ 和接收器 $R_1R_2$，系统是轴对称的，希望在光源和接收器之间设计一个透镜，能同时将 $E_1$，$E_2$ 点发出的边缘光线分别对应的汇聚到接收器的端点 $R_1$，$R_2$ 处，如图 3－53 所示。在对称轴上选择一点 $P_0$ 作为所设计的透镜的表面点链的起始点。$E_1$ 发出的一条光线 $r_1$ 在 $P_0$ 发生折射。沿着折射光线选择一点 $P_1$ 作为透镜下表面点链的起始点。强制光线 $r_1$ 在点 $P_1$ 处折射并射向 $R_2$，这样就能确定出在 $P_1$ 点处的法向 $n_1$ 的方向。由光线 $r_1$ 的传播路径可以求得由 $E_1$ 到 $R_2$ 之间的光程。

$$\Gamma = \overline{E_1, P_0} + n\overline{P_0, P_1} + \overline{P_1, P_2} \quad (3-82)$$

由于系统具有对称性，$E_2$ 到 $R_1$ 之间的光程也为 $\Gamma$。则根据总光程可以反向求出过 $P_1$ 点的光线经点 $P_2$ 折射入射到点 $E_2$ 的光程 $S$。

$$S = \Gamma - \overline{P_1, R_1} \quad (3-83)$$

因为光线过点 $P_1$ 折射后的方向已经确定，根据式（3－83）可以确定点

$P_2$ 的位置以及该点处的法向 $n_2$。继续应用这一方法可以不断确定处两表面点链上的点，直到点链相交。将点链拟合为样条曲线，并绕对称轴旋转，得到透镜实体。

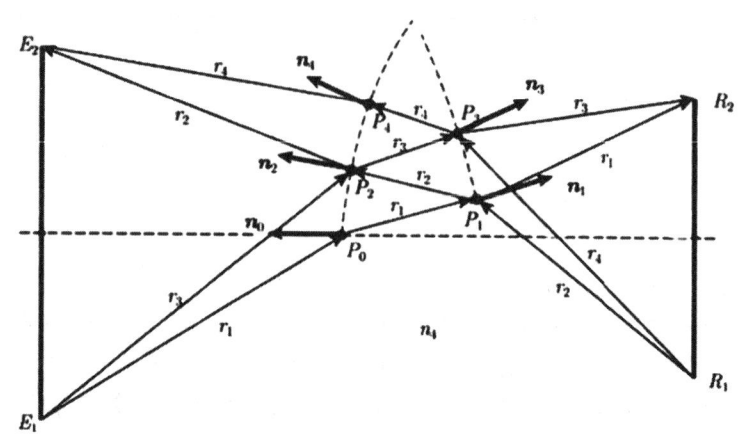

图 3-53　同步多表面点链生成示意图

（二）XR/RX/XX 结构

采用同步多表面设计法，还可以设计出其他类型的 SMS 光学器件，XR，RX 及 XX 光学器件是指光学表面分别为折射/反射或者均为反射的情况。

如图 3-54 所示，是光学表面为折射和反射的 SMS 器件的设计原理。由光源端点发出的边缘光线在分别经过两个光学表面的折射和反射后，对应入射到预设的两个夹角为 $\theta$ 的波前 $w_1$ 和 $w_2$ 上。同样可以根据光程的恒定关系，同步计算出反射折射表面上的点链，从而得到该光学器件。

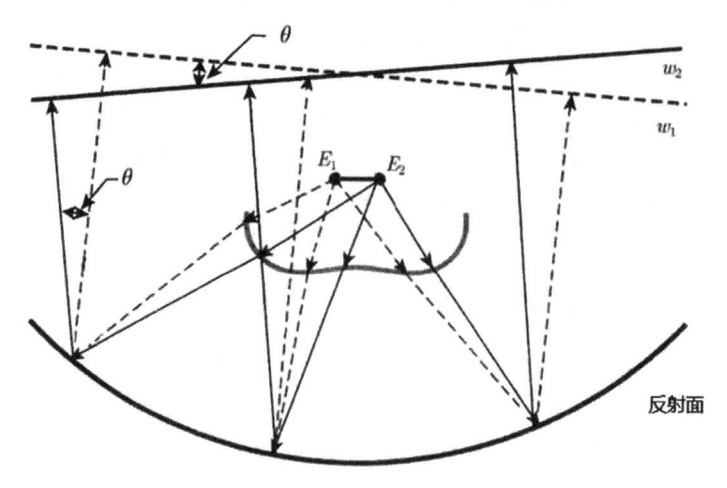

图 3-54　RX 光学器件原理

## （三）RXI 结构

上面已经给出了 RX 光学器件的设计原理和方法，但是这类器件存在问题：对于 LED 这类近朗伯光源，其光线发散角一般约为 180°，因此这类器件很难完全覆盖所有光线并将其全部投射至预设的波前。人们在 RX 器件的基础上研究了 RXI 器件，或称全反射 RX 器件。

如图 3-55 所示，光源位于上下两个表面之间，由光源两端点 $E_1E_2$ 发出的边缘光线经上表面发生第一次反射射向下表面，在下表面发生第二次反射并再次射向上表面，最终经上表面折射后射向预设的两波前。

在 RXI 型器件的设计过程中，对于光源某一端点发出的每一条光线都要根据固定的光程分别计算出上表面、下表面和上表面的三个点，同时计算出来的上表面第二点还要满足由光源另一端点发出光线在该店处的折射条件，因此 RXI 型光学器件的生成是较复杂的。同时，由于在器件上表面的特定区域内，入射光线的入射角不满足发生全反射条件，为保证这部分光线也能够被反射到下表面，需要在该区域内进行镀膜。

RXI 光学器件具有紧凑，高效等优点，能够很好地覆盖 LED 光源的全部光线，但是这种器件光学自由曲面加工难度较大，同时还需要镀膜，设计难度和成本都十分高，不适于大批量生产。

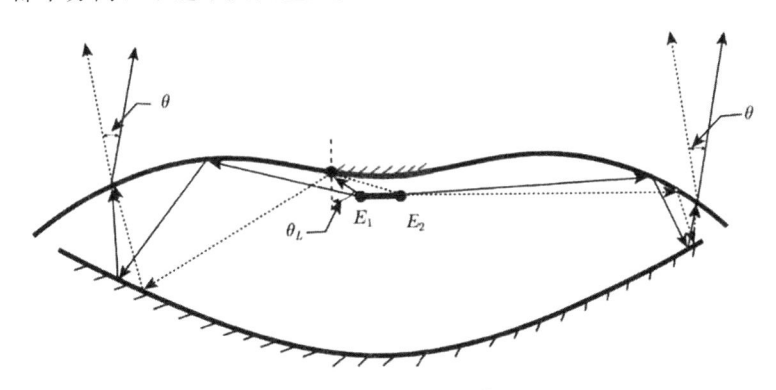

图 3-55　RXI 光学器件原理

### 三、LED 准直器设计

（一）CPC 设计

设计选用 SMD 封装的白光 LED，未经过任何初级配光，光源可以看作朗伯发光体，其光强分布遵循：

$$I(\theta) = I_0 \cos\theta \qquad (3-84)$$

式中，$\theta$ 为光线与光源法线的夹角。二维情况下，平面光源发出的光线，

其光线扩展量可以表示为

$$U = \int_{-a_0/2}^{a_0/2} \int_{-\theta_m}^{\theta_m} n\cos\theta \mathrm{d}\theta \mathrm{d}a = 2na_0\sin\theta \tag{3-85}$$

式中，$a_0$ 为平面光源尺寸；$n$ 为反射器内部介质折射率。根据光展守恒，理想非成像光学器件出口出射的光线其光展也为 $U$。因此在光学器件的出口处，可以得到

$$U = \int \mathrm{d}U = \int_{\sigma_1}^{\sigma_2} \int_{-\beta}^{\beta} nc(\sigma)\cos\theta \mathrm{d}\theta \tag{3-86}$$

式中，$\beta$ 为出射光线的半发散角；$c(\sigma)$ 是光学器件出口的参数化曲线函数。如图 3-56 所示，由公式可知，当系统光展确定后，出射光线的发散角越小，出射面的尺寸越大。对于 LED 光源，必须令期间的尺寸足够大以提供较小的光线发散角。利用 RXIR 的方法，可以最大限度地覆盖光源的发散角，并减小准直器尺寸，但是该方法设计要求高，成型难度大。

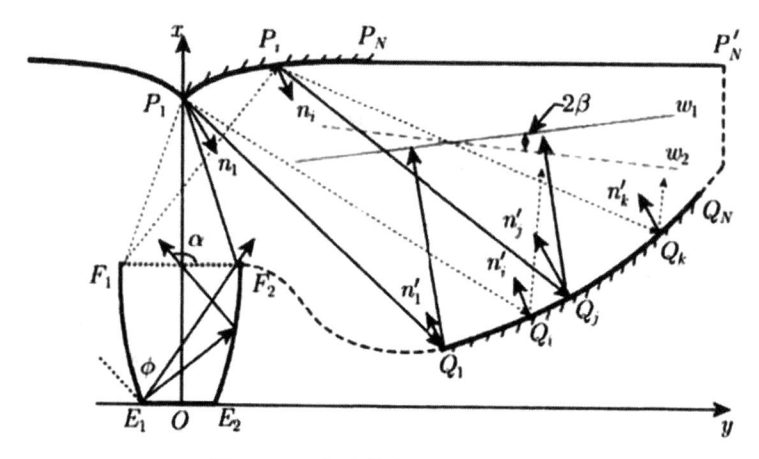

**图 3-56 复合抛物面反射器设计**

复合抛物面集光器（CPC）最初设计用来汇聚由无限远处光源发出的包含在一定立体角内的光线。根据光路可逆原理，可以将 CPC 逆向使用作为 LED 的配光器，称为复合抛物面反射器（CPR）。

CPR 侧壁具有这样的性质：由光源端点发出的边缘光线，经侧壁反射后均变为与水平方向成 $\alpha$ 角的平行光线。对于给定焦点 $E_1$，对称轴偏离水平方向角度为 $\alpha$ 且经过点 $E_2$ 的抛物线可由以下参数表达式给出：

$$\frac{|E_2 - E_1| - \overline{E_2 - E_1} \cdot (\cos\alpha, \sin\alpha)}{1 - \cos\varphi} (\cos(\varphi + \alpha), \sin(\varphi + \alpha)) + -\frac{\sqrt{2}}{2}, 0 \tag{3-87}$$

式中，$E_1\left(-\frac{\sqrt{2}}{2}, 0\right)$ 和 $E_2\left(\frac{\sqrt{2}}{2}, 0\right)$。

由方程建立的抛物线经镜像和截取，最终得到一个二维情况下的 CPR，经该 CPR 初级配光后的配光曲线如图 3-57 所示。

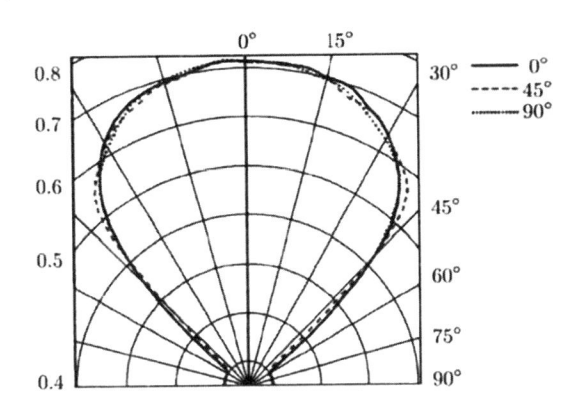

**图 3-57 经 CPR 配光后光源配光曲线**

通过 CPR 的配光，我们将光源光线的发散角控制在 $-45°\sim45°$，从而控制 SMS 光学器件的尺寸。经过绕对称轴旋转，可得到一轴对称三维 CPR 为配光器件，该器件可应用于轴对称光学器件的设计中。

（二）2D-XX 式准直设计

上文已经得到了 CPR 器件，应用于二维反射/反射式准直器件的设计，可以大大降低设计难度。如图 3-56 所示，将 CPR 的出口看作一个新光源，为基础同步进行多个反射面的设计。应用同步多曲面设计方法，首先需要确定以下几个量：①上下反射表面的起始点位置 $P_1$，$Q_1$；②最终反射器出射光线的半发散角 $\beta$；③ $P_1$ 点处反射面的法矢量 $n_1$。图中，$w_1$，$w_2$ 为光源端点 $F_1$，$F_2$ 发出的边缘光线经多表面反射后的对应波前，两波前之间的夹角即为出射边缘光线的发散角。已知 $n_1$，可以确定光线 $P_1F_1$ 关于 $n_1$ 的反射光线的方向，在该方向的合适位置取点 $Q_i$，进而可以确定光线到达 $w_2$ 的光程 $\Gamma_2$，而 $\Gamma_1$ 为 $F_1$ 点发出的边缘光线到达 $w_1$ 的光程。根据非成像光学理论，在非成像光学器件设计过程中需要满足光展守恒。光展可以用光程差的形式表示：

$$U = \Gamma_2 - \Gamma_1 \tag{3-88}$$

为保持光展守恒，对于同步多曲面上的任意 $Q_i$ 和相邻的 $Q_j$，$Q_k$ 应满足：

$$U = \overline{F_1, P_i} + \overline{P_i, Q_k} + \overline{Q_k, w_2} - \overline{F_2, P_i} + \overline{P_i, Q_j} + \overline{Q_j, w_1} \tag{3-89}$$

根据相关调研，取最小半发散角 $\beta=1.5°$，根据式（3-89）同步计算出上下反射表面的点链，拟合后得到 SMS 反射器结构。

将该轮廓绕轴旋转并导入建模软件中进行仿真。在距反射器不同距离处检测。在距反射器近处，检测平面上光斑为一圆环，随着距离增大，亮环中间的暗斑逐渐消失，并变亮。查看光强分布曲线可以发现，随着距离增加，曲线上的"双峰"逐渐展宽，且平顶宽度也随着距离增加而逐渐增大。

（三）3D—XX 式准直设计

三维空间的 SMS 设计以二维设计为基础，光源尺寸已知，首先选定两个轮廓线的起始点及其对应的法线方向，在保证光学扩展量守恒的前提下，由起始点开始顺序地利用折射或反射定律确定光线的入射点和该点的法线方向。根据这一机理，可以在计算机程序的辅助下，得到二维平面下的一系列参数点，在空间中链接成两条"脊"点链。再根据这两条点链向空间中伸出多条"肋"，最终得到类似于动物胸腔骨架的结构，通过 NURBS 曲面建模生成上下两个光学表面，该三维设计方法称为 SMS 器件的"脊肋"法。

本书中 SMS 器件的三维设计同样还是先使用 CPR 器件对 LED 进行初级配光，不同的是所得的 CPR 轮廓。初级配光后，LED 发出的光线的发散角缩小为 $\pm 45°$，发光面也变成了 CPR 出口处的虚表面。在 SMS 器件的设计过程中，"脊"点链的生成至关重要，因为它决定了向空间中伸出的每一条"肋"的起始点和方向。"脊"点链的生成与二维情况比较类似，需要首先确定以下几个量：①上反射表面的起始点位置；②平面波前法向及其夹角 $\beta$；③起始点出反射表面的法向 $n$；④光源各端点光线在经过多表面反射后到达对应波前所传播的光程。

如图 3-58 所示，保证光展守恒，分析方法与二维情况相似，用光程差表示光展，得到方程

$$U = \{[e_1, P_{1j}] + [P_{1j}, Q_{1(j+1)}] + [Q_{1(j+1)}, w_2]\} - \{[e_2, P_{1j}] + [P_{1j}, Q_{1j}] + [Q_{1j}, w_1]\} \tag{3-90}$$

根据上述方程同步计算生成上下两条"脊"点链。"肋"点链的生成仍以"脊"点链的起始点开始，参照光展守恒式向 $x-y$ 平面一侧伸出一组"肋"点链。

$$U = E_3, P_{ij} + P_{ij}, Q_{(i+1)j} + Q_{(i+1)j}, w_3 \\ - E_2, P_{ij} + P_{ij}, Q_{ij} + Q_{ij}, w_4 \tag{3-91}$$

同步计算得到在 $x-y$ 平面内的"肋"点链，并通过 $x-y$ 和 $y-z$ 平面的镜像，得到整个空间的 SMS 数据，最后经 NURBS 曲面建模生成上下两个曲面，并用于分析。

在距离光源不同距离处的接收面上检测入射光线的照度分布：在近场情况

下，照度图中心出现明显的亮环，随着距离增加，照度分布也由近场使得圆环变成方形均匀分布，距离进一步增加，方形区域逐渐增大。

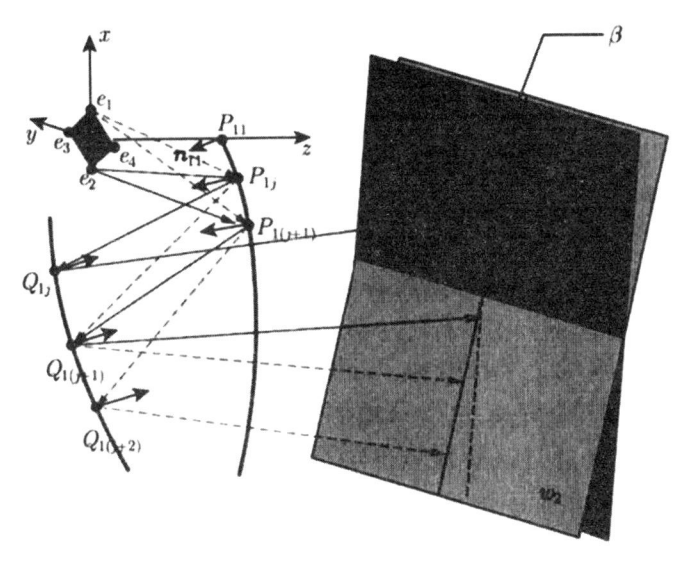

图 3-58 "脊"点链的生成

（四）RR 准直器件设计

前面已经给出了反射/反射式器件的设计方法，反射式器件虽然可以实现比较好的光束准直，但是还是存在如下一些问题。

（1）光学器件表面上需要镀膜或者采用反射材料以保障光源光线能反射向第二个光学反射面。

（2）光源发出的光线在经上表面反射后有一部分会反射回光源面，造成光线的浪费和光源温度的升高。

（3）光学器件自由曲面加工难度大，同时还需镀膜，加工成本随之增加。

（4）光学器件的尺寸与光源相比偏大。

因此，考虑采用另外一种形式的设计方法来设计光学器件，要求在良好准直性能的前提下，尽可能避免上表面对光线的遮挡，同时提高光效，减小光学器件尺寸。

根据折射/折射式 SMS 光学器件的设计原理，考虑远场情况下，光线近似平行时，顺次得到构成透镜两个光学表面上的点。首先设定光源位置，以及对称轴上的起始点和起始点出的法向量。在轴对称条件下，可以认为光源两端点到它们对应波面的光程相等，给出光程方程，同步计算得出透镜两表面的点链，通过样条曲线拟合并旋转得到该光学器件。

$$\Gamma = w_2, Q_1 + n Q_1, P_2 + P_2, E_2 \qquad (3-92)$$
$$\Gamma = E_1, P_2 + n P_2, Q_2 + Q_2, w_1 \qquad (3-93)$$

该 SMS 设计方法设计的准直透镜，对于一般的近朗伯型光分布的 LED，很难覆盖其发出的全部光线，因此在此处仍对 LED 初级配光，以使更多光线入射到透镜内部。

根据仿真结果，在远场处光斑均匀性良好，为一轮廓清晰的圆斑，且光效高达 80%。三维情况下结果差距不大，且值得提出的是在远场情况下，光源面的形状与光斑的形状有一定联系。也许可以认为，经 SMS 透镜的配光，使得光源在远场处成像。非成像光学与成像光学存在某些复杂的联系。

该 SMS 准直透镜在保证良好照明效果的前提下，大大降低制造和加工的成本，具有良好的应用前景和广阔的市场。

**四、SMS 设计方法**

不管是针对点光源的照明设计方法还是上一节所说的流线设计方法，得到的光学曲面都只能将一个波前转换为一个所需的波前，而对于更多的波前则无能为力。非成像光学领域内有一种有名的设计方法，叫作 SMS 或者 Minano-Benítez 方法，这种方法最显著的特点就是它能将多个波前转换为多个所需的波前。SMS 的缩写来源于这种设计方法能够同时设计多个光学表面。最先的想法出自 Minano。设计方法的 2D 情况由 Minano 提出，后来 Benítez 也提出了这个方法。Benítez 最先把这种方法推广到 3D 情况。后来这种方法由 Minano 和 Benítez 共同发展。

SMS 方法用途广泛，已经用在了很多不同的光学系统。2D 的情况中，设计方法可以同时设计两个（也可能是多个）非球面表面。3D 的情况中，设计方法可以设计没有任何对称性的自由曲面。

SMS 光学系统也是通过等光程原理设计。图 3-59 展示了这种方法的原理。一般地，垂直于入射波前 $w_1$ 的光线将与出射波前 $w_4$ 配对，垂直于入射波前 $w_2$ 的光线将与出射波前 $w_3$ 配对，这些波前是任意。然而为简化起见，图中显示了圆形波前这种特殊情况。这个例子是给光源 $S_1S_2$ 和接收器 $R_1R_2$ 设计的一个折射率为 $n$ 的透镜。

**图 3-59 SMS 链**

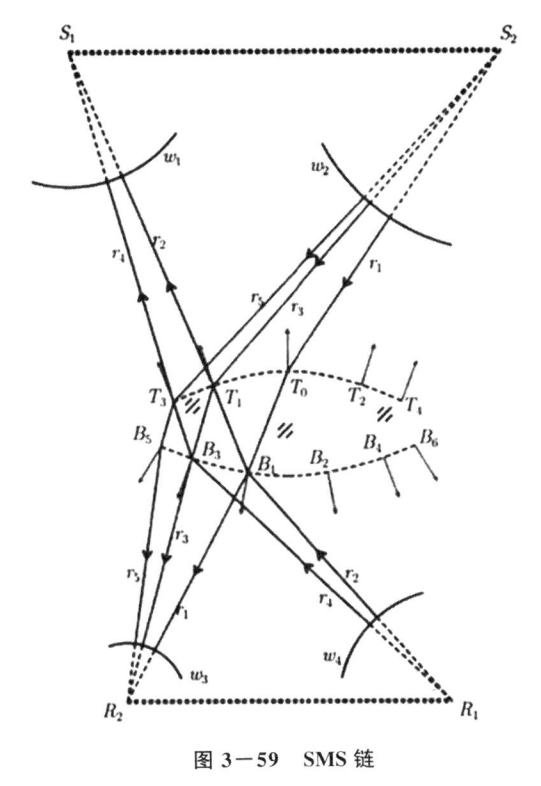

从 $S_1$ 发出的光会聚到 $R_1$，从 $S_2$ 发出的光会聚到 $R_2$。首先给定一个初始点 T 和它在透镜上表面的法向量。然后选取一条从 $S_2$ 发出的光线 $r_2$ 在点 $T_0$ 处发生折射。我们选定了从 $S_2$ 到 $R_2$ 之间的光程 $s_{22}$，那么可以唯一确定透镜下表面的另一点 $B_1$。而 $B_1$ 处的法向量可以通过光的入射方向和出射方向确定。现在可以重复刚才的过程，先选取一条从 $R_2$ 发出的光线 $r$ 在点 $B_1$ 处发生折射。选定从 $S_1$ 到 $R_1$ 之间的光程 $s_{11}$，那么我们可以唯一确定透镜上表面的另一点 $T_1$。而 $T_1$ 处的法向量可以通过光的入射方向和出射方向确定。以此类推，下不繁述。$T_0 B_1 T_1 B_3 T_3 B_5$ 这一系列的点称为一条 SMS 链。另一条 SMS 链可以从 $T_0$ 向右计算得出。

现在我们有了平面上的一系列点，图 3-60 显示了如何补充这些点之间的空隙，从而得到一个完整的曲面。我们选取两个点，例如，$B_1$ 和 $B_2$，以及它们相应的法向量，然后给它们插一条曲线 $c$。在曲线 $c$ 上选一个点 $B_{12}$ 以及它的法向量。再用这个点通过 SMS 算法再生成另一条 SMS 链，以此类推。

**图 3-60 SMS 外皮**

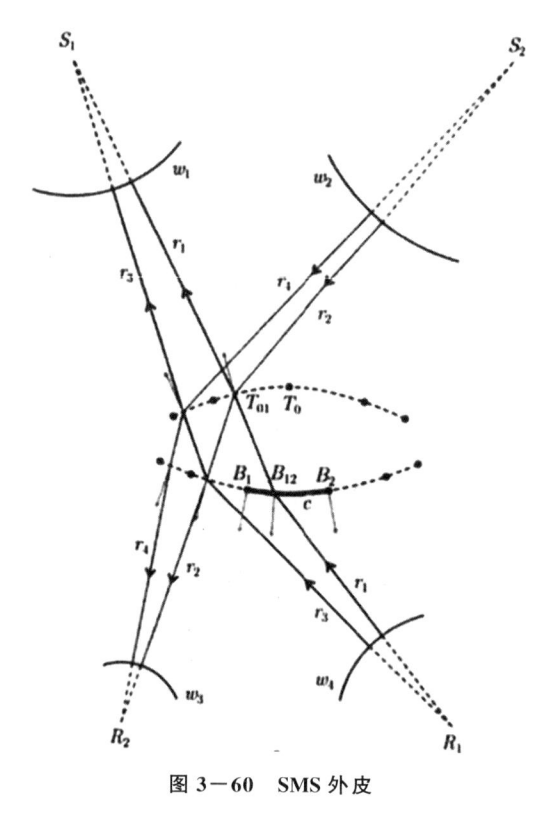

一般来说,这两个 SMS 表面不一定是折射面。折射面记为 $R$,反射面记为 $X$,全反射记为 $I$。那么两个折射面的透镜可以记为 RR 光学系统,若有一个是反射面则可以记为 XR 光学系统。也存在一些包含更多光学表面的结构,例如,如果光线先是通过折射然后反射最后全反射,那么这个光学系统就称为 RXI。

SMS3D 类似于 SMS2D,只是在 3D 空间内进行计算。图 3-61 展示了这种算法。SMS3D 的算法与 SMS2D 的算法类似。SMS 方法的精髓在于入射波前和出射波前的形状可以是任意的,这提供了很大的灵活性。再者,通过折射面和反射面的灵活结合使用,可以得到各种各样的结构。

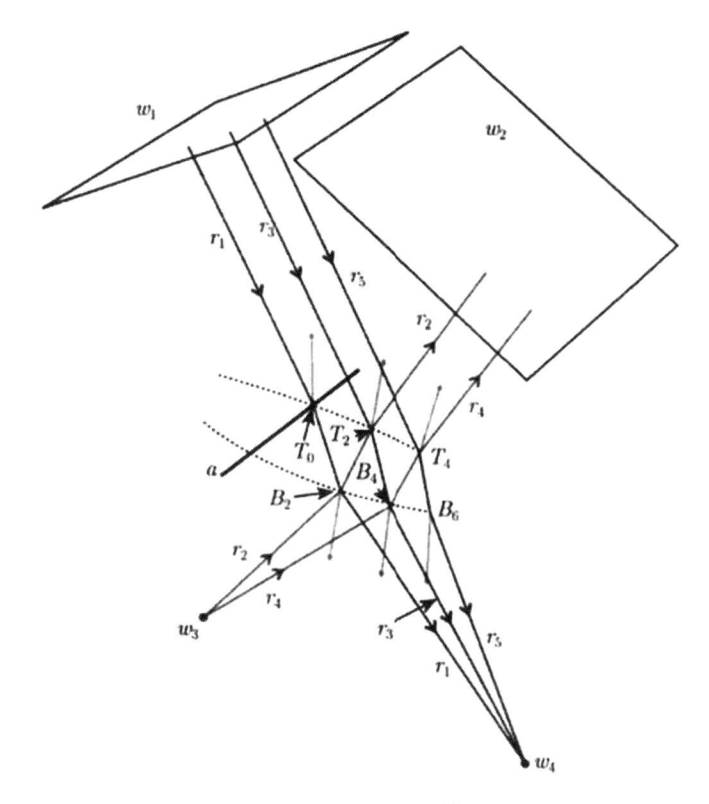

图 3-61 SMS3D 链

# 第四章　SMS 3D 设计方法与实践

## 第一节　SMS 3D 设计基础

同时多表面（SMS）三维光学设计方法是 SMS2D 设计方法的非平凡扩展。第一次尝试 3D 扩展是在 1999 年。SMS3D 方法允许控制几个（在撰写本文时最多三个）正交束射线。这意味着可以在光学系统的输入端和输出端规定束。SMS3D 设计将（通过折射和/或反射）输入束转换为输出束。该方法在非成像光学中有许多应用，因为它比任何其他 3D 设计方法（基于单一自由曲面设计）能够更好地控制由扩展光源发出的光。SMS3D 设计方法正在扩展到成像和非成像光学的新领域。与 SMS2D 设备相同的特征：紧凑、高效、部件少，通常由 SMS3D 设备实现。

### 一、自由曲面光学设计方法的发展现状

旋转对称光学不能很好地解决某些非对称照明或集中的要求。这些情况的典型例子是近光前照灯、聚光器和一些太阳能聚光器。在这些情况下，源和目标具有不对称的设计要求。旋转对称光学器件可以部分地解决这个问题，特别是如果我们放宽对光传输效率和组成光学系统的元件数量的条件。

自由曲面是没有线性或旋转对称性的光学曲面。它们的自由形式性质提供了额外的自由度，可以用来解决非对称问题，与对称设计相比具有优势（例如，具有更高的效率或更少的单元数量），但代价是加工自由曲面。这类工具比旋转或线性对称工具更难。自由曲面的优点对于非成像光学应用尤其有趣，它已经成为第一种受益于自由曲面设计和工具进步的光学类型。非成像光学的另一个关注点是与成像光学相比，照明光学的要求不那么严格（表面精度和光洁度），这使得照明光学能够紧跟自由曲面工具的发展，并允许大规模生产非成像设备。最后一个结果特别吸引人，因为它们的制造是在严格得多的成本要求下完成的，而且通常情况下，大规模生产技术中的复制成本，例如塑料成

## 第四章　SMS 3D 设计方法与实践

型，基本上与光学表面的形状无关，因此旋转或线性对称不会带来很大的成本降低。

自由形状光学器件的设计程序没有像工具发展得那么快。从本质上讲，光学设计方法有两种策略：数值优化方法和直接方法。在数值优化中，已经进行了大量的研究，价值函数是通过选择几个变量来定义的（通常少于 20 个，但一些优化可以有数百个变量，参见第 7 章）。价值函数通常是"狂野的"，有许多局部最优解。使用的方法很多，如最陡下降法、阻尼最小二乘法、多起点法、模拟退火法、单纯形法、遗传算法、全局综合法、逃逸函数法和神经网络法。当系统具有旋转对称性时，这些方法也适用于非成像设备。

直接法是一种在给出光学处方时无需迭代即可得到光学表面方程的数学过程。直接方法从源及其代表性发射轮廓和目标开始，其中规定了辐照度、强度和/或辐射度。这些规定被转化为在光学系统的输入和输出波面上的条件来设计。简单地说，我们建立了将光从源分布转移到所需目标分布的传输光学装置。

直接设计方法比优化方案描述和实施复杂得多。它们的优势在于，它们可以到达"新领域"，在那里，优化技术可能会因为局部极小值的无穷大或需要优化的大量参数而迷失方向。然而，使用直接设计方法来初始设计系统，然后使用优化方案来略微提高性能、调查交易参数或包括更复杂的物理现象（例如，热效应、源容差和制造表面质量）的方案是有吸引力的。目前，自由曲面的直接设计方法基本上有三种：①广义笛卡尔椭圆，②其 3D 版本的 SMS（SMS 3D），以及③Monge-Ampere 型方程：

①广义笛卡尔椭圆是通过要求两个指定波前之间的光程长度恒定而获得的光学表面。光学处方是由这两个波前给出的。笛卡尔是第一个用这种方法设计的人，但他把注意力局限在球面波面上。由此产生的曲面，称为笛卡尔椭圆（这个名字是以他的名字命名的），不是自由的（严格地说），而是非球面。当光学表面为反射面时，从球面波前得到的笛卡尔椭圆为二次曲面。Levi-Civitta 将这个问题推广到非球面波前。在这种情况下，得到的光学表面通常是自由形式的。

②SMS3D 设计方法可以被视为领先于笛卡尔椭圆形问题的一步。为了设计一种完美地将两个输入波前耦合成两个输出波前的光学系统，证明了对于解决问题的光学系统来说，两个自由曲面通常是足够的。如果我们增加要耦合的波前的数量，那么我们需要设计类似数量的附加光学表面。光学处方由输入波前和输出波前的集合给出。通常，光学表面没有解析表达式，必须逐点同时计算。这种方法，在其 3D 版本中，是一种强大的直接设计方法，用于照明和集

中设备管理扩展源。它完全控制输入和输出的两对波前，并部分控制第三对波前。这意味着，所得到的设备完美地耦合了两对规定的输入和输出波前，而只有部分第三对。

③在 Monge－Ampere 方程问题中，规定了输入和输出的强度模式。该方法提供表面（折射或反射）将输入强度图案转换为输出强度图案。它只能应用于点源。因此，真实（扩展的）光源必须放置在远离光学表面的地方，以便它们看起来像点光源。当输入和输出光强方向图以及输入和输出波前都已知时，也会出现 Monge－Ampere 方程。在这种情况下，需要两个光学表面。该解决方案同样适用于点震源。

最近，Fournier，Cassari 和 Rolland 已经成功地应用方法（C）设计了适用于扩展光源和指定强度图案的单个自由形状反射器。其思想是以一个点近似源，应用 Oliker 方法，然后计算实际强度图案（用实际扩展的源获得）与规定强度图案之间的差。这种差异被用来规定考虑这些误差的新的强度模式。然后，Oliker 的方法以迭代的方式再次应用于这一新的强度处方，直到获得所需的强度图案。这种方法的成功取决于光源相对于镜面分离的大小、强度图案的"光滑度"以及对规定图案的期望近似。这种"迭代"直接方法预计将有助于解决无法用单次运行直接方法显式有效地解决的问题，并且通常受益于二次优化方法。

## 二、关于光学问题的 SMS3D 陈述

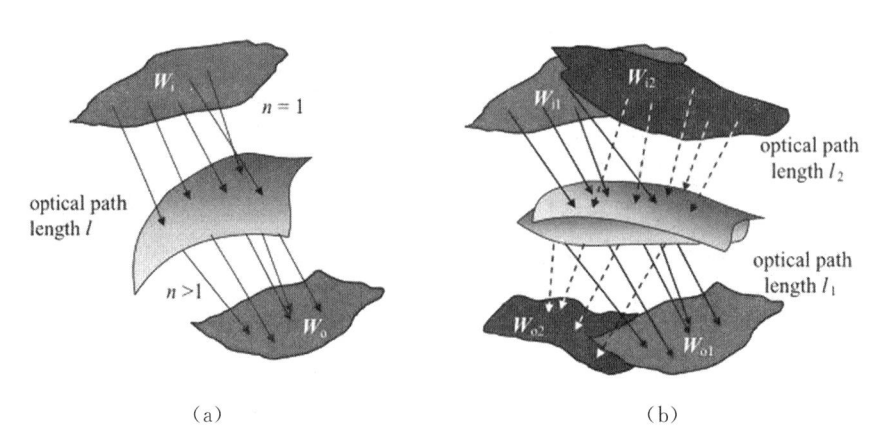

(a)          (b)

图 4－1  (A) 笛卡尔椭圆将一个输入同余变换为一个输出同余

(B) 同时多曲面 3D 方法的最简单版本提供了将两个输入同余转换为
两个输出同余的两个曲面

法线光线同余（也称为正交线或正交束）是垂直于单参数曲面族（即波

前）的一组光线轨迹。例如，从一个点发射的光线形成法线同余。如果介质是均匀的，则这些光线是直线，波前是以发射点为中心的球体。这个正常射线同余的完全特征是只给出一个波前。当折射率分布已知时，可以计算出同余的光线轨迹。我们可以用 $W_j$ 来表示法向同余，也可以用它的一个波前曲面来表示。同余 $W_j$ 的射线是那些垂直于波的线。

广义笛卡尔椭圆是一种光学表面（折射或反射），使得给定的法同余 $W_i$ 被变换为另一个给定的法同余 $W_0$（参见图 4－1a）。SMS 3D 方法最简单的形式是设计两个光学表面的过程，其中两个给定的法同余 $W_{i1}$ 和 $W_{i2}$ 通过这些表面上的折射和/或反射的组合被变换为另两个给定的法同余 $W_{01}$ 和 $W_{02}$（参见图 4－1B）。

### 三、短信链

设 $W_{i1}$、$W_{i2}$、$W_{01}$ 和 $W_{02}$ 是四个正常的射线同余或波前。假设我们要设计一个光学系统，将输入法同余 $W_{i1}$ 和 $W_{i2}$ 分别变换为输出法同余 $W_{01}$ 和 $W_{02}$。这意味着进入光学系统的任何 $W_{i1}$ 射线都以 $W_{01}$ 射线的形式离开光学系统（$W_{i2}$ 和 $W_{02}$ 也是如此）。波前可以是真实的，也可以是虚拟的。要设计的表面，将被称为 $S_i$ 和 $S_0$，它们可以是反射的，也可以是折射的。为简单起见，我们将假设光线分别从输入波前 $W_{i1}$ 和 $W_{i2}$ 到达输出波前 $W_{01}$ 和 $W_{02}$。由于 $W_{i1}$、$W_{i2}$、$W_{01}$ 和 $W_{02}$ 表面是波前，因此光线在 $S_i$ 处偏转之前垂直于 $W_{i1}$ 或 $W_{i2}$，在 S0 处偏转后垂直于 $W_{01}$ 或 $W_{02}$。将仅计算该光学系统的表面 $S_i$ 和 $S_0$，并且假定规定了剩余的表面（如果有的话）。

由于光学系统必须耦合 $W_{i1}$ 和 $W_{01}$，所以正常同余 $W_{i1}$ 和 $W_{01}$ 是相同的，并且可以使用两个波前 $W_{i1}$ 或 $W_{01}$ 中的任何一个来刻画这种正常同余，我们称之为 $W_1$。类似地，$W_2$ 是以 $W_{i2}$ 和 $W_{02}$ 作为波前的正常同余。设 $P_0$ 是 $S_i$ 上的点，$N_0$ 是表面在 $P_0$ 处的法向单位向量，$L_1$ 是从波前 $W_{i1}$ 到波前 $W_{01}$ 的光路长度（对于 $W_1$ 的光线），$L_2$ 是从 $W_{i2}$ 到 $W_{02}$ 的光路长度（对于 $W_2$ 的光线）。假设给定 $P_0$、$N_0$、$L_1$、$L_2$、$W_{i1}$、$W_{i2}$、$W_{01}$ 和 $W_{02}$。我们将展示曲面 $S_i$ 和 $S_0$ 上的一组点以及在这些点处与曲面垂直的单位向量可以从该数据中计算出来。像这样的一组点和单位向量将被称为短信链。

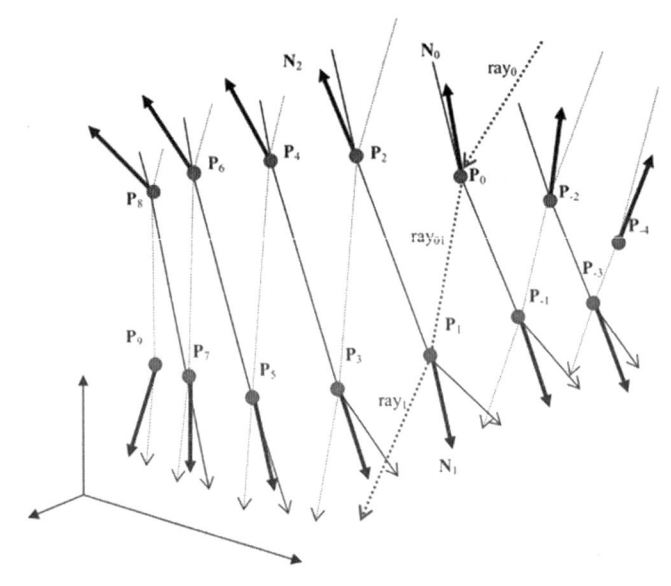

图 4-2 链路（$P_0$，$N_0$）产生的短消息链

（一）SMS 链生成

设 $ray_0$ 是穿过表面 $S_i$ 的 $P_0$ 的法同余 $W_{i1}$ 的射线（见图 4-2）。由于正常的 $N_0$ 是已知的，所以我们可以在 $P_0$ 处偏转之后追踪光线 $S_i$（图 4-2 中的折射）。现在我们可以计算表面上的点 $P_1$，使得从波前 $W_{i1}$ 到波前 $W_{01}$ 的光路长度为 $L_1$。如果在 $S_i$ 和 $S_0$ 之间没有规定的表面，则在 $P_0$ 处偏转之后，点 $P_1$ 沿着 $ray_0$。如果不是这样，则在 $P_0$ 处偏转之后，$P_1$ 将沿着光线路径 $ray_0$。因为规定了除 $S_0$ 等之外的任何其他表面，所以可以跟踪这样的射线路径。

一旦计算出 $P_1$，我们就计算出在点 $P_1$ 到曲面的法线 $N_1$。这是通过 $P_1$ 的法同余 $W_{01}$ 的 $ray_1$ 来完成的。$N_1$ 是允许 $ray_{01}$ 偏转到 $ray_1$ 的法线。在这种情况下在图 4-2 中，在 $S_0$ 处的偏转是折射，使用公式 4-1 计算 $N_1$

$$N_1 \times nv_{01} = N_1 \times v_1 \qquad (4-1)$$

其中 $v_{01}$ 和 $v_1$ 分别是 $ray_{01}$ 和 $ray_1$ 的单位光线向量，$n$ 是在 $S_0$ 折射前的材料相对于 $S_0$ 折射后的材料的折射率。

一旦计算出 $P_1$ 和 $N_1$，则从 $P_1$ 开始重复该过程，并追溯穿过 $P_1$ 的来自 $W_{02}$ 的射线。（$P_1$，$N_1$）对称为链环。通过与前面类似的过程，使用 $L_2$ 作为从波前 $W_{i2}$ 到波前 $W_{02}$ 的光路长度来计算表面 $S_i$ 上的点 $P_2$。随后，可以计算在 $P_2$ 点处到表面 $S_i$ 的法向 $N_2$。可以重复该过程以获得链，即一组链接。我们也可以从 $P_0$ 开始，$W_{2i}$ 的射线穿过 $P_0$。这样，我们得到了点和法线 $P_{-1}$，$P_{-2}$，$P_{-3}$，…，$N_{-1}$，$N_{-2}$，$N_{-3}$，…。也就是链条的其他环节 {（$P_j$，$N_j$）}。显然，从 $P_0$、$N_0$ 或 $P_j$、$N_j$ 产生的链是相同的。

（二）条件

一旦给定了 $W_{i1}$、$W_{i2}$、$W_{o1}$ 和 $W_{o2}$，并不是 $P_0$、$N_0$、$L_1$ 和 $L_2$ 的所有组合都会导致短信链：

对于 SMS 链生成的产生过程，必须有且仅有一条射线的 $W_{i1}$（以及一条且仅有一条射线的 $W_{i2}$）穿过属于 $S_i$ 的链的点，并且类似地，穿过属于 $S_0$ 的链的点的 $W_{o1}$ 的一条且仅有一条射线（以及 $W_{o2}$ 的一条且仅有一条射线）。这个条件排除了法同余的任何焦散线附近的点。

导致短信链的 $L_1$ 和 $L_2$ 的值的范围也是有限的。这些范围取决于 $P_0$ 和波前 $W_{i1}$、$W_{i2}$、$W_{o1}$ 和 $W_{o2}$ 的相对位置。

通常，不可能在两个方向上无限延伸链，即存在有限范围的点（和法线）。超出此范围，在上述两种情况下应用 SMS 链生成中解释的程序将无法解决问题。链的点（和法线）的范围将称为链的长度。

**四、SMS 服务曲面**

本部分描述了用于生成 SMS 曲面 $S_i$ 和 $S_0$ 的方法，使得法同余 $W_{i1}$ 和 $W_{i2}$ 分别被变换为法同余 $W_{o1}$ 和 $W_{o2}$，但具有附加条件：曲面之一（$S_i$ 或 $S_0$）应包含任意曲线 $R_0$。

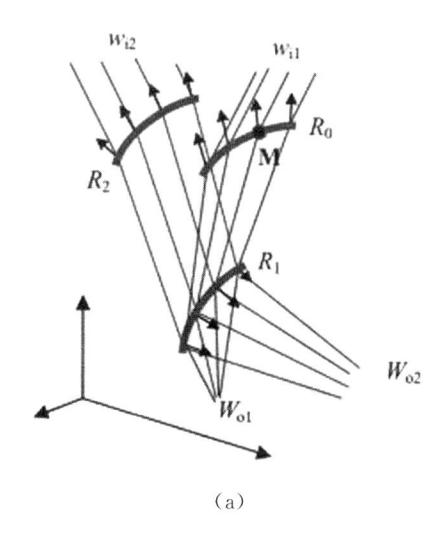

（a）

(b)

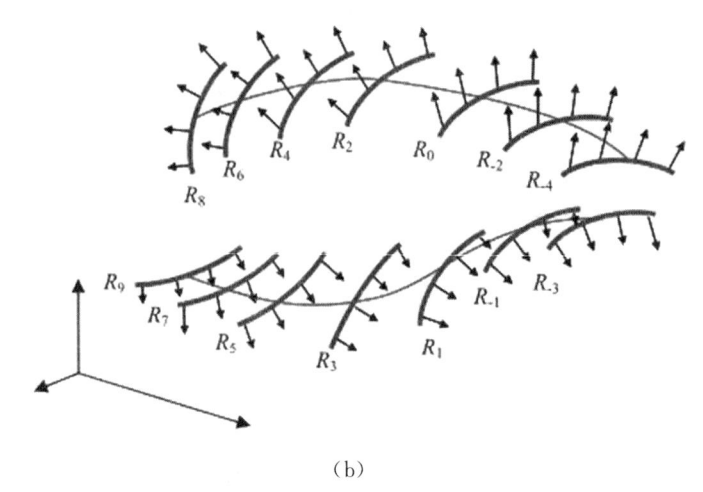

图 4-3 从种子肋骨 $R_0$ 生成的短信肋骨

(一) 脊形 SMS

设 $R_0$ 是将包含在例如 $S_i$ 中的任意选择的可微曲线的一段 (参见图 4-3a)。考虑到 $R_0$ 上到 $S_i$ 的法向量也被选择以满足这些法向量垂直于曲线 $R_0$ 的一致性约束。曲面法线 $N_0$ 和曲线 $R_0$ 的点集称为种子筋 $R_0$。可以从曲线 $R_0$ 的任何点 M 及其对应的法线生成 SMS 链。在 SMS 链生成的第一步之后,从 $R_0$ 的链路生成的链路集形成我们所称的 SMS RIB,即 $R_1$。注意,曲线 $R_1$ 的计算是当已知法线同余之一的单参数射线集(该单参数射线集由曲线 $R_0$ 处偏转后的 Wi1 的射线形成)时,包含在笛卡尔椭圆曲面中的曲线的计算。这可确保法线 $N_1$ 垂直于曲线分段 $R_1$。

后续步骤将产生属于表面 $S_i$ 的肋 $R_{2i}$ 和属于表面 $S_0$ 的肋 $R_{2i+1}$ (参见图 4-3b)。假设种子肋曲线 $R_0$ 的方程以参数形式给出如下

$$P = R_0(u)$$

在由 SMS 方法生成的其他肋形曲线中引入了自然的参数化 $P = R_i(u)$。通过这种参数化,相同的 $u$ 值对应的点就是属于同一个 sms 链的点,也就是说,$u$ 值的每个值都定义了一个 sms 链。

脊行种子 $R_0$ 的选择是相当随意的,尽管不是完全任意。例如,假设曲线 C 是作为链的点的插值点获得的曲线。如果我们使用 C 作为种子筋,同一曲面的任何其他筋至少在原始链的点处与 C 重合,通常不可能创建覆盖这些筋的蒙皮。虽然这个词通常指的是将生物体的皮肤去掉,但在这种情况下,它意味着覆盖蒙皮—这是计算机辅助设计 (CAD) 中使用的一种技术,从一组曲线展开曲面。

## (二) 短信换肤

接下来，在属于同一曲面的两个连续加强筋之间创建曲面 $\sum_m$（称为种子面片），即，如果 $\sum_m$ 属于 $S_i$，则在两个连续的偶数加强筋（$R_{2j}$ 和 $R_{2j+1}$）之间创建，否则在两个连续的奇加强筋（$R_{2j-1}$ 和 $R_{2j+1}$）之间创建。如果 $i$ 和 $i+2$ 是包围种子块的两个肋骨的索引，则选择索引 $m$，使得 $m$ 是这两个肋骨的索引的平均值，即 $m=i+1$。

曲面 $\sum_m$ 必须包含两条加强筋曲线，并且其边上的法线与加强筋的曲面法线重合。可以将曲面 $\sum_m$ 计算为加强筋 $i$ 和 $i+2$ 之间的放样曲面（具有指定的曲面法线）。由于 $\sum_m$ 的每个点的曲面法线都是已知的，所以我们可以计算 $\sum_m$ 的任意点所生成的 SMS 链。这样，我们就可以计算形成曲面 $S_i$ 和 $S_o$ 的不同的连通面片 $\sum_j$（见图4－4）。在 SMS 链生成的每个步骤中，获得表面 $S_i$ 的新的补丁。请注意，此面片计算是笛卡尔椭圆计算。这确保了获得一致的点和法线单位向量。

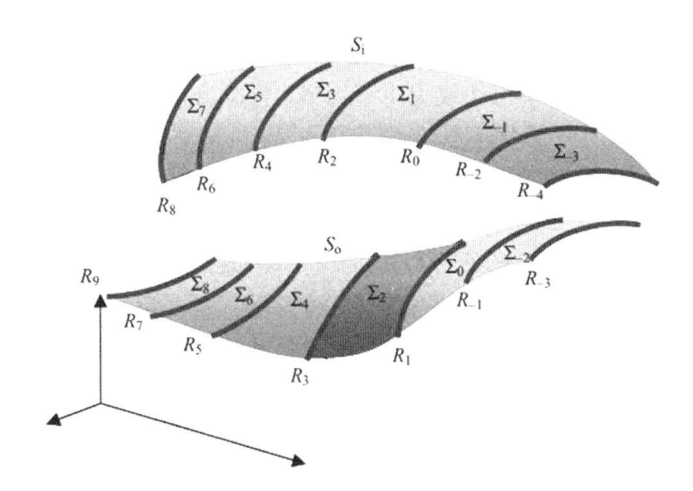

图4－4　SMS 换肤，SMS 曲面由挂在两个脊行 SMS（$R_3$ 和 $R_1$）上的种子补丁（蓝色补丁 $\sum_2$）生成

SMS 方法在从种子面片中使用的参数化导出的曲面上引入参数化项。其中一个参数是从种子肋诱导的参数（以前称为 $u$）。具有 $u=$ 常数的曲线称为脊线。通常，种子面片 $\sum_m$ 的任意参数化会导致不是 $C^0$ 曲线的脊椎。为了具有 $C^0$、$C^1$ 等脊椎，必须在两个支撑筋 $R_{2j}$ 和 $R_{2(j+1)}$ 处对种子面片参数化强制连

续性条件。请注意，这种连续性级别与理论观点（在任何情况下，曲面都保持不变，只是它们的参数化发生了变化）。然而，在实践中，曲面将在当前示例的计算过程中进行建模（例如，使用 b—样条线），然后，需要适当的参数化来精确地进行曲面建模。

通过蒙皮，种子面片选择可能会导致具有数学意义但在物理上不可能的曲面（例如，具有自交点）。这是因为两个自由曲面之间的波前焦散穿过了光学曲面。发生这种情况时，应选择不同的种子补丁重新开始设计。为了在实际设备中更容易制造，人们希望选择最大限度地提高表面光滑度的种子贴片。

（三）选择脊形种子

在 SMS 曲面生成过程中，种子肋的选择为设计提供了重要的自由度。我们可以利用这个自由度来获得光学系统的其他性质。作为如何使用该自由度的一个例子，考虑第三组输入和输出波阵面 $W_{i3}$ 和 $W_{o3}$。利用波前（$W_{i3}$，$W_{o3}$）和（$W_{i1}$，$W_{01}$）建立短消息链，并选择初始点 $P_0$ 和光路长度 $L_1$ 和 $L_3$。设 $R_0$ 是通过该短消息链的点的插补曲线。在波前（$W_{i1}$，$W_{01}$）和（$W_{i2}$，$W_{o2}$）的 SMS 表面生成过程中，选择 $R_0$ 作为种子肋，并选择光学长度 $L_1$ 和 $L_2$。由此产生的光学系统将把正常同余 $W_{i1}$ 与 $W_{01}$ 和 $W_{i2}$ 与 $W_{o2}$ 耦合。通常，种子肋 $R_0$ 处的表面单位法线向量与在使用光路长度 $L_1$ 和 $L_3$ 以及波前 $W_{i1}$、$W_{01}$、$W_{i3}$ 和 $W_{o3}$ 产生链时计算的单位法线矢量不一致，除非在一些特定的例子中。如果这些法矢重合，则光学系统不仅会将 $W_{i1}$ 与 $W_{01}$、$W_{i2}$ 与 $W_{o2}$ 耦合，而且还会将穿过曲线 $R_0$ 的 $W_{i3}$ 和 $W_{o3}$ 的光线耦合。在实践中，存在许多例子，其中从 $W_{i1}$、$W_{01}$、$W_{i3}$ 和 $W_{o3}$（在 SMS 链生成中）获得的 $R_0$ 点处的法向量与从 $W_{i1}$、$W_{01}$、$W_{i2}$ 和 $W_{o2}$（在 SMS 表面生成中）获得的法向量接近。在这些情况下，光学系统近似耦合通过曲线 $R_1$ 的 $W_{i3}$ 和 $W_{o3}$ 的光线。$W_{i3}$ 和 $W_{o3}$ 的剩余光线是近似耦合的，也就是说，我们可以得到一个光学系统，它可以完美地耦合 $W_{i1}$ 和 $W_{01}$，$W_{i2}$ 和 $W_{o2}$，以及近似的 $W_{i3}$ 和 $W_{o3}$。

## 第二节　SMS 3D 设计示例

根据上一节所示的程序，通过给出以下内容来全面定义 SMS 设计：

输入和输出波前 $W_{i1}$ 和 $W_{01}$ 的定义以及它们之间的光路长度 $L_1$。

输入和输出波前 $W_{i2}$ 和 $W_{o2}$ 的定义以及它们之间的光路长度 $L_2$。

要设计的光学表面的性质，即每个表面的光学偏转类型。

介质在两面两侧的折射率。

种子筋 $R_0$，以及种子筋所在曲面的参考。

这组参数和曲线将称为输入数据。并不是每一组可能的输入数据都给出了解决方案，即短信设计。事实上，寻找步骤 1 和 2 的波前本身可能是一门技术，因为可能不存在用于从特定照明处方中选择这些波前的简单和直接的过程，特别是对于与光学系统的期望尺寸相比的大的扩展源。

在下面的示例中，我们有时使用 $H-V$（即水平-垂直）坐标，这是许多照明应用中通常的方向变量。如果左上前方向对应于 $x-y-z$ 轴，则 $H$ 将是光线与此光线在垂直上前平面上的投影之间的角度（以度为单位）（当光线指向右侧时，$H$ 为正角度），而 $V$ 将是光线与此光线在水平右前平面上的投影之间的角度（以度为单位）（当光线指向上方时，$V$ 为正角度）。此外，上面使用的最常见的命名法将符号替换为对方向的引用的显式添加（$R=$ 右，$L=$ 左，$U=$ 上，$D=$ 下）。等同地，$H$ 和 $V$ 是由变量变化定义的角度：

$$H=-\sin^{-1}(p) \quad V=-\sin^{-1}(q)$$

其中 $v=(p, q, +(1-p^2-q)^{1/2})$ 是射线的单位向量。平方根正号的选择体现了所有光线都将沿正 $z$ 方向传播的假设。

### 一、带有规定的种子肋骨的短消息服务设计

第一个示例从以下输入数据开始：

输入和输出波前的规格为 $W_{i1}$ 和 $W_{o1}$ 以及它们之间的光路长度 $L_1$：球体 $W_{o1}$ 以点 $(1, 0, 0)$ 为中心，半径等于 $1$。$W_{i1}$ 是一个平坦的波前，包含其光线指向 $(3.43R, V)$ 的点 $(0, 0, 25)$（见图 4-5）。光路长度 $L_1$ 为 $51$。

输入和输出波前的定义包括 $W_{i2}$ 和 $W_{o2}$ 以及它们之间的光路长度 $L_2$：球体 $W_{o2}$ 以点 $(-1, 0, 0)$ 为中心，半径等于 $1$。$W_{i2}$ 是包含其光线指向 $(3.43L, V)$ 的点 $(0, 0, 25)$ 的平面波前（见图 4-5）。光路长度 $L_2=L_1$。

要设计的光学表面的性质，即每个表面的光学偏转类型：两个表面都是反射的。这类设计是被称为 XX。在设计过程中不考虑镜面之间的任何阻挡。一旦设计完成，就可以评估阻塞损失是否合理。在这个学术示例中，一个曲面对另一个曲面的遮挡是一个实际方面，可以通过优化来确定明暗处理和非明暗处理之间的平衡，从而潜在地解决这个问题。

两面两侧介质的折射率：所有介质都有 $n=1$。

种子筋 $R_0$，以及我们希望该筋所在的曲面的参考：种子筋及其法线向量包含在 $x=0$ 的平面中，如图 4-5 所示。这一条件以及步骤 1、2、3 和 4 中的数据意味着该解相对于 $x=0$ 平面是对称的。本例中的种子肋是一个圆弧

图 4-5 显示了获得的 XX 曲面的肋骨和脊椎。

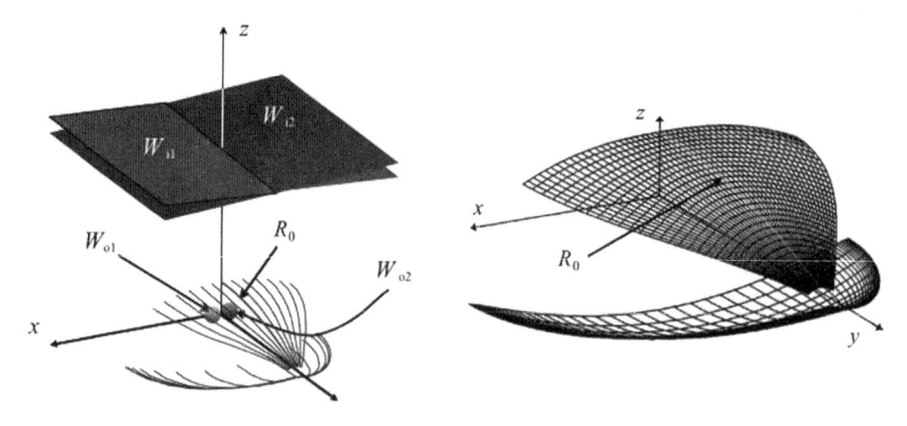

图 4－5　XX 设计示例

在左边，波面 $W_{i1}$ 和 $W_{i2}$ 是平的，波面 $W_{o1}$ 和 $W_{o2}$ 是球形的，中心位于 $x$ 轴上的两个点。种子肋 $R_0$ 是圆周圆弧（虚线）。其余的线是从该种子肋骨派生的肋骨。右侧还显示了种子肋骨 $R_0$。曲面上的栅格由肋骨和脊椎形成。

## 二、以 SMS 脊柱为种子肋骨的 SMS 服务设计

接下来的图显示了 XX 设计的其他示例，其中种子肋条是从 SMS 链设计的。在每种情况下，球面输入波前 $W_{i1}$、$W_{i2}$ 和 $W_{i3}$ 分别以 $(x, y, z)=(0.5, 0, 0)$、$(x, y, z)=(-0.5, 0, 0)$ 和 $(x, y, z)=(0.5, 1, 0)$ 为中心。

对于图 4－6 中所示的设计，出射波前 $W_{01}$、$W_{02}$ 和 $W_{03}$ 是其射线分别指向 (2－5R, V)、(2－5L, V) 和 (2－5R, 5D) 方向的平面。由于这种波前耦合可以近似地由旋转成像系统产生（最大的差异是 $W_{03}$ 波前的），图 4－6 中设计的表面接近于具有这样的表面对称性（尽管它们的轮廓不是，因为它们仅仅通过所有 SMS 链具有相同数量的链路的条件来固定）。

这些曲面几乎是旋转对称的，尽管它们的轮廓不是。

也可以在图 4－6 中看到，从输入波前通过光学系统的光线轨迹显示了它们在出口处是如何变换的。$W_{i1}$ 和 $W_{i2}$ 到 $W_{o1}$ 和 $W_{o2}$ 的转换如预期的那样近乎完美（除了由称为非均匀有理 B 样条线 [NURBS] 的 CAD 构造进行的曲面逼近所产生的噪波）。通过设计，只有种子肋的射线相对于 $W_{i3}$ 和 $W_{o3}$ 部分地被控制。然而，在这种伪旋转的情况下，$W_{i3}$ 和 $W_{o3}$ 的耦合也很好。如果设计旋转对称的 SMSXX，输入和输出波前之间的耦合将是不完美的（如 $W_3$），但对于三个点源也是如此（与这种伪旋转情况相反）。

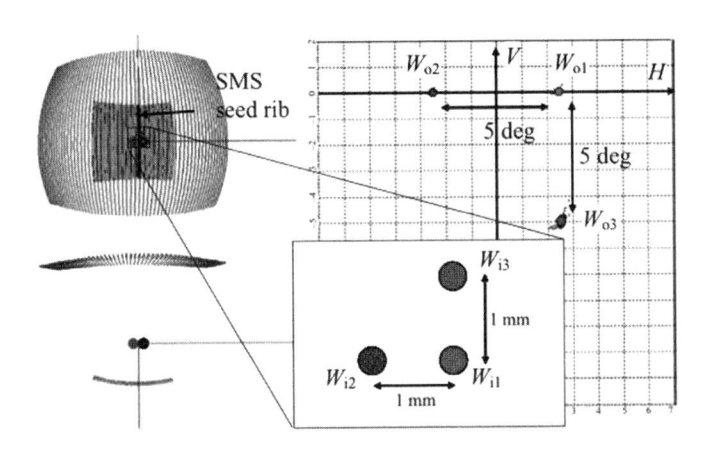

第四章 SMS 3D设计方法与实践

**图4-6 伪旋转XX设计**

图4-7显示了通过修改图4-6中设计的出口波阵面而获得的另外两个设计。对于 a 部分的设计，唯一的修改影响 $W_{o3}$，它已经被角度移动到（2-5R，10D）。由于这种变化，设计保持了光学的宽度，但高度减少了两倍。这种约简可以通过将三维空间中双参数束的延伸不变量应用于连接 SMS 种子肋与另一镜相邻肋的光线来理解。该器件上的光线轨迹表明，$W_{i3}$ 和 $W_{o3}$ 的光线耦合性也很好，这与之前的伪旋转设计一样。

图4-7的 b 部分是左侧设计的对偶情况，其中设计修改包括将 $W_{o1}$ 和 $W_{o2}$ 之间的水平角度间隔从 5°增加到 10°。对偶，在这种情况下，宽度减半。再说一次，$W_{i3}$ 和 $W_{o3}$ 之间的耦合很好。

在前面的所有例子中，$W_{i3}$ 和 $W_{o3}$ 之间的耦合很好，尽管只有部分强制作用在种子肋上。然而，图4-8的设计，不会显示此行为。在该设计中，波前 $W_{o1}$、$W_{o2}$ 和 $W_{o3}$ 绕 z 轴旋转了 30°。反射镜的几何形状发生了显著变化，对 $W_{i3}$ 的控制变得相当糟糕。

$W_3$ 控制不佳的另一个设计示例如图4-9所示。在该部分的先前设计中，（对称）波前 $W_1$ 和 $W_2$ 的光路长度 $L_1$ 和 $L_2$ 相等，$L_1 = L_2$，并且初始点 $P_0$ 处的法矢 $N_0$ 垂直于 x 轴（即，$p = 0$）。相反，在图4-9中，两个光路长度相差 0.85mm，$N_0$ 与 x 轴成 70°。因此，这种设计显然是不对称的。

缺乏对 $W_3$ 的控制并不意味着该设计毫无用处。事实上，考虑一个 $1 \times 1 mm^2$ 的朗伯源，其三个角与产生输入波前的三个点源重合。对于一些商用的高通量倒装芯片 LED 来说，这种光源模型是准确的。图4-6中的设计和图4-9中的设计创建的强度（即远场）图案如图4-10所示。尽管不对称设计的图案下半部分模糊了，但顶边仍然定义得很好，这足以解决许多设计问题。

(a)                      (b)

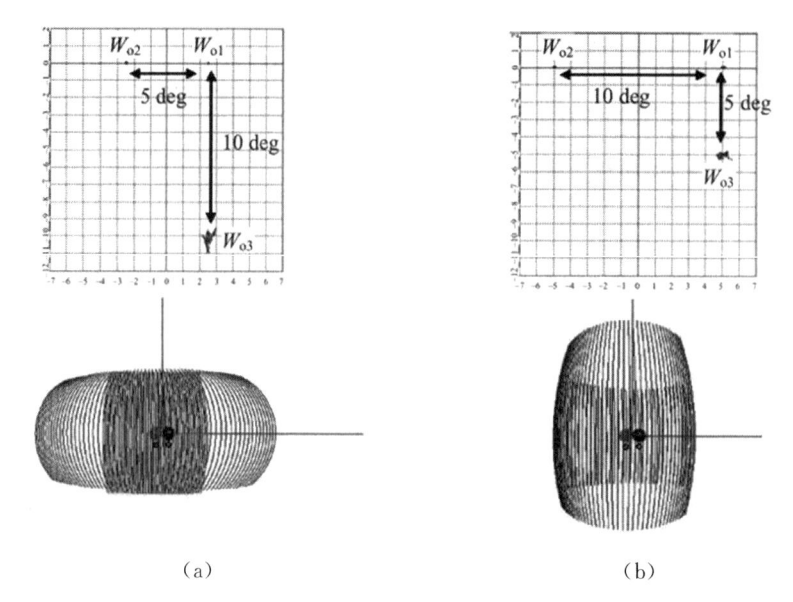

图 4－7 （A）设计如图 4－6，但 $W_{o3}$ 向下移至（2－5R，10D）；（B）图 a 所示设计的对偶情况，其中对图 4－6 所示设计的修改包括将 $W_{o1}$ 和 $W_{o2}$ 之间的水平角度间隔从 5° 增加到 10°

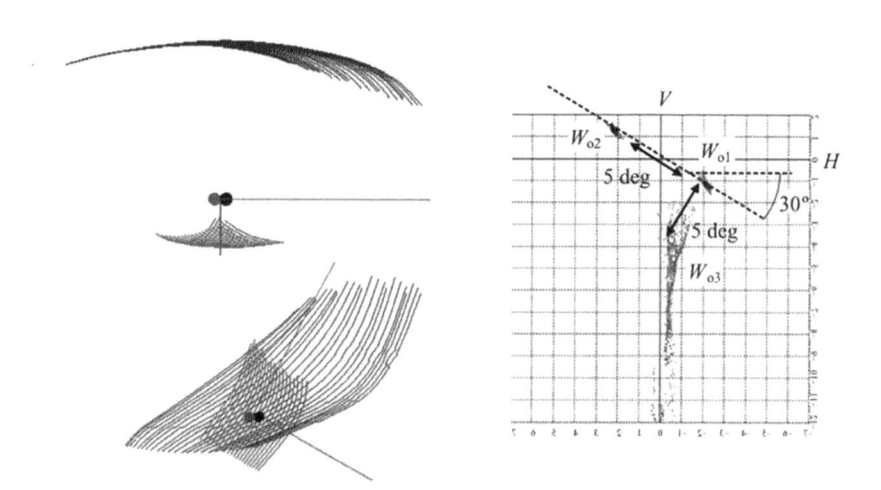

图 4－8 XX 设计与图 4－6 相同，但波前 $W_{o1}$、$W_{o2}$、$W_{o3}$ 已绕 $z$ 轴旋转 30 度

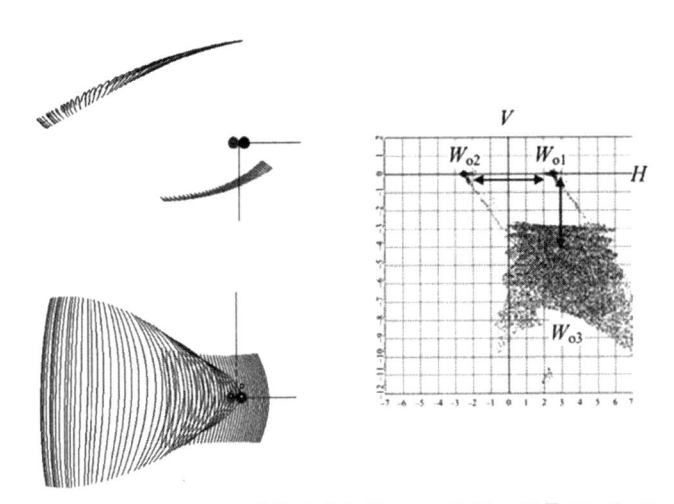

图 4—9　非对称 XX 设计的参数与图 4—6 相同，只是 $W_1$ 和 $W_2$ 的路径长度不同，即 $L_1 \neq L_2$

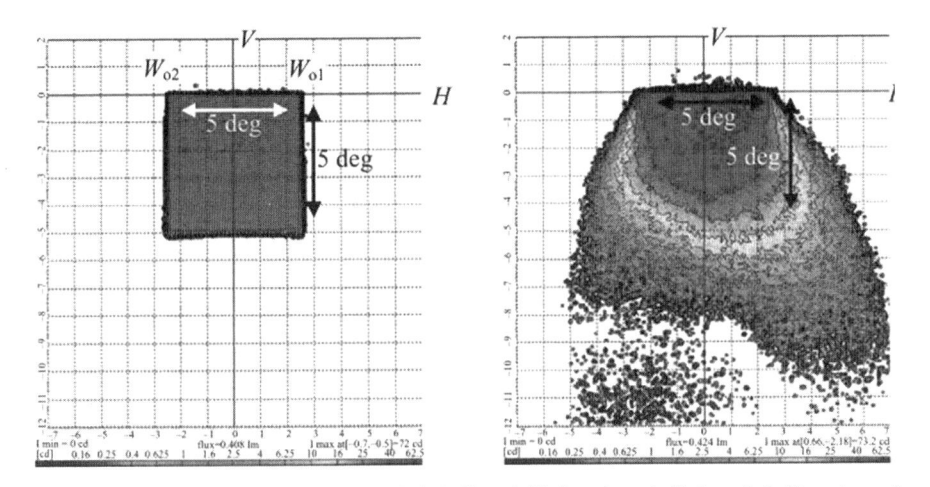

图 4—10　由图 4—6 和 4—9 中的设计产生的强度模式，当一个带有三个角的 $1 \times 1 \text{mm}^2$ 朗伯源与提供输入波前的三个点源重合时

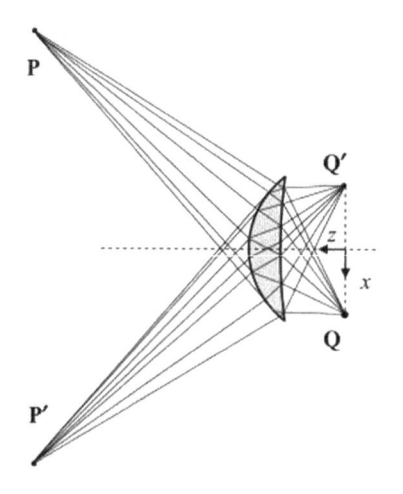

图 4-11 RR（短信镜头），完美地将两个物点（P 和 P'）
聚焦到两个图像点（Q 和 Q'）

### 三、薄边透镜（RR）的设计

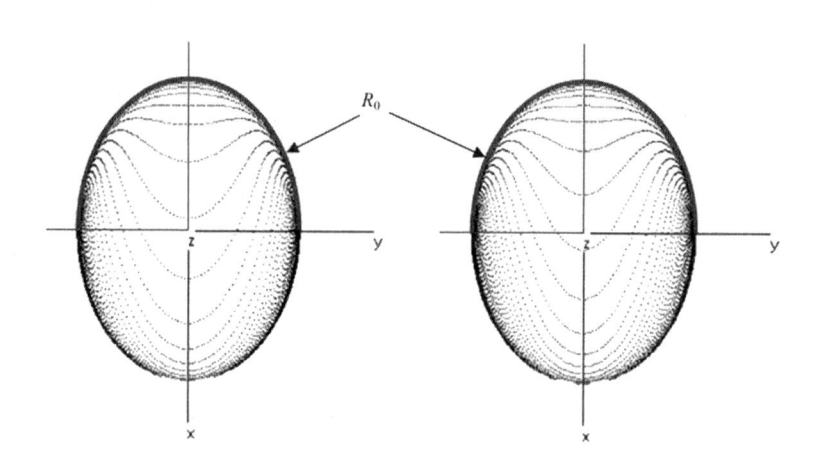

图 4-12 表面 Si（左侧）和 So（右侧）上的肋骨的平面图

粉色曲线是种子肋骨 $R_0$。

也许，最简单的 SMS 2D 情况是将两个物点（P 和 P'）完美地聚焦到两个图像点（Q 和 Q'）的镜头，如图 4-11 所示。同样的设计可以在 3D 几何学中完成，也就是说，透镜可以完美地将两个物点聚焦到两个图像点。不可能通过轴对称光学系统对三维（3D）中的离轴点进行如此完美的成像是 20 世纪 70 年代末证明的一个定理的主题。它是只有两个光学表面（反射镜或屈光镜)。因此,对于两面设计,照明光学系统的投射源图像的大小、位置和方向可以被控制到前所未有的程度。由 SMS 设计的双反射器设备称为 XX(每个 X 指的是光线从源传播到目标时的反射)。为了阐明各种 XX 聚光器系列,本节讨论 XX 聚光器的设计,该聚光器必须收集矩形平板光源发出的光并将其传输到矩形平板靶板,其几何配置如图 4—13 所示。光源放置在 $y=0$ 平面上,并在 $y>0$ 的半球方向上发射。目标被放置在 $z=$ 恒定平面上,并且将接收来自 $z<0$ 半球方向的光。

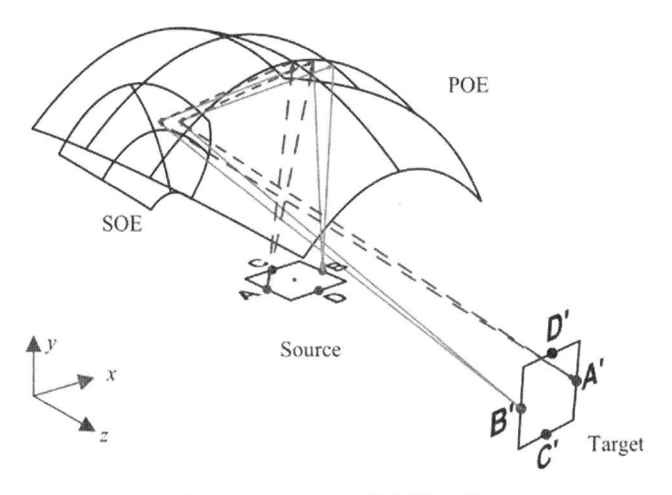

图 4—13 XX 3D 聚光器示例

XX 3D 聚光器示例由两个自由曲面反射镜组成,即主光学元件(PoE)和辅助光学元件(SOE)。

暂时假设源尺寸与聚光器尺寸相比足够小,并且 XX 能够将源成像到目标上,因此以下线性映射成立(注意,SMS 可以保证 2 点的清晰图像,例如 $A$ 和 $B$ 到 $A'$ 和 $B'$,以及剩余的 $C$ 和 $D$ 的部分图像):

$$\begin{matrix} x' \\ y' \end{matrix} = \begin{matrix} N & 0 \\ 0 & M \end{matrix} \begin{matrix} x \\ z \end{matrix} + \begin{matrix} c_1 \\ c_2 \end{matrix}$$

其中 $(x', y')$ 是目标上的点,$(x, z)$ 是源上的点(源和目标使用相同的全局坐标系 $x-y-z$),以及 $c_1$ 和 $c_2$ 是定义源的中心到目标中心的映射的常量。该映射意味着对于一阶近似(对小光源有效),SMS 方法提供了成像设计,由此光源被放置在对象平面上,而目标被放置在图像平面上。在图 4—13 中,点 $A$、$B$、$C$ 和 $D$ 是对象点,而 $A'$、$B'$、$C'$ 和 $D'$ 是它们对应的图像点。前面方程式中矩阵的对角线定义了光学系统的放大倍数。常量 $M$ 和 $N$ 定义为:

放大率 $M$:目标 $C'd'$ 的片段与源的片段 $CD$ 之间的比率。

放大率 $N$：目标 $A'B'$ 的段与源的段 $AB$ 之间的比率。

参数 $M$ 和 $N$ 可以是正的，也可以是负的，因此可以考虑 XX 的四个族。

为了计算 SMS 种子肋，放置两个点源（图 4-13 中的 $A$ 和 $B$），使连接它们的线平行于坐标系的 $x$ 轴。连接目标点 $A'$ 和 $B'$ 的直线也将平行于坐标系的 $x$ 轴，见图 4-14。

对于 SMS-RIBS 计算，放置两个点源（图 4-13 中的 C 和 D），以使连接它们的线平行于坐标的 $z$ 轴系统。连接目标点 $C'$ 和 $D'$ 的直线将平行于坐标系的 $y$ 轴。图 4-15 显示了 XX 上的一些肋骨。

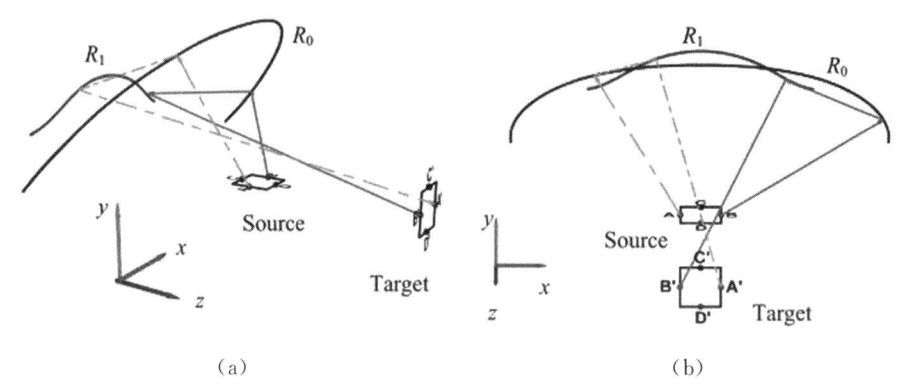

图 4-14 初始曲线 $R_0$（种子肋）计算，使用从 A 点和 B 点发射的源球面波阵面，以及以 $A'$ 和 $B'$ 为中心的目标球面波阵面；此两点映射定义了放大倍数 $N$（在此图中为负值）

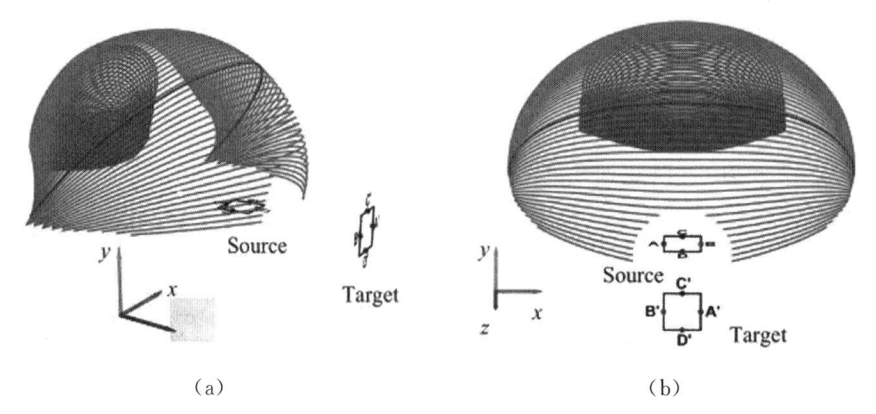

图 4-15 SMS-RIBS 计算，使用从 C 点和 D 点发射的源球面波阵面，以及以 $C'$ 和 $D'$ 为中心的目标球面波阵面；此两点映射定义了放大倍数 $M$（在此图中为负值）

前面几段中介绍的 XX 构型和几何结构也可以应用于将发出圆柱形源的射线耦合到矩形目标中的问题。这在聚光器应用中很有实际意义，因为所产生的设计，如下所示，可以有效地将来自圆弧的光耦合到矩形孔径中。SMS 3D 对投影源图像的控制（通过控制选定的波前）允许它们的非旋转投影，以及投影大小的恒定，该恒定至少在一个维度上是完全恒定的，并且在垂直维度上保证了射线击中种子肋曲线周围的一个反射镜（见图 4－16）。这种对投影尺寸的一个维度的完美控制和对另一个维度的部分控制就足以满足我们的目的。

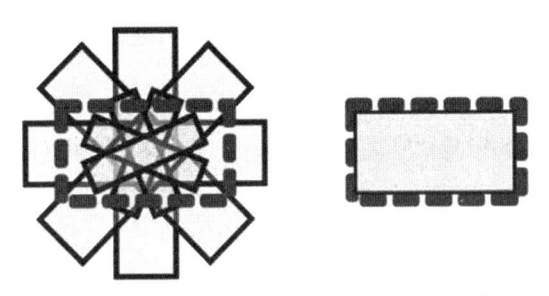

**图 4－16　XX 3D 聚光器与传统聚光器（左）不同，它的设计可以产生不旋转的投影弧形图像，以便它们都适合矩形光圈**

这个问题的正式定义如图 4－17 所示：光源的光线具有相同的亮度，并且是从圆柱体表面发射的光线，其方向与圆柱体的轴线成大于 $\beta$ 分钟的角度。被目标接受的射线是那些到达矩形的射线，其角度小于 $\varphi_{max}$ 与矩形的法线。冷凝器必须最大限度地将能量从源传输到目标。

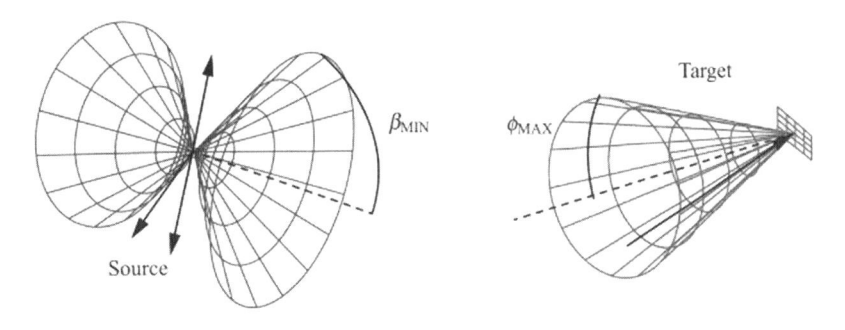

**图 4－17　源和目标定义**

源表面（圆柱面）的每个点在其整个开放半球内发射，但与圆柱轴成小于 $\beta$ 最小角度的方向除外。目标是一个矩形，该矩形接受在 $\varphi_{max}$ 的圆锥体法线范围内到目标曲面的辐射。

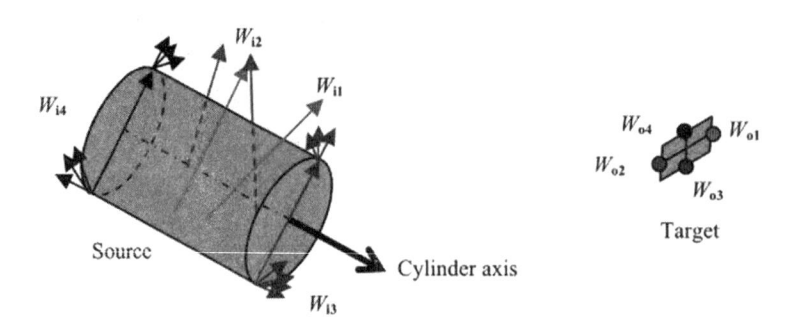

**图 4-18　用于 SMS 3D 设计的输入波前（WIX）的射线和输出波前（WOX）的中心点**

图 4-18 显示了 SMS 3D 设计流程的输入和输出波前。它们都属于为源和目标定义的束的边缘射线。所有输出波阵面 WOX 都是球形的，并且中心位于矩形目标的两侧的中点。波前对 $W_{i3} - W_{o3}$ 和 $W_{i4} - W_{o4}$ 用于 SMS 链的计算，而另外两对 $W_{i1} - W_{o1}$ 和 $W_{i2} - W_{o2}$ 仅用于种子肋计算。这就是为什么源图像只有一个维度的部分控制。$W_{i3}$ 和 $W_{i4}$ 是从圆柱体边缘发出的正交线。$W_{i1}$ 和 $W_{i2}$ 也是由与圆柱体相切的光线形成的正交束。

根据放大的符号可以定义四种解族。由于输入源不再是平面，经典的放大定义不再适用，但由于波前对的分配，这四个系列仍然出现，为了简化这些系列的命名，将保留 $M$ 和 $N$ 项以及放大符号。为了说明这一点，图 4-19 显示了平面 $x=0$ 上包含的脊椎，对于具有两个可能的放大符号等于 $M$ 的族。请注意，在这个 2D 截面中，当 $M<0$ 时，两个输入波前的任何一个的光线在初级光学元件（POE）反射后，在到达次级光学元件（SOE）之前形成真正的焦散。另一方面，当 $M>0$ 时，焦散将是虚拟的，这意味着对于 $y>0$ 的光学器件，在 $M>0$ 的情况下，从源向具有高/低 $z$ 值的 PoE 的点发射的光线将被反射到具有低/高 $y$ 值的 SOE 的点，而在 $M<0$ 的情况下，向高/低 $y$ 值的 SOE 点反射（参见图 4-19）。

## 第四章 SMS 3D 设计方法与实践

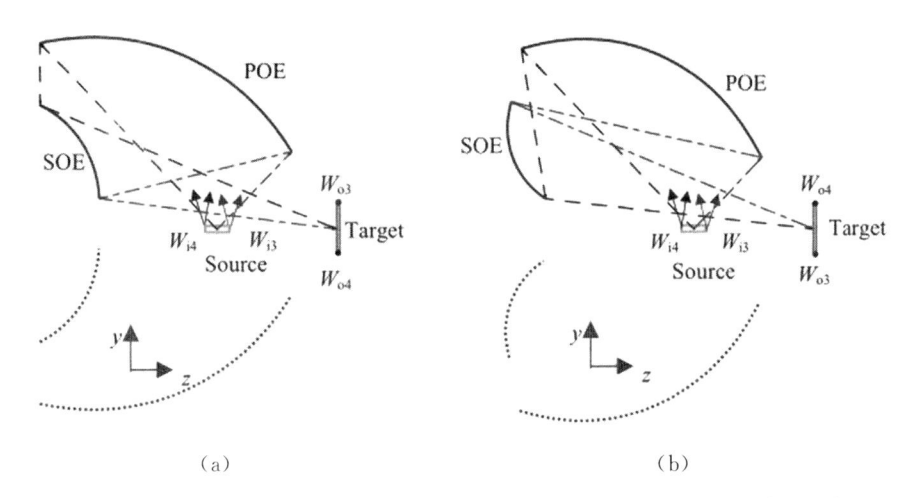

(a)  (b)

**图 4-19** 对于 (A) $M>0$ 和 (B) $M<0$ 的 XX 家系，$x=0$ 平面上包含的脊椎

放大倍数等于 $N$ 的符号会影响种子肋骨的计算。图 4-14 中所示的情况有 $N<0$。由 $M$ 和 $N$ 这两个可能的符号生成的四个 XX 族可以等价地用它们的两个焦散面在三维中的真实或虚拟性质来描述。

由于柱面光源同时向 $y>0$ 和 $y<0$ 的半空间发光，所以还有另一个布尔变量要添加到放大符号 $M$ 和 $N$ 上，从而将 XX 解的四个系列提高到八个。第三个布尔变量源于另一种可能性，即选择 $y>0$ 处的半个 PoE 镜面向 $y>0$ 处的半个 SOE 反射光线（如前面所有图所示），或向 $y<0$ 处的半个 SOE 反射光，如图 4-20 所示。考虑下一个 XX 设计示例：$M<0$，$N<0$，具有不相邻的 PoE 和 SOE 配对部分（如图 4-20 所示）。源中心到目标平面的距离固定为 30mm。本设计的输入参数为：

柱形震源：长度 $L=1.2$mm，直径 $D=0.3$mm，最小 $\beta=45°$。

矩形平板目标：纵横比=4∶1，$\varphi_{max}=19°$。

图 4-21 显示了此 XX 设计的 PoE 和 SOE 镜像。图 4-22 显示了标准的顶视图、侧视图和前视图，显示了尺寸。

为了评估性能，通过光线跟踪（使用商业光线跟踪包 LightTools by Synopsys (Mountain View, CA)）计算了收集效率与目标拉伸的关系。使用 Rhino3D，使用从 SMS 设计方法获得的一组光学曲面点来创建自由曲面面片。然后将这些曲面导出到 LightTool 以 SAT 格式。源和目标是在 LightTools 中创建的，具有自己的 CAD 功能。

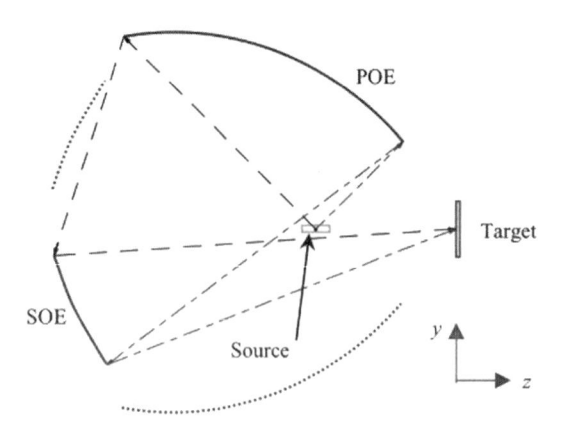

图 4-20 $x=0$ 是一种设计变化的部分，其中位于 $y>0$ 的一半 POE 镜像将光反射到位于 $y<0$ 的 SOE 的一半；成对的 POE 和 SOE 半部分不相邻

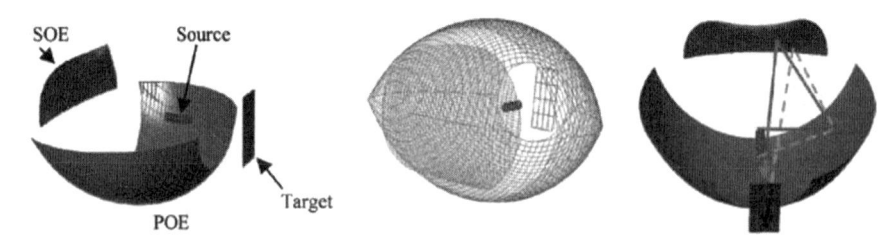

图 4-21 精选 M<0、N<0 系列的 XX 设计，以及不相邻的 PoE 和 SOE 配对（左侧和右侧仅显示 $y<0$ 的 PoE 和 $y>0$ 的 SOE）

源和目标没有按比例显示。

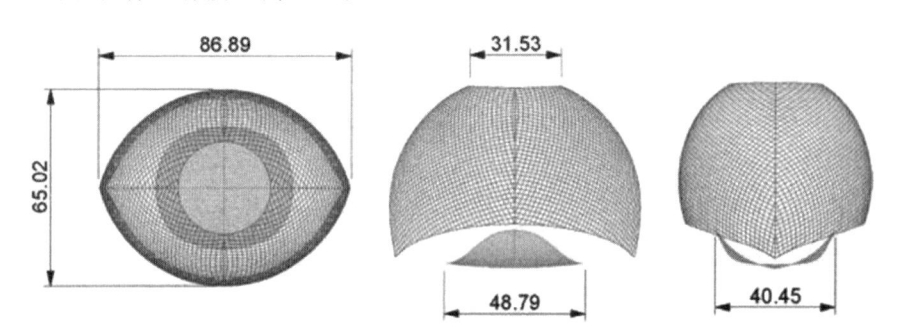

图 4-22 图 4-21 中所选 XX 设计的部分尺寸（Mm）的三个视图

图 4-23 显示了效率与目标的对比。$E_{target}=A_{target}\pi\sin^2(\varphi_{MAX})$，其中 $A_{target}$ 是目标区域，$\varphi_{MAX}=\pm19°$ 是目标接受角。通过改变目标区域 A 目标来改变目标的弹性同时冻结目标纵横比（4∶1）及其圆形视场 $\varphi_{MAX}$。为了便于比较，图 4-23 显示了另外两条曲线。其中一个给出了使用相同的源和目标、相同的

## 第四章 SMS 3D设计方法与实践

纵横比（4∶1）的常规椭圆反射器的收集效率与目标的关系。椭球体的偏心设置为 0.8（这是优化的标准）的目标视场 $\varphi_{MAX} = \pm 30°$（这也是市场上的标准值）。图 4-23 中的第三条曲线对应理论上的极限，该极限是由 étendue 约束施加的：实现该极限的理想聚光器（可能不存在）会将所有源功率转移到目标，如果目标 étendue 大于源 etendue（即，在这种情况下，它具有 100% 的收集效率），并且如果源 étendue 大于目标 étendue，则会用来自源的光完全填充目标 étenue。那么理想的冷凝器的收集效率等于当目标应得金额小于来源应得费用时，目标为来源应得费用。

对于圆柱形光源几何形状（包括两个圆柱形基座），可以计算光源的延伸：

$$E_{source} = \pi DL(\pi + \sin(2\beta_{MIN}) - 2\beta_{MIN}) + \frac{1}{2}\pi^2 D^2 (1 - \sin^2\beta_{MIN})$$

对于上面的输入数据，$E_{source} = 3.13 mm^2 - sr$。图 4-23 表明，XX 的性能优于椭圆反射镜（对于所有反射镜，镜面反射率设置为 1），接近理论极限。然而，有三个因素阻止 XX 达到理论极限：

当目标延伸较大时，POE 反射的部分光线会漏掉 SOE，使 XX 曲线不能达到 100% 的收集效率。

XX 效率曲线的"肩"是圆形的（与理论曲线相反，理论曲线显示出斜率的不连续性）。这是由于在目标平面上的照度分布的非阶跃跃迁以及该照度分布的圆形轮廓线（如图 4-23 所示）。

当目标延伸较小时，图 4-23 中 XX 曲线的斜率小于理论斜率，因为 XX 不能完全均匀地填充圆形视场（参见图 4-23 中的强度分布）。

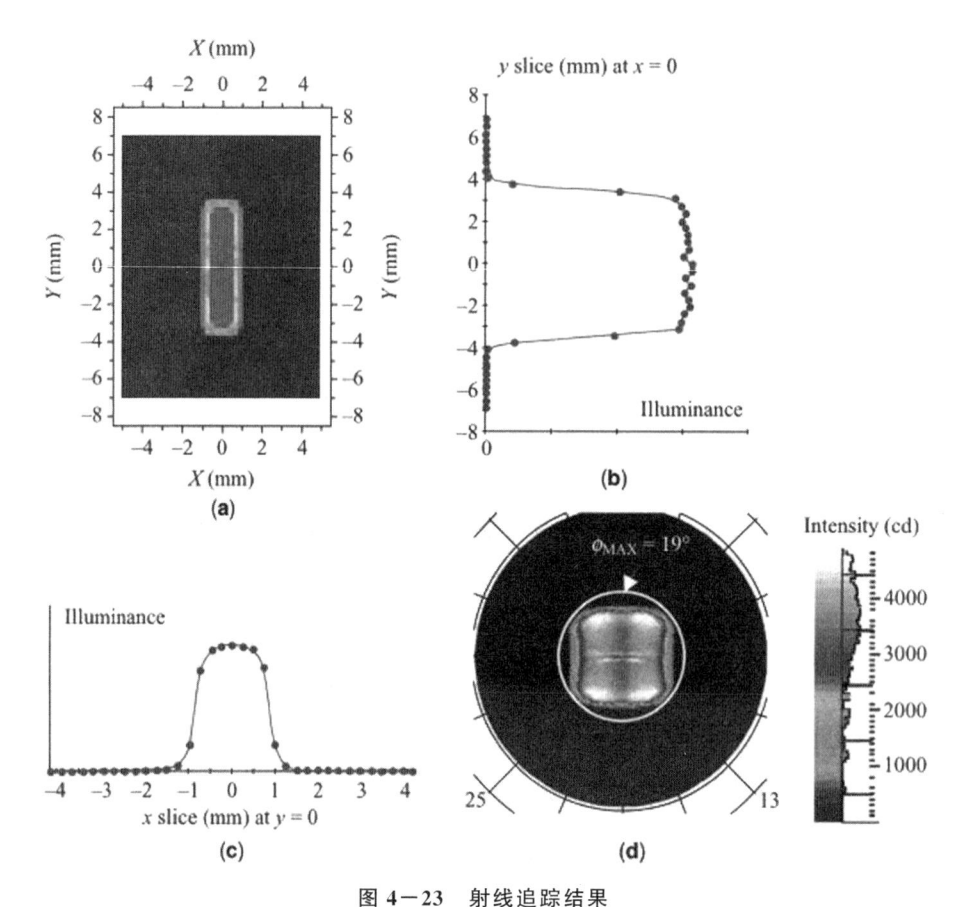

**图 4-23 射线追踪结果**

(a)—图 4-21 所示冷凝器目标平面上的照度分布；

(b)—沿 y 切片的照度；

(c)—沿 x 切片的照度；

(d)—假设光源通量为 1000lm 时目标处的强度分布。

图 4-24 显示了表示图 4-23 数据的另一种方法，至少从学术角度来看，这种方法更有趣。在该图中，收集效率表示为与归一化亮度的比值，归一化亮度定义为目标上的平均亮度与源亮度的比值。目标上的平均亮度仅仅是目标上的能量与目标余光的比值。光源亮度（或亮度）是光源功率与光源延伸的比值。这个计算假设所有源射线的光源亮度都是相同的（就像在我们的模型中一样）。在这个表示法中，具有相同目标展宽的点形成一条穿过原点的直线。虚线图 4-24 中的对角线是目标的延伸等同于源的延伸的线。采集效率是影响投影系统屏幕总功率的一个参数，归一化亮度与光学和微显示器的成本和复杂度有关。

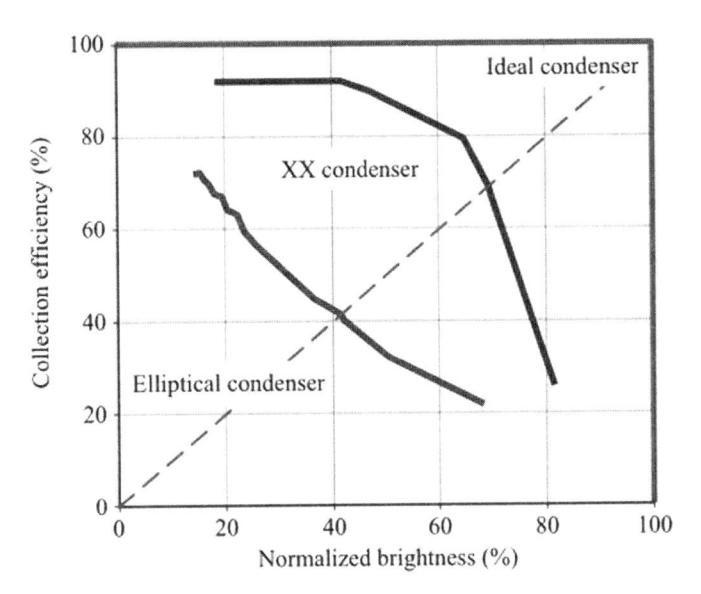

图4-24 采集效率（即目标上的功率超过总源功率）与归一化亮度
（目标上的平均亮度超过源亮度）

目标的4∶1高宽比在投影显示应用中是看不到的。相反，16∶9格式被认为是目前的标准。一个类似于图4-21的XX电容器，设计用于直径为0.62 mm的圆柱形光源（光源étenue 6.96 mm$^2$-sr），并保持其余参数不变，在目标平面上产生16.9的照度分布。图4-25显示了射线跟踪结果。目标圆视场为$\varphi_{MAX}=19°$的XX仍然比椭圆反射镜性能好，尽管由于目标的长宽比较低，增益降低到1.5（同样，对于所有的反射镜，镜面反射率设置为1）。理论极限增益也减少到两个。

值得注意的是，如果考虑目标的平方视场，这些XX聚光器的性能接近理论极限。图4-25还显示了收集效率和目标延伸，使用28°×28°的正方形视场对于目标处的XX（这个正方形视场几乎被记录在前面的19°半径圆形视场中）。这个结果不仅仅是一个学术上的考虑，如果我们考虑到充满介质的混合棱镜与全内反射一起工作时的角接受场是一个正方形的话。理论极限保持不变，但XX的表现要好得多，因为它的强度分布与平方视场匹配得更好。注意到XX的效率曲线的斜率现在变得非常接近原点附近的理论极限，表明一个均匀和充满的视场。

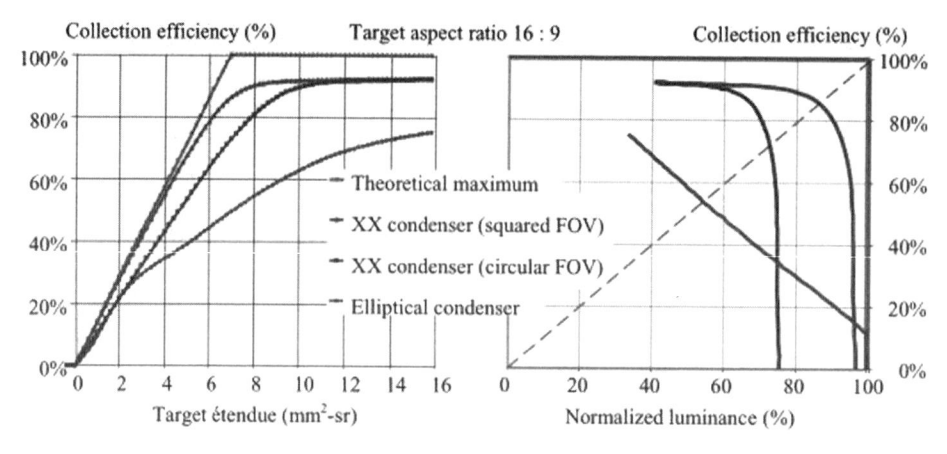

图 4－25 射线追踪结果

（左）XX 冷凝器的收集效率与 16∶9 圆形和方形视场（FOV）目标的 3D 延伸相比。文中还给出了最大理论性能与常规椭圆形聚光器（圆形视场）的比较。所有的镜子都有 100% 的反射率。源的三维延伸为 $6.96 mm^2-sr$。右边显示了相同的结果在收集效率与归一化亮度平面（归一化亮度＝平均亮度对目标/源亮度）。

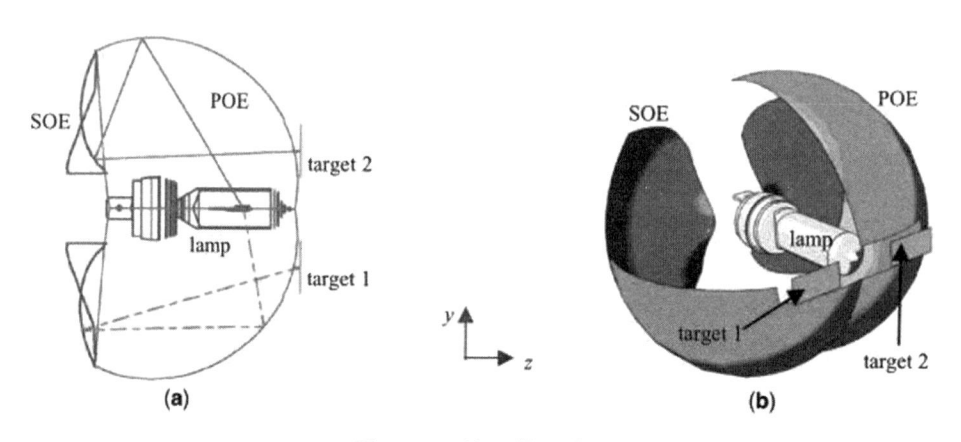

图 4－26 演示器原型图
(a) 横截面；(b) 剖面透视图

为验证这些设计原理，制作了 XX 演示样机。为了便于操作，选用汽车 H7 卤素灯代替投影弧光灯（其高通量不易调暗）。H7 长丝是由 L＝4.3 mm，直径 D＝1.55 mm 的圆柱体围成的螺旋形。灯具的几何形状限制了对 XX 配置的选择，从而避免了阴影和反射镜对灯具的干扰。

所选择的设计是 $N<0$ 和 $M<0$ 家族的 XX，具有相邻的 POE 和 SOE 两

半。此外，每一半都有一个单独的矩形目标，如图 4－26 所示。图 4－26b 中的三维图显示了该装置围绕圆柱形源轴旋转 90°，与图 4－21 中的装置形成对比。

图 4－27　一个灯丝灯和两个靶（a）的镍电铸 XX 冷凝器演示器

上面的 POE 反射器一半已经在面板 b、c 和 d 中被移除，以显示灯和 SOE。面板 c 中的照片是在目标的角场内拍摄的，因此可以看到灯丝图像。当灯丝发射时，两个图像形成在放置在目标平面（d）的纸上。

原型，由 LPI 制造，使用镍电铸用于反射器，如图 4－27 所示。镜面涂层是由蒸发的铝制成的。SOE 镜的 $y>0$ 和 $y<0$ 的一半被制成模具的相同复制品。类似地，PoE 由两个半部分组成，但在这种情况下，PoE 被分为 $x>0$ 和 $x<0$ 两个部分，以便更容易脱模。图 4－27a 显示了整个冷凝器。如图 4－

27b所示，上面的PoE显示了灯和SOE。图4-27c的摄影是在目标的角场内拍摄的。它显示了在出射平面上形成的细丝的两个图像。图4-27d显示了冷凝器在放置在冷凝器目标平面的纸张上形成的两个斑点。为了更清楚地了解这种安排，图4-27b-d中去掉了上面的POE。

虽然还没有进行光学公差分析，但可以确定一些定性的考虑因素。关于公差对XX电容器制造的影响，我们区分了来源公差（包括电弧电极的可变性、灯泡形状、时变的电弧位置等）。以及光学表面公差。源公差可以看作是视源位置和大小的变化，这将导致针孔投影图像的相应修改。与传统的椭圆反射器相比，源公差对XX的影响方式不同，因为两种设备的针孔投影图像显著不同。由于XX的投影图像都有相似的大小，我们预计对它的容忍度比对椭圆反射器的容忍度更宽松。然而，关于光学表面公差，我们预计XX将不那么耐受，因为光线遭受两次反射，而不是传统椭圆反射器的一次反射。因此，由于第一次表面反射不具有设计输入波前而引起的变化在第二次反射时被增强。自由曲面形状的新颖性意味着目前还没有有效的规范和测试标准可用于光学公差。

### 四、适用于光伏应用的自由形式 XR

光伏聚光器（CPV）的设计引入了一个非常特殊的光学设计问题，具有特定的特点。我们将把注意力集中在高浓度光伏（HCPV）上，也就是说，当浓度范围在400以上时。这意味着光伏聚光器的孔径至少是电池有效面积的400倍。当光伏（PV）电池是效率最高的电池时，通常会发现这种类型的应用。目前，光伏太阳能-电力转换效率的纪录为43.5%。这是由Solar Junction公司用多结（MJ）电池实现的。这些高效率电池的相对较高的成本需要一种像CPV这样的解决方案，在这种解决方案中，从太阳接收的光集中在放置电池的小区域。这种装置的目的是降低光伏转换产生的电力成本。为此，必须使收集和聚光的光学系统（聚光器）非常高效。它还必须适用于低成本的大规模生产，能够将光集中在小区域（高浓度），对制造和安装误差不敏感，并能够为电池提供均匀的照明（出于效率和可靠性的目的，因为MJ电池在不均匀的情况下往往表现不佳）。这些条件在设计过程中被转化为特定的条件：一个高效和低成本的光学系统意味着，除其他外，需要少量的光学部件。对制造和安装的不敏感度、不精确度和高浓缩度的能力意味着浓缩器的接受角接近热力学极限。所有条件加在一起意味着每个光学部件必须执行几个光学功能。

浓度的热力学极限以一种简单的方式将聚光器的接受角 $\alpha$ 与其浓度 $C_g$ 联系起来：$C_g \sin^2 \alpha \leqslant n^2$，其中 $n$ 是聚集区的折射率。为由于成本和可靠性的原因，n 在最佳情况下约为 1.5。在这种情况下的相等性称为热力学极限。浓度接受积（CAP）提供了一种方法来量化浓缩器的性能与热力学极限的接近程度。CAP 定义为 $CAP = \sqrt{C_g} \sin\alpha$。然后是 $CAP \leqslant n$。

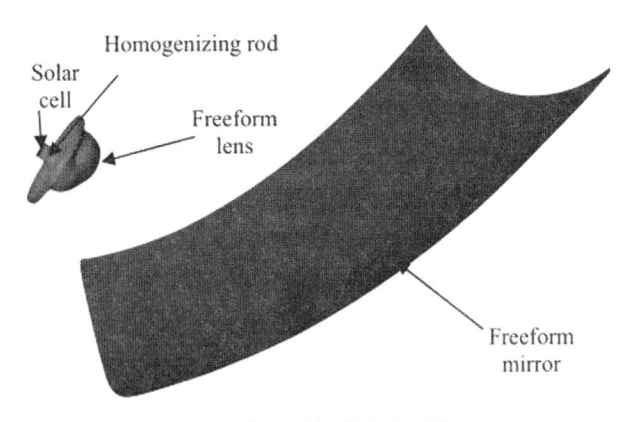

**图 4-28** 带均质棒的自由形状 XR。

高 CAP 相当于可能的最大接受角度（对于给定的 CG）。这允许所有组件的批量生产中的容差，放松了模块组装和系统安装，并降低了结构成本。减少元件数量和获得高接纳角放宽了光学和机械要求，例如光学表面轮廓的精度、模块装配公差、安装和支撑结构的精度等。我们在本节中开发的 XR 配置（其中来自太阳的光线照射到镜面 X 并被反射到透镜，在透镜中它们被折射到电池），适合于聚光光伏应用，因为它可以满足前面提到的条件。本节介绍此特定应用的设计程序。

光学装置如图 4-28 所示。它由反射镜（X）、透镜（R）和透明棒组成。光伏电池被光学地附着在短的透明棒的末端，最好是玻璃，它与自由形状的透镜模制成一件。这种部件被称为二次光学元件（SOE）。棒子没有镜面涂层。该棒的功能是确保电池上的均匀辐射。该棒足够长，以产生所需程度的均质化，如稍后所示。如图 4-29 所示，对于超过临界角 $\theta_c = \sin^{-1}(1/n)$ 的任何光线，T 点处的全内反射（TIR）是可能的，其中 n 是二次透镜的折射率，这限制了内部光线可以击中轨道两侧而不逃逸的距曲面法线的距离。对于具有拔模角度 γ 的杆（如图 4-29 所示），当入射角为 $\theta = \theta_c$ 时，角 β（入射光线进入杆的角度）为 $\beta = 90° - \beta - \gamma$。

这种棱镜是非成像光学中众所周知的均质装置，其原理与万花筒相同。匀浆棒通常用于 CPV 系统，但它们的长度通常比细胞大小长得多（通常是细胞大小的四到十倍），而在 XR 中，棒可能要多得多更短（从单元格大小的 0.5 倍到 1 倍）。由于 XR 中的电池的照明角很宽，因此可以在短长度内获得足够好的均匀性。

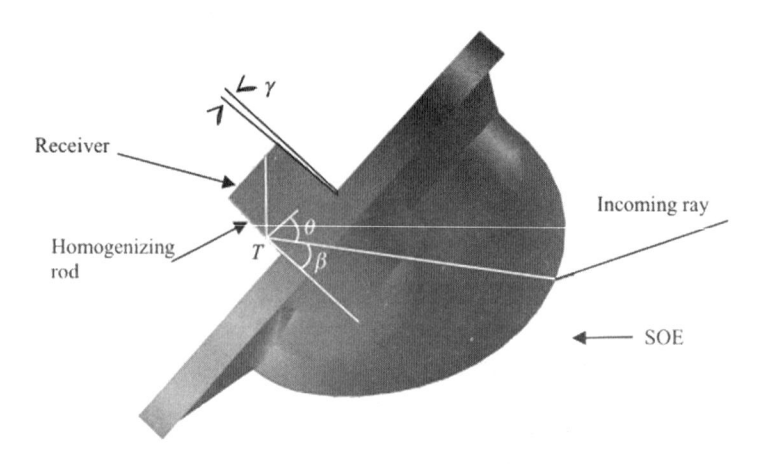

图 4-29 由带有均质杆的自由透镜形成的 SOE

（一）XR 设计程序

XR 配置的自由曲面透镜和反射镜是使用 SMS3D 方法设计的。这一设计过程可分为四个阶段：

①定义系统参数；

②定义输入的 SMS 3D 数据；

③设计初始曲线；

④两个 SMS 3D 自由曲面的设计。

根据该算法，在步骤（A）中，我们定义系统参数，这些参数是：①二次透镜折射率 $n$；②接收器相对于 $x-y$ 平面的倾斜角 $\theta$（如图 4-30 所示）；③反射镜上的初始点 $P_0 = (0, y_{p0}, z_{p0})$，以及在 P0 处到反射镜的法向矢量 $N_0$，在该示例中，平行于平面 $x=0$；④透镜上的点 $S_0$ 的 $y$ 坐标 $Y_{s0}$；⑤杆输入孔径长度，其为分段 $PQ$；⑥由张量守恒定律确定的接受角 $\alpha$，假设反射镜在 $y$ 维上的跨度约为 $y_{p0} - y_{p0}$，因此 $\alpha = \sin^{-1}(n(y_{p0}-y_{s0})\sin(\beta)/|PQ|)$；⑦以及 $\alpha$ 因子 $b<1$，这可能有助于调整计算点的密度，如下所述。

一旦选择了一般参数，（步骤 b）定义了 SMS 3D 设计所需的附加数据（图 4-31）。这些附加数据参考由 XR 变换的光线束。这些（正交化）束中的每一束都具有波前特征。有四个波前需要定义：其中两个是指位于集中器入口处的两束射线（输入波前），其余两个是指穿过集中器后的相同束（输出波前）。SMS3D 方法提供了一种将输入转换为输出波前的光学系统。要设计的曲面的数量决定了可以耦合多少个输入和输出束。在目前的情况下，有两个表面需要设计：反射 X 和折射 R。这意味着在输入端有两个波前，它们可以与输出端的两个波前完美地耦合。还有第三对波前是部分耦合的。我们现在必须选择两对完美耦合的波前。

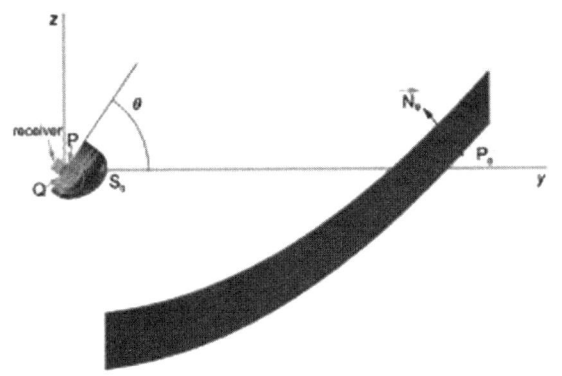

Figure 4.34  Input parameters.

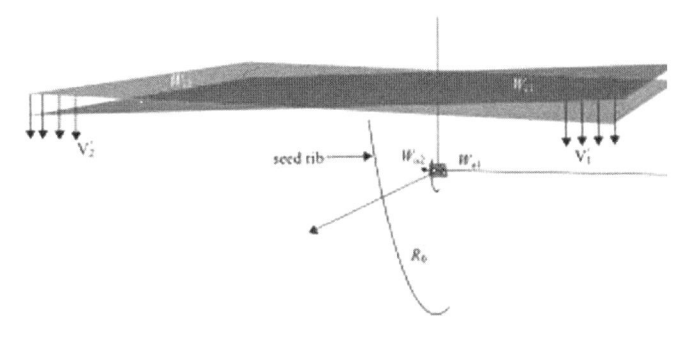

图 4—31  输入波前和种子肋

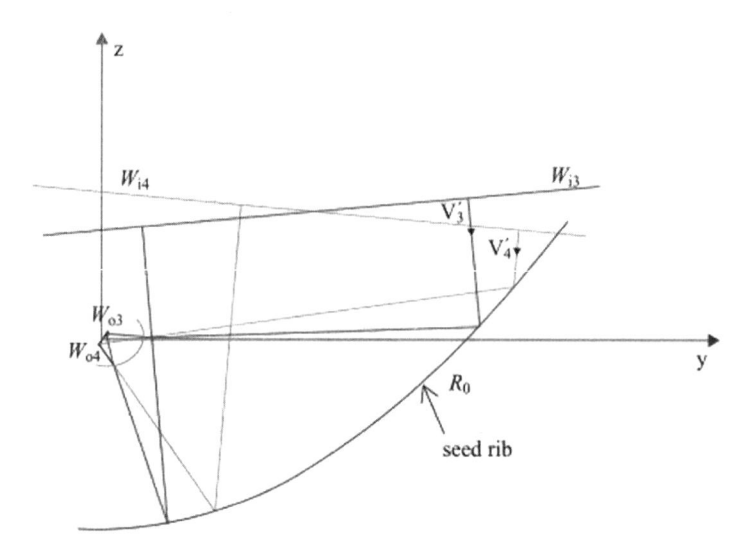

**图 4-32 初始曲线设计的输入波前**

为了选择它们,我们将利用边缘射线定理。这个定理证明,为了将来自太阳及其邻近区域的光线集中到细胞中,只需设计一种光学系统,将入射束的边缘光线耦合到出射束的边缘光线即可。由于这些边缘射线形成三参数射线束,因此通常不可能将它们耦合到只有两个要设计的表面。SMS 3D 方法只能保证输入的两组双参数光线与输出的另外两组光线完美耦合(每个波前定义一组双参数光线),因此我们必须选择由输入的边缘光线形成的两个波前和输出的另一对边缘光线的波前。这将近似于由边缘射线定理建立的条件。同样的想法可以应用于 XR 设计中使用的第三对波前(步骤 c)。

指定了输入和输出波前 $W_{i1}$ 和 $W_{o1}$。$W_{i1}$ 是其射线指向方向 $v'_i = (p', q', -(1-p'^2-q'^2)^{1/2})$ 的平坦波前,其中 $(p', q') = (+b\sin(\alpha), b\sin(\alpha))$。$W_{o1}$ 是中心位于点 $(x, y, z) = (b|PQ|/2, b\cos\theta|PQ|/2, b\sin\theta|PQ|/2)$ 的球面波前(见图 4-31 至 4-33)

用入射到图 4-30 的 $P_0$ 上的 $W_{i1}$ 的光线将被反射到 $S_0$,然后被折射成 $W_{o1}$ 的光线的条件,计算波前 $W_{i1}$ 和 $W_{o1}$ 之间的光程长度 $L_1$。在计算 $L_1$ 之前,图 4-30 中 $S_0$ 点的坐标必须通过将 $W_{i1}$ 的光线反射到 $P_0$ 上(请注意,$P_0$ 处的法向矢量 $N_0$ 被指定为输入基准)并使反射的光线与平面 $y = y_{S0}$ 相交(因为也给出了 $x_{S0}$)来计算。通常为 $x_{S0} \neq 0$。然后,$L_1$ 被计算为

$L_1 = d(P_0, W_{i1}) + d(S_0, P_0) + d(S_0, W_{o1})n$

$d(P_0, W_{i1})$ 是反射镜起始点 $P_0$ 与波前 $W_{i1}$ 之间的距离;

$d(S_0, W_{o1})$ 是透镜与反射镜的起始点 $S_0$ 和波前 $W_{o1}$ 之间的距离;

$d(S_0, P_0)$ 是点 $S_0$ 和 $P_0$ 之间的距离。

没有定义 $W_{i1}$ 和 $W_{01}$ 的绝对位置，但这不会影响计算。

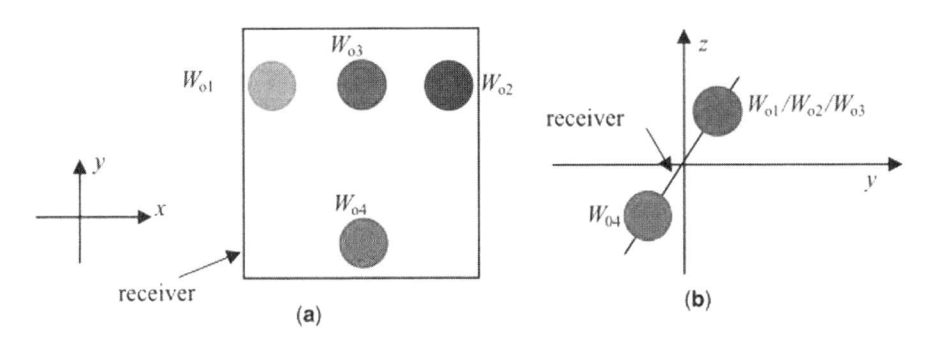

**图 4-33 输出波前相对于均化棒输入端的相对位置**
（A）在 x-y 平面上；（B）在 y-z 平面上

在本例中，输入和输出波前 $W_{i2}$ 和 $W_{o2}$ 被选择为相对于平面 $x=0$ 对称于 $W_{i1}$ 和 $W_{o1}$。所以，它们的定义和第一对波前的定义是一样的。然后，$W_{i2}$ 是一个平坦的波前，其射线指向方向 $v'_2 = p', q', -(1-p'^2-q'^2)^{1/2}$，其中 $(p', q') = -b\sin(\alpha), b\sin(\alpha)$。$W_{o2}$ 是中心在点 $(x, y, z) = (-b|PQ|/2, b\cos\theta|PQ|/2, b\sin\theta|PQ|/2)$ 的球面波前。在这个 $x$ 对称的例子中，光路长度 $L_2$ 满足 $L_2 = L_1$。

种子筋 $R_0$ 和我们希望种子筋所在的曲面的参照计算如下。种子肋 $R_0$ 可以通过在平面 $x=0$ 使用两对波前 $W_{i3}$、$W_{o3}$ 和 $W_{i4}$、$W_{o4}$ 在平面 $x=0$ 上进行 SMS 2D 计算来获得，如图 4-32 所示。$W_{i3}$ 是平坦波前，其射线指向方向 $v'_3 = p', q', -(1-p'^2-q'^2)^{1/2}$，其中 $(p', q') = 0, -b\sin(\alpha)$，并且它耦合 $W_{o3}$，它是中心在点 $(x, y, z) = (0, -b\cos\theta|PQ|/2, -b\sin\theta|PQ|/2)$ 的球面波前。$W_{i4}$ 是平坦波前，其光线指向方向 $v'_4 = p', q', -(1-p'^2-q'^2)^{1/2}$，其中 $(p', q') = 0, -b\sin(\alpha)$，并且它耦合 $W_{o4}$，其是中心在点 $(x, y, z) = (0, -b\cos\theta|PQ|/2, -b\sin\theta|PQ|/2)$ 的球面波前。为简单起见，所有地方都使用单个参数 $b$。波前 $W_{i3}$ 和 $W_{o3}$ 之间的光路长度 $L_3$ 可以被选择为等于 $L_1$ 和 $L_2$。选择波前 $W_{i4}$、$W_{o4}$ 之间的光路长度 $L_4$（接下来将调整其值）。

图 4-33 显示了四个出射波阵面 $W_{o1}$、$W_{o2}$、$W_{o3}$、$W_{o4}$ 相对于均质棒输入端的相对位置。

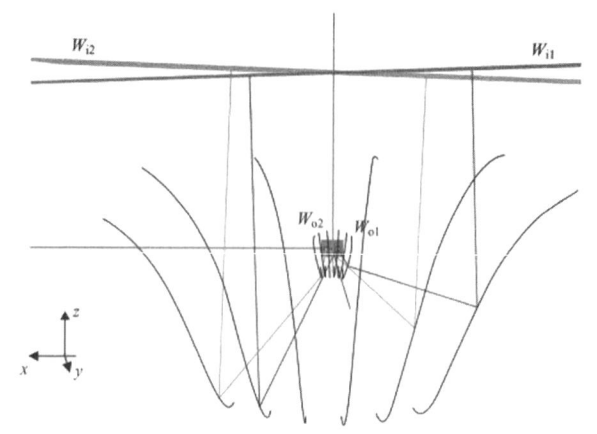

Figure 4.38 Calculated SMS ribs.

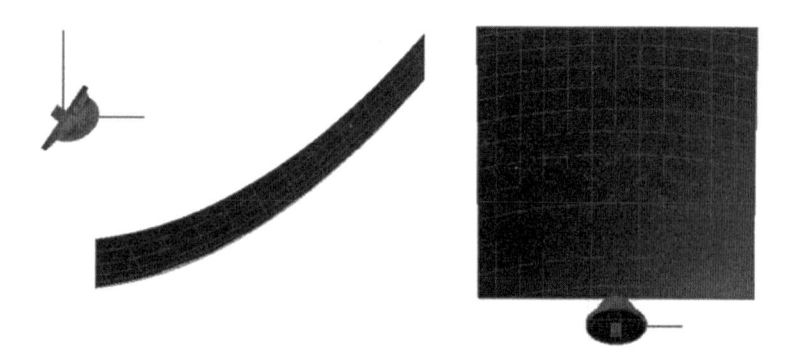

**图 4-34 XR 的侧视图和俯视图**

一旦选择了输入参数，SMS 设计将按照 SMS 服务曲面所述进行。

镜面和透镜的曲面被计算为 SMS 肋骨之间的内插曲面（与法线向量一致）。例如，使用大多数 CAD 包中提供的放样曲面插补，可以轻松完成此类插补。在开始处设置的参数 $b \leqslant 1$ 可用于选择沿着种子肋的点数和要设计的肋数（$b$ 越小，点和肋数越多）。结果系统可以在图 4-34 和 4-35 中看到。图 4-36 显示了国有企业的特写。

（二）射线追踪分析结果

对该聚光器进行了光线追踪，以确定其角透射率、光学效率和辐照度分布使用商业软件包 TracePro 的集中器出口孔。关于光伏集中器的更多细节（包括实验结果）可以在中找到。图 4-37 显示了基于这种 XR 设计的 HCPV 阵列的实验原型。

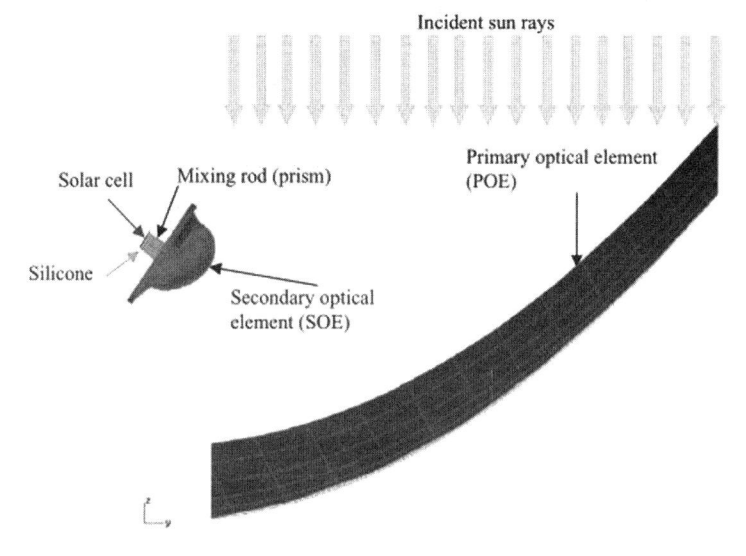

图 4-35 SMS3D XR 集中器（侧视图）

图 4-36 为 HCPV 应用而设计的 XR 的 SOE，显示了自由形状的透镜

评价集中器光学性能所需要的特性之一是集中器的角透射，定义为给定的平行光的入射光束作为通过入射在集中器孔径上的功率到达单元表面的功率（即光效率作为平行光束波动角度的函数）。对于这个计算，我们假设平行光束中的所有光线具有相同的辐射率。在杂散光社区，这类似于一个点源传输（PST）计算。太阳直接辐射可以模拟为一组平行光束（具有相同的辐射率），其方向指向太阳圆盘内部，公称角半径为 $0.26°$。

**图 4-37  基于图 4-34 的 XR 设计的 HCPV 阵列的实验原型**

从角透射曲线出发，推导出聚光器的两个重要评价参数：光学效率（$\eta_{opt}$）和接受角（$\alpha$）。集中器的光学效率是通常在波动角度为零（正入射）时角透射的最大值。请注意，入射电池的功率不一定是进入电池，因为它的涂层可能会反射一些辐射。因此，我们使用光效率的定义，即入射在单元上的功率除以平行光束到达入射孔径的功率。

接受角是角透射峰的方向与光效率降低到最大值 90% 的方向之间的角度。这是一个武断的定义，已经变得普遍。有些作者喜欢将验收角定义为最大值的 95%。显然，最后一个定义更具限制性，但它与正态分布的两个标准差是一致的。这些定义都不完全符合确定 CAP 应小于 $n$ 所需的定义。然而，它们接近这个定义，90% 的定义通常被用来评估浓缩器的 CAP。

角透射通常用一种归一化形式来表示，称为相对角透射，因为它被归一化为它的最大值，所以相对角透射的最大值必须是单位的。角传输（非相对）可以通过相对传输乘以得到角透射乘以光学效率。以下，所有的透射曲线将是相对角透射。

图 4-38 透射曲线分析用截面的定义

假设平行光束的所有光线具有相同的辐射强度，则任一平行光束的传输函数 T 为其到达单元表面的功率百分比。入射平行光束的方向可以用两个方向余弦 $(p,q)$ 表示，所以一般来说，T 是函数 $T(p,q)$。X 段的透射曲线是函数 $T(0,q)$，y 段的透射曲线是 $T(p,0)$。图 4-38 解释了这两个部分。实际上，我们不是表示 $T(0,q)$ 或 $T(p,0)$，而是表示 $T(\alpha)$，其中 $\alpha$ 是 $\arccos(p)$ 或 $\arccos(q)$，这取决于考虑的部分。

射线跟踪的输入信息是：镜面反射率：95%；介质部分：$n=1.52$（玻璃），用于折射和菲涅耳损耗；活性太阳能电池面积：$10×10mm^2$；混合棒孔径面积 $=9×9mm^2$。

混合棒的外侧边缘不能圆整搅拌棒孔径面积 $=9×9mm^2$。为了公差的目的，杆孔的大小和细胞活性区的大小之间有 $±0.5$ 毫米的差异；硅折射率：1.52；硅胶层厚度：$50\mu m$；直射光输入辐照度：$900W/m^2$，以及覆盖透射率：91%。

由此得到的两段传输曲线如图 4-39 所示。

图 4-39 标称位置的传动曲线

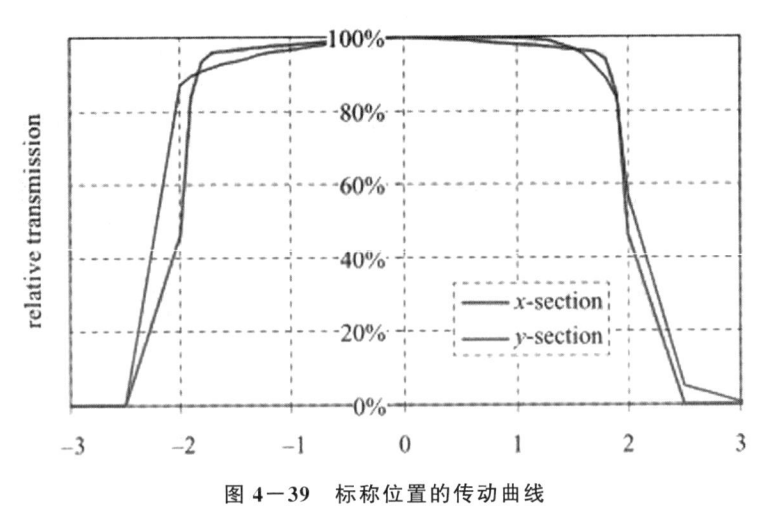

有时，计算相对角透射率时考虑了太阳的角尺寸，而不是使用相同的平行光束。这是一个直接的方式来显示在更现实的条件下集中器的角度性能。在这种情况下，得到的相对角透射率是太阳光盘与使用平行射线束。图 4-40 显示了考虑太阳大小（公称角半径 $0.26°$）计算的相对角透射率。

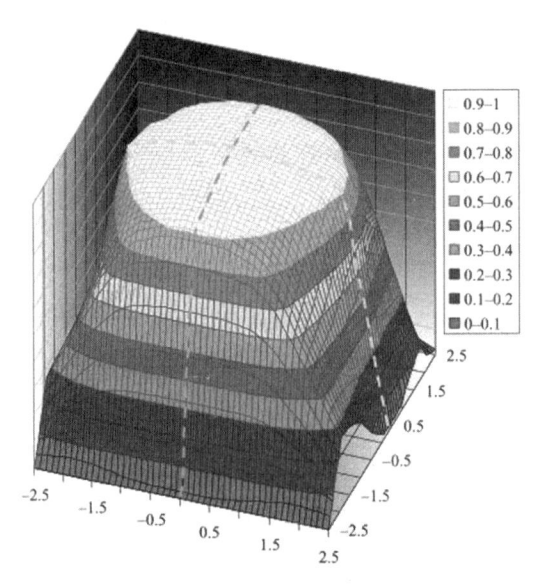

图 4-40 三维中的相对角透射率与入射平行光束的角度（度），
横截面（黄线和蓝线）是 $x$ 和 $y$ 截面

图 4-41 显示了当太阳处于正常入射状态并以 $900W/m^2$ 照射集中器孔径

时在电池表面产生的辐照度分布。峰值辐照度为 $883W/m^2$，表现出均匀化效果搅拌棒的一部分。当太阳辐射在 1.5°方向照射集中器时，电池上的峰值辐照度达到最大值（最坏情况）。这种情况下的辐照度分布如图 4－42 所示。

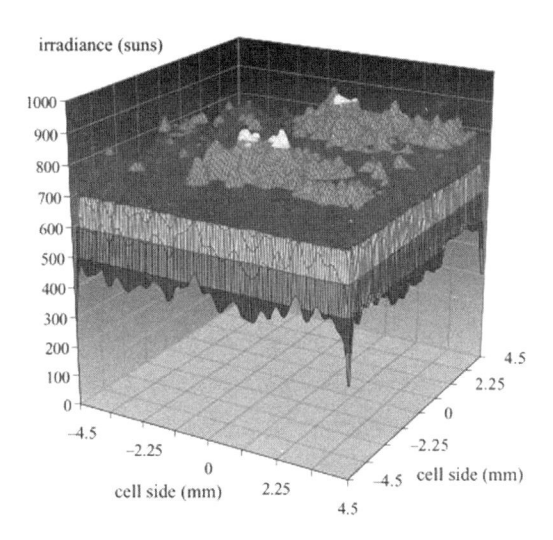

图 4－41 当浓缩器正常入射时，$DNI = 900W/m^2$ 时，电池上的辐照度分布
（在太阳中，$1\ sun = 1\ kW/m^2$）

正常入射时的有效率为 81.04%。它们的图形表示如图 4－43 和 4－49 所示。

XR SMS 3D 集中器的特性可概括为：浓度比 $C_g = 997.97x$（$C_g = A_{entry\ apeerture}/A_{exit\ aperture}$）；光学效率 $\eta_{opt}$ 包括菲涅耳损耗，透射率和镜面反射率）：81.04%；接受角（取自图 4－39 的透射曲线）x 剖面 ±1.75° 和 y 剖面 ±1.77°；以及电池 883x 的峰值照度（为了无跟踪错误）。

在本节中，我们回顾了几个 SMS 3D 示例。还可以显示许多其他示例。例如，图 4－45 显示了一个自由的 RXI 短信三维方法设计。RXI 是一个单片光学装置，它可以将光线准直（或集中）到非常靠近热力学极限的地方，并且以一种紧凑的方式。它的设计比这里展示的更加复杂，因为其中一个光学表面（图 4－45 的上面一个）被光线使用了两次：一次用作 TIR 反射器，另一次用作折射器。

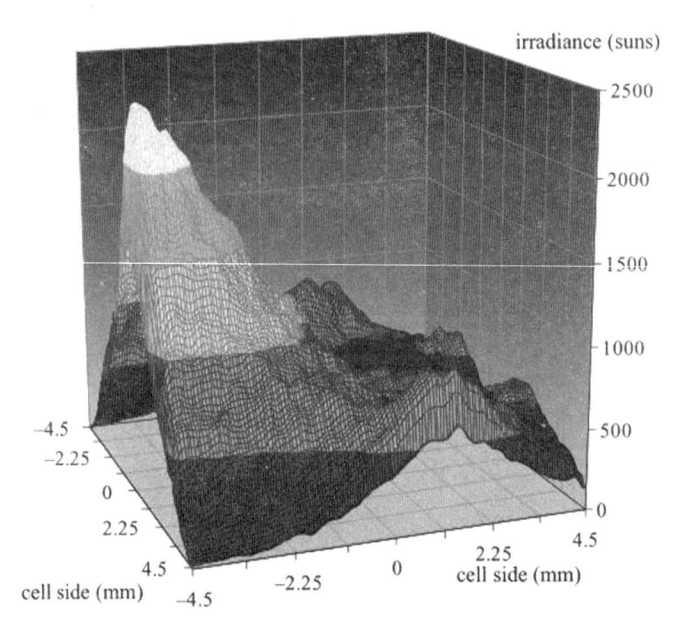

图 4-42 当浓缩器在离轴 +1.5°y 方向（最坏情况）以 $DNI = 900\ W/m^2$ 照射时，在细胞上的辐照度分布（在太阳中，$1\ sun = 1\ kW/m^2$）

细胞的最大辐照度是 2304 个太阳。

图 4-46 显示了另一个 RXI，它不仅是一个准直器，而且还是一个科勒积分器。这是一个比图 4-45 更复杂的设计。尽管如此，他们还是分享了 SMS 3D 方法的基本思想，这种方法适用于两个光学表面的器件：可以将两个控制两个波阵面和部分控制第三个波阵面的自由曲面设计在一起。这提供了一种独特的设计光学系统的技术，具有高通用性和能力控制光的程度无法与任何其他设计方法。

图 4−43　损失的分布

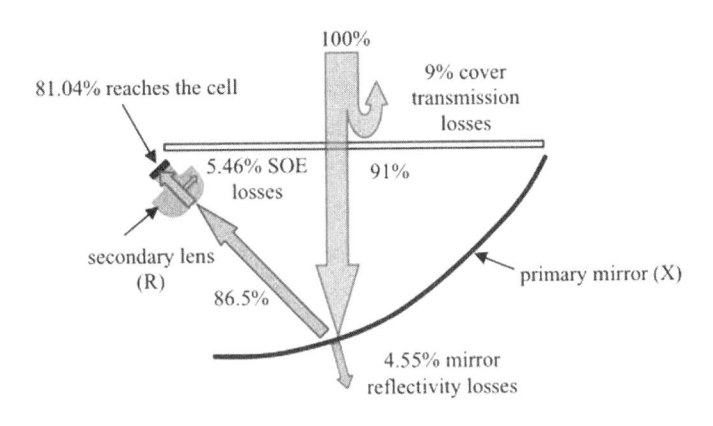

图 4−44　系统内损失的分布情况

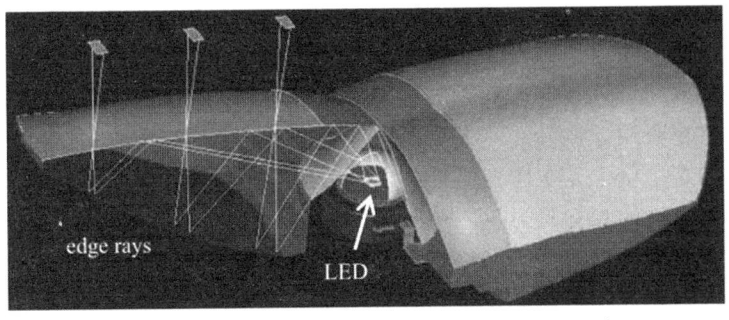

图 4−45　显示 LED 芯片和一些边缘射线的自由形式 RXI

同时多表面（SMS）3D 方法控制从 LED 芯片角发出的光束。

**图 4—46** **用于照明的 Freeform Köhler 积分器 RXI 的实际执行，光源 LED 没有显示**

　　SMS 三维方法除了具有理论意义外，还具有很好的实用价值。这里展示的例子证明了这个断言。这种方法在成像设备中也有应用，尽管它在这个领域的潜力到目前为止还很少被探索。对于两个旋转表面和超高数值孔径的 SMS 二维方法的成像应用比传统的双表面亚平面设计具有更好的成像性能。事实上，平面设计可以看作是短信 2D 设计的一个特例。这种特殊情况出现时，两对束耦合的光学系统收敛到一个单一的（轴上）对。平面设计与特定 SMS 2D 案例的等效性在 SMS 2D 方法开发的早期阶段被认识，并且自那时以来一直被普遍使用。

　　SMS 二维方法已成功地应用于超紧凑、广角光学系统的设计。例如，增加 4∶3 投影仪的紧凑度和照明角度（与传统系统相比），屏幕为 60，在设计 16∶9 外部投影仪时，屏幕为 80，其中投影距离大大减少，从几米（在传统系统中）到 34 厘米。由于短消息三维方法在设计过程中引入了更多的自由度，因此可以预期它将是短消息二维方法的一个改进。进展有两个方面：①增加旋转对称表面的数量，以满足更多的设计约束（如消色差条件），用于高质量的超小型广角成像设计；②无旋转对称设计。后一种应用程序在图像远未达到旋转对称时会很有用，例如 16∶9 高清电视应用程序。

　　其中的一个例子是 XR 光伏集中器的 SMS 三维设计，它可以总结该方法的能力。本设计的目标是通过一个紧凑的结构，便于热和机械的高浓度，高效率和高接受角管理层。系统必须是自由形状的原因是为了避免在旋转对称 XR 中出现的入口孔径上散热器系统的阴影。

　　该系统中的 XR 集中器因其优异的长宽比（与传统系统的 1—1.5 相比，

大约为 0.6) 以及在热力学极限附近的性能而被选中。对于 1000× 的几何浓度，模拟结果表明，接受角为 ±1.8°，放宽了所有光学和机械零件的制造公差，特别是浓缩器本身。如此大的接受角度是具有成本竞争力的光伏发电机的关键。光学效率（考虑到菲涅耳损耗，吸收损耗和镜面反射率，通过到达集中器入口孔径的平行光束的功率在单元表面上的功率）为 81% (其中包括 91% 的透射损耗)。这些特点使这种设计成为集中光伏发电的一个极好的选择。

# 第五章　非成像光学的设计应用

## 第一节　照明光学系统的设计基础

非成像光学的典型例子是常见的照明光学系统和太阳能获取系统。照明光学系统在显微镜照明、医用内窥镜照明、激光探测照明、光刻机照明、汽车前照灯等领域中有广泛的应用。同时，近年来，人类在太阳能获取方面进行了大量的研究，在太阳能电池、太阳光泵浦的激光器等方面取得了一些进展，这同样也是非成像光学研究的重点。

### 一、辐射度学和光度学基本概念

非成像光学所涉及的主要是能量的接收和能量的均匀性问题，因此必须对辐射度学和光度学的基本概念有深入的了解。我们知道，物面发光体实际上是一个电磁波辐射源，光学系统可以看作是辐射能的传输系统。光学系统中传输辐射能的强弱，是光学系统除了光学特性和成像质量以外的另一个重要性能指标。研究电磁波辐射的测试、计量和计算的学科称为"辐射度学"；研究可见光的测试、计量和计算的学科称为"光度学"。我们首先讨论辐射度学和光度学基本概念。

（一）立体角

研究辐射度学和光度学需要利用一个工具——立体角。一个任意形状的封闭锥面所包含的空间称为立体角，用 $\Omega$ 表示，如图 5-1 所示。

假定以锥顶为球心，以 $r$ 为半径作一圆球，如果锥面在圆球上所截出的面积等于 $r^2$，则该立体角为一个"球面度"（sr）。整个球面的面积为 $4\pi r^2$，因此对于整个空间有

$$\Omega = \frac{4\pi r^2}{r^2} = 4\pi \tag{5-1}$$

即整个空间等于 $4\pi$ 球面度。

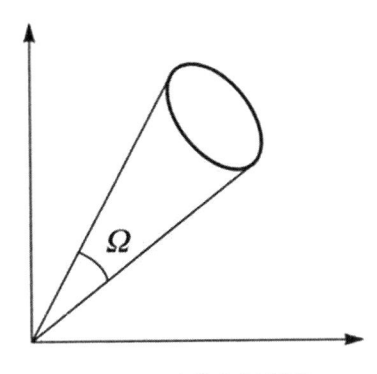

图 5-1 立体角示意图

(二) 辐射通量认识

一个辐射体辐射的强弱,可以用单位时间内该辐射体所辐射的总能量表示,称为"辐射通量",用符号 $\Phi_e$ 表示,辐射通量的计量单位为功率的单位瓦特。实际上,辐射通量就是辐射体的辐射功率。

(三) 辐射强度

辐射通量只表示辐射体以辐射形式发射、传播或接收的功率大小,而不能表示辐射体在不同方向上的辐射特性。为了表示辐射体在不同方向上的辐射特性,在给定方向上取立体角 $d\Omega$,假设在 $d\Omega$ 范围内的辐射通量为 $d\Phi_e$,如图 5-2 所示。$d\Phi_e$ 与 $d\Omega$ 之比称为辐射体在该方向上的"辐射强度",用符号 $I_e$ 代表。

$$I_e = \frac{d\Phi_e}{d\Omega} \tag{5-2}$$

辐射强度的单位为瓦每球面度(W/sr)。

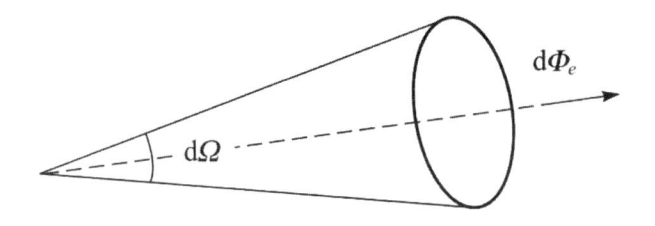

图 5-2 辐射强度示意图

(四) 辐(射) 出射度、辐(射) 照度

辐射强度表示辐射体在不同方向上的辐射特性,但不能表示辐射体表面不同位置的辐射特性。为了表示辐射体表面上任意一点 $A$ 处的辐射强弱,在 $A$ 点周围取微小的面积 $dS$,不管其辐射方向,也不管在多大立体角内辐射,假

定 $dS$ 微面辐射出的辐射通量为 $d\Phi_e$，如图 5-3（a）所示，则 $A$ 点的辐（射）出射度为

$$M_e = \frac{d\Phi_e}{dS} \tag{5-3}$$

$d\Phi_e$ 与 $dS$ 之比称为"辐（射）出射度"，单位为瓦每平方米（$W/m^2$）。

（a）

（b）

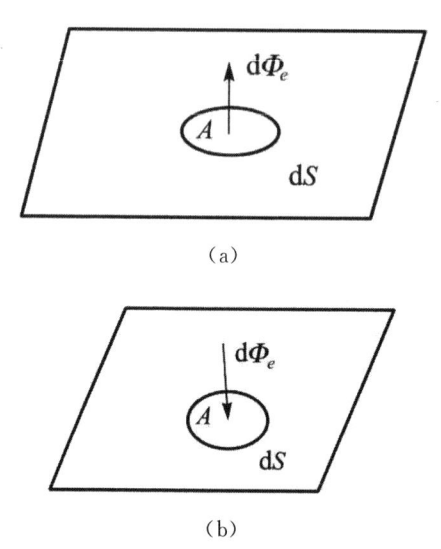

**图 5-3 辐出射度和辐照度示意图**

如果某一表面被其他辐射体照射，如图 5-3（b）所示。为了表示 $A$ 点被照射的强弱，在 $A$ 点周围取微小面积 $dS$，假定它接受辐射通量为 $d\varphi_e$，把微面 $dS$ 接受的 $d\Phi_e$ 与 $dS$ 之比称为"辐（射）照度"，用符号 $E_e$ 表示，即

$$E_e = \frac{d\Phi_e}{dS} \tag{5-4}$$

辐（射）照度与辐（射）出射度的单位一样，也是瓦每平方米（$W/m^2$）。

（五）辐（射）亮度

辐（射）出射度只表示辐射表面不同位置的辐射特性，而不考虑辐射方向，为了表示辐射体表面不同位置和不同方向上的辐射特性，引入辐（射）亮度的概念，如图 5-4 所示，在辐射体表面 A 点周围取微面 $dS$，在 $AO$ 方向上取微小立体角 $d\Omega$，$dS$ 在 $AO$ 垂直方向上的投影面积为 $dS_e$，$dS_e = dS \cdot \cos\alpha$。假定在 $AO$ 方向上的辐射强度为 $I_e$，$I_e$ 与 $dS_e$ 之比称为"辐（射）亮度"，用符号 $L_e$ 表示

$$L_e = \frac{I_e}{dS_e} \tag{5-5}$$

辐（射）亮度等于辐射体表面上某点周围的微面在给定方向上的辐射强度

除以该微面在垂直于给定方向上的投影面积,它代表了辐射体不同位置和不同方向上的辐射特性。单位为瓦每球面度平方米 W/(sr·m²)。

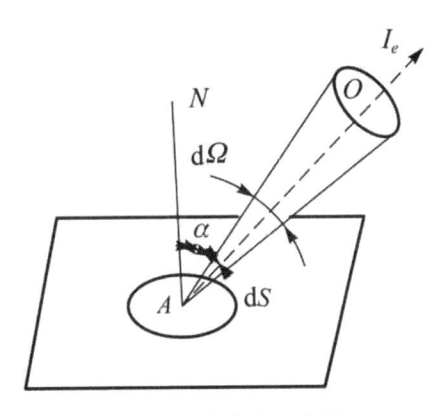

图 5-4 辐亮度示意图

(六) 人眼的视见函数

当人眼从某一方向观察一个辐射体时,人眼视觉的强弱,不仅取决于辐射体在该方向上的辐射强度,同时还和辐射的波长有关。人眼只能对波长在 400~760 nm 可见光范围内的电磁波辐射产生视觉。即使在可见光范围内,人眼对不同波长光的视觉敏感度也是不一样的,对黄绿光最敏感,对红光和紫光较差,对可见光以外的红外线和紫外线则全无视觉反应。为了表示人眼对不同波长辐射的敏感度差别,定义了一个函数 V(λ),称为"视见函数"("光谱光视效率")。国际光照委员会(CIE)在大量测定基础上,规定了视见函数的国际标准。图 5-5 为相应的视见函数曲线。

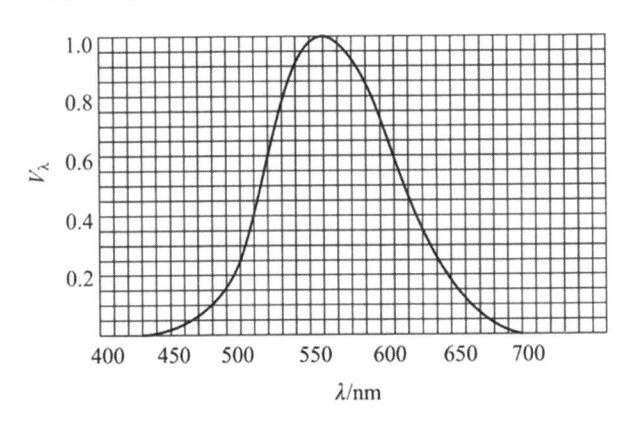

图 5-5 视见函数曲线

### （七）发光强度和光通量

假设某辐射体辐射波长为 $\lambda$ 的单色光，在人眼观察方向上的辐射强度为 $I_e$，人眼瞳孔对它所张的立体角为 $d\Omega$，则人眼接收到的辐射通量为

$$d\Phi_e = I_e d\Omega$$

根据视见函数的意义，人眼产生的视觉强度应与辐射通量 $d\Phi_e$ 和视见函数 $V(\lambda)$ 成正比，因此我们用

$$d\Phi = C \cdot V(\lambda) \cdot d\Phi_e \tag{5-6}$$

表示该辐射产生的视觉强度。$d\Phi$ 就是按人眼视觉强度来度量的辐射通量，称为"光通量"。公式右边的常数 C 为单位换算常数。人眼所接收的光通量 $d\Phi$ 与辐射体对瞳孔所张立体角 $d\Omega$ 之比用 $I$ 代表，称为"发光强度"。发光强度表示在指定方向上光源发光的强弱。

$$I = \frac{d\Phi}{d\Omega}$$

同时可以得

$$I = C \cdot V(\lambda) \cdot \frac{d\Phi_e}{d\Omega} = C \cdot V(\lambda) \cdot I_e \tag{5-7}$$

发光强度的单位为坎（德拉）（cd）。如果发光体发出的电磁波频率为 $540 \times 10^{12}$ Hz 的单色辐射（波长 $\lambda = 555$ nm），且在此方向上的辐射强度为 (1/683) W/sr，则发光体在该方向上的发光强度为 1cd（坎德拉）。坎（德拉）是光度学中最基本的单位，也是七个国际基本计量单位之一。光通量 $d\Phi$ 的单位为流明（lm）。如果发光体在某方向上的发光强度为 1cd，则该发光体辐射在单位立体角内的光通量为 1 lm。$\Phi$ 和 $\Phi_e$ 之比 $K$，表示发光体的发光特性，$K$ 称为发光体的"光视效能"，$K$ 的单位为流明每瓦（lm/W），表示辐射体消耗 1W 功率所发出的流明数。

### （八）光出射度和光照度

对于具有一定面积的发光体，表面上不同位置发光的强弱可能是不一致的。为了表示任意一点 $A$ 处的发光强弱，在 $A$ 点周围取微小面积 $dS$，假定它发出的光通量为 $d\Phi$（不管它的辐射方向和辐射范围立体角的大小），如图 5-6 (a) 所示，$A$ 点的光出射度表示为

$$M = \frac{d\Phi}{dS} \tag{5-8}$$

公式所表示的光出射度，就是发光表面单位面积内所发出的光通量，与辐射度学中的辐（射）出射度相对应。反之，某一表面被发光体照明，为了表示被照明表面 $A$ 点处的照明强弱，在 $A$ 点周围取微小面积 $dS$，它接收了 $d\Phi$ 光通量，如图 5-6 (b) 所示，则 $d\Phi$ 与 $dS$ 之比称作 A 点处的"光照度"，用下

式表示

$$E = \frac{\mathrm{d}\Phi}{\mathrm{d}S} \tag{5-9}$$

(a)

(b)

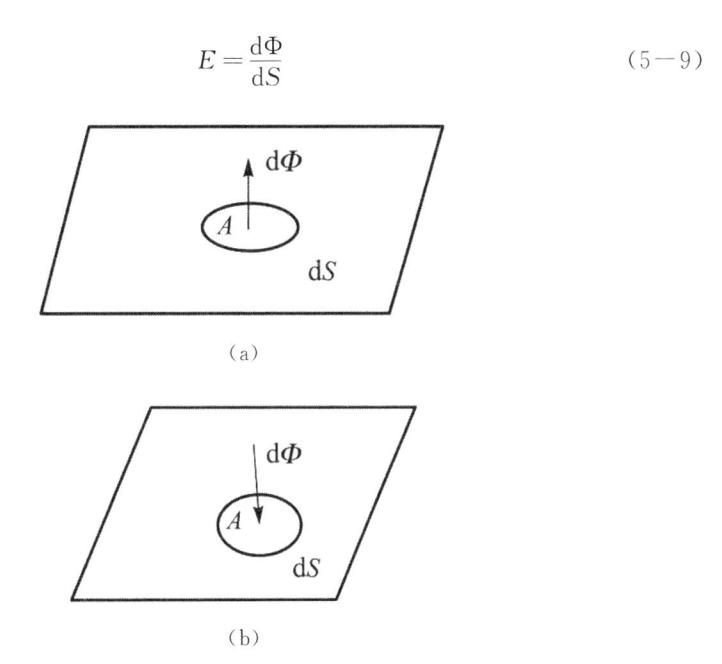

**图 5-6　光出射度和光照度示意图**

光照度表示被照明的表面单位面积上所接收的光通量。与辐射度学中的辐（射）照度相对应。显然，光出射度和光照度具有相同的单位，不过是一个用于发光体，而另一个用于被照明体。它们的单位是勒克斯（lx）。1lx 等于 1 m² 面积上发出或接收 1 lm 的光通量。即 1lx=1lm/m²。

（九）光亮度

光亮度表示发光表面不同位置和不同方向的发光特性。假定在发光面上 A 点周围取一个微小面积 $\mathrm{d}S$，如图 5-7 所示。某一方向 AO 的发光强度为 $I$，且 $\mathrm{d}S$ 在垂直于 AO 方向上的投影面积为 $\mathrm{d}S_n$，则光亮度用下式表示

$$L = \frac{I}{\mathrm{d}S_n} = \frac{I}{\mathrm{d}S \cdot \cos\alpha}$$

光亮度的单位为坎（德拉）每平方米（cd/m²）。同时可以得到

$$L = \frac{I}{\mathrm{d}S_n} = \frac{\mathrm{d}\Phi}{\mathrm{d}S \cdot \cos\alpha \cdot \mathrm{d}\Omega} \tag{5-10}$$

由此公式可知，光亮度表示发光面上单位投影面积在单位立体角内所发出的光通量。

（十）光照度公式和发光强度的余弦定律

假定点光源 A 照明一个微小的平面 dS，如图 5-8 所示。dS 离开光源的

距离为 $l$，其表面法线方向 $ON$ 和照明方向成夹角 $\alpha$，假定光源在 $AO$ 方向上的发光强度为 $I$，则光源射入微小面积 $dS$ 内的光通量为 $d\Phi = Id\Omega$，则有

$$E = \frac{d\Phi}{dS} = \frac{I\cos\alpha}{l^2} \tag{5-11}$$

上式就是光照度公式。从上式看出，被照明物体表面的光照度和光源在照明方向上的发光强度 $I$ 及被照明表面的倾斜角 $\alpha$ 的余弦成正比，而与距离的平方成反比。

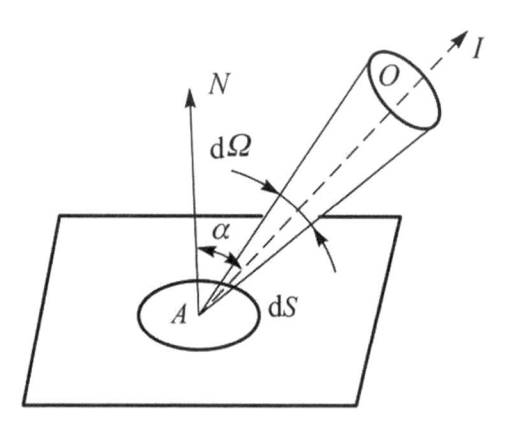

图 5-7 光亮度示意图

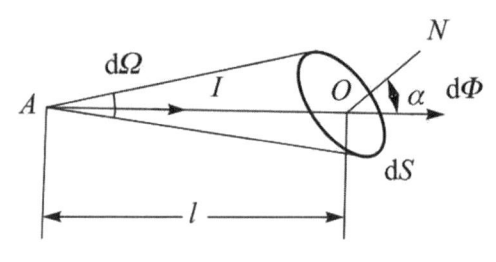

图 5-8 光照度公式示意图

大多数均匀发光的物体，不论其表面形状如何，在各个方向上的光亮度都近似一致。例如，太阳虽然是一个圆球，但我们看到在整个表面上中心和边缘都一样亮，和看到一个均匀发光的圆形平面相同，这说明太阳表面各方向的光亮度是一样的。假定发光微面 $dS$ 在与该微面垂直方向上的发光强度为 $I_0$，如图 5-9 所示。设发光体在各方向上的光亮度一致，有

$$I = I_0 \cos\alpha \tag{5-12}$$

上式就是发光强度余弦定律，又称"朗伯定律"。该定律可用图 5-10 表示。符合余弦定律的发光体称为"余弦辐射体"或"朗伯辐射体"。

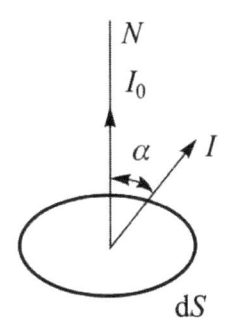

**图 5-9 发光照度余弦定律示意图**

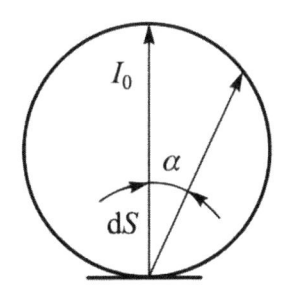

**图 5-10 发光照度余弦分布示意图**

假定发光面的光亮度为 $L$，面积为 $\mathrm{d}S$，如图 5-11 所示。在半顶角为 $u$ 的圆锥内所辐射的总光通量为

$$\Phi = \pi L \mathrm{d}S \sin^2 u \tag{5-13}$$

如果发光面为单面发光，则发光物体发出的总光通量 $\Phi$，相当于以上公式中 $u = 90°$，则得 $\Phi = \pi L \mathrm{d}S$，如发光面为两面发光，则 $\Phi = 2\pi L \mathrm{d}S$。

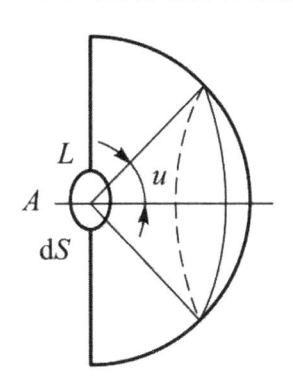

**图 5-11 发光微面光通量示意图**

### (十一) 全扩散表面的光亮度

大多数物体本身并不发光，而是被其他发光体照明以后，光线在物体表面进行漫反射。如果被照明物体的表面在各方向上的光亮度是相同的，则称这样的表面为全扩散表面。全扩散表面具有余弦辐射特性。假定一个全扩散表面 dS，它的光照度为 $E$，假定该全扩散表面的漫反射系数为 $\rho$，则

$$L = \frac{1}{\pi}\rho E \tag{5-14}$$

### (十二) 光学系统中光束的光亮度

光学系统中光束光亮度变化的规律为

$$\frac{L_1}{n_1^2} = \frac{L_2}{n_2^2} = \cdots = \frac{L_k}{n_k^2} = L_0 \tag{5-15}$$

如果不考虑光束在传播中的光能损失，则位于同一条光线上的所有各点，在该光线传播方向上的折合光亮度不变。在均匀透明介质中，如果不考虑光能损失，则位于同一条光线上的各点，在光线进行的方向上光亮度不变。在实际光学系统中，必须考虑光能损失，则

$$L' = \tau L \left(\frac{n'}{n}\right)^2 \tag{5-16}$$

式中，$\tau$ 称为光学系统的透过率。显然 $\tau$ 永远小于 1。因此，当系统物像空间介质相同时，像的光亮度永远小于物的光亮度。

### (十三) 像平面的光照度

如图 5-12 所示，假定物平面上轴上物点 A 的光亮度为 L，且各方向上光亮度相同，光轴周围像平面的光照度公式为

$$E'_0 = \tau \pi L \left(\frac{n'}{n}\right)^2 \sin^2 u'_{\max} \tag{5-17}$$

在物空间和像空间折射率相等的情况下，将 $n' = n$ 代入上式得

$$E'_0 = \tau \pi L \sin^2 u'_{\max}$$

上式为轴上像点的光照度公式，如果知道了轴上点和轴外点的光照度之间的关系，就可以求得轴外点的光照度。假定物平面的光亮度是均匀的，并且轴上点和轴外点对应的光束截面积相等，即不存在斜光束渐晕，如图 5-13 所示。像平面上每一点对应的光束都充满了整个出瞳，光学系统的出瞳好像是一个发光面，照亮了像平面上的每一点。出瞳射向像平面上不同像点的光束，是由物平面上不同的对应点发出的。如果物平面的光亮度是均匀的，则出瞳射向不同方向的光束光亮度也是相同的。假定出瞳的直径和出瞳离开像平面的距离比较起来不大，即光束孔径角较小，则可以近似应用光照度公式表示像平面光照度，可得

$$\frac{E'}{E'_0} = K \cos^4 \omega' \tag{5-18}$$

上式说明，随着像方视场角 $\omega'$ 的增加，像平面光照度按 $cos\omega'$ 的四次方降低。当像方视场角 $\omega'$ 达到 $60°$ 时，边缘光照度不到视场中央的百分之十。这是设计 $100°\sim120°$ 特广角照相物镜时所遇到的主要困难之一。在实际光学系统中，往往存在斜光束渐晕现象。假定斜光束的通光面积和轴向光束的通光面积之比为 $K$，则在一般系统中，$K$ 均小于 1。因此像平面边缘光照度下降得更快。

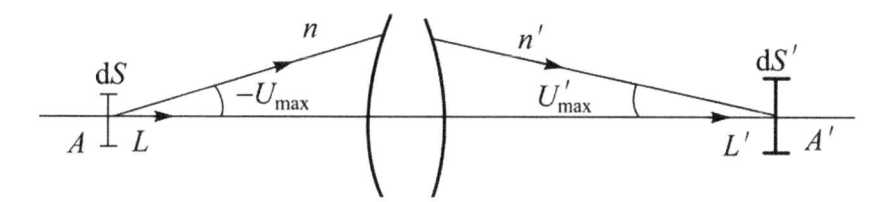

图 5-12 轴上像点光照度示意图

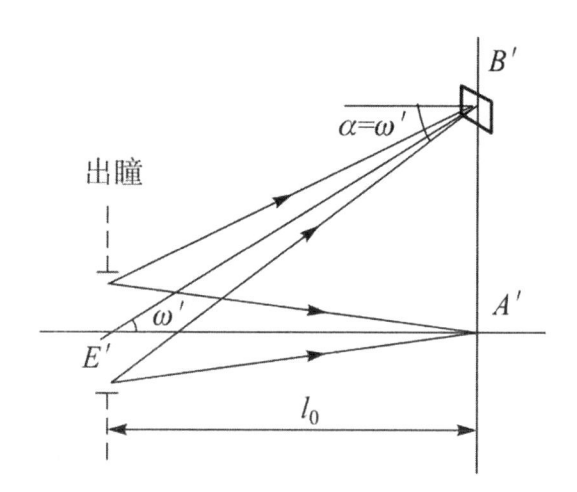

图 5-13 轴外像点光照度示意图

（十四）照相物镜像平面的光照度和光圈数

照相物镜的作用是把景物成像在感光底片上。由于景物距离和物镜焦距比较，一般都达到数十倍，因此，可以认为像平面近似位于物镜的像方焦面上，得

$$E'_0 = \frac{\pi}{4}\tau L \left(\frac{D}{f'}\right)^2 \qquad (5-19)$$

式中，$D/f'$ 称为物镜的相对孔径，用 A 表示，相对孔径的倒数就是 F 数，像平面光照度和相对孔径平方成比例。

## 二、照明光学系统基本组成

照明系统是非成像光学系统的典型例子，也是光学仪器系统的一个重要分支。一般来说，凡是研究对象为不发光物体的光学系统都要配备照明装置，如显微镜、投影系统、机器视觉系统、工业照明系统等。

照明系统通常包括光源、聚光镜及其他辅助透镜、反射镜。其中，光源的亮度、发光面积、均匀程度决定了聚光照明系统可以采用的形式。照明系统可采用的光源有卤钨灯、金属卤化物灯、高压汞灯、发光二极管（LED）、氙灯、电弧灯等。有些光源在其发光面内具有足够的亮度和均匀性，可以用于直接照明，但大多数情况下，光源后面需要加入由聚光镜等构成的照明光学系统来实现一定要求的光照分布，同时使光能量损失最小，这两方面是对不同照明系统进行设计时需要解决的共同问题。

对于照明光学系统的设计，可以借助于常规的光学设计软件。近年来，国际上也已经有了非常成熟的针对照明系统设计的商业软件，如 ASAP、LightTools、Tracepro 等。这些软件可以精确地定义各种实际光源的形状和发光特性，通过光线追迹，能计算出某个（或某几个）指定表面上的光照度、强度或亮度。软件优良的仿真特性也为照明系统的设计提供了良好的检验手段。

传统的成像光学旨在通过光学系统的作用，获得高质量的像，其目标专注于信息传递的真实性，高效性；而非成像光学中的照明光学系统，则其着眼点在于光能量传递的最大化，以及被照明面上的照度分布及大小。

与成像光学系统相比，照明光学系统具有以下特点。

①照明光学系统设计时必须考虑到光源的特性，如形状、发光面积、色温、光亮度分布等，而传统的成像光学设计中一般不需考虑物空间的光分布问题。

②照明光学系统结构形式的确定主要考虑满足不同光能大小和不同光能量分布的需要，一般情况下对像差要求并不严格，而成像系统的结构布局是从减小像差出发的。

③有些照明系统不构成物像共轭关系，无法采用传统成像系统的像质评价指标。普遍来说，对照明光学系统设计优劣的判断通常是光能量的利用率、光照度分布是否均匀等。

对照明系统的设计要求大致如下。

①充分利用光源发出的光能量，使被照明面具有足够的光照度。
②通过合理的结构形式实现被照明面的光照度均匀分布。
③照明系统的设计应考虑到与后续成像系统配合使用的问题。比如，在投

影系统中,为发挥投影物镜的作用,照明系统的出射光束应充满整个物镜口径;在显微系统中,应保证被照点处的数值孔径。

④尽量减少杂光并防止多次反射像的形成。

通常照明系统根据照明方式的不同可以分为两类:临界照明和柯勒照明。

第一类:临界照明。

临界照明是把光源通过聚光照明系统成像在照明物面上。结构原理图如图 5—14 所示。在这类系统中,后续成像物镜的孔径角由聚光镜的像方孔径角决定。为与不同数值孔径的物镜相配合,通常在聚光照明系统物方焦面附近设置可变光阑,以改变射入物镜的成像光束孔径角。

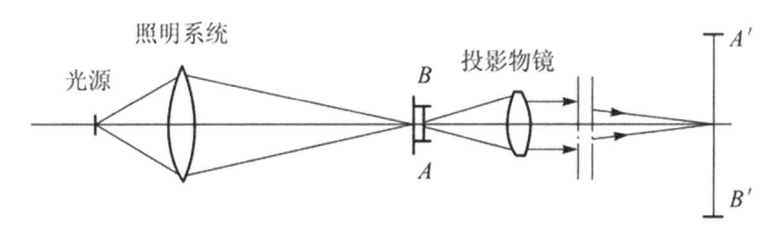

图 5—14 临界照明示意图

为保证尽可能多的光线进入后续成像系统,要求照明系统的像方孔径角 $U'$ 大于物镜的孔径角。同时,为了充分利用光源的光能量,也要求增大系统的物方孔径角 $U$。当 $U$ 和 $U'$ 确定以后,照明系统的倍率 $\beta$ 由下式得到

$$\beta = \frac{\sin U}{\sin U'} \tag{5—20}$$

又由于 $\beta = \frac{y'}{y}$,因此,根据投影平面的大小,利用放大率公式可以求出所需要的发光体尺寸,作为选定光源的根据。

临界照明的缺点在于当光源亮度不均匀或者呈现明显的灯丝结构时,将会反映在物面上,使物面照度不均匀,从而影响观察效果。为了达到比较均匀的照明,这种照明方式对发光体本身的均匀性要求较高,同时要求被照明物体表面和光源像之间有足够的离焦量。后续物镜的孔径角应该取大一些,如果物镜的孔径角过小,焦深会很大,容易反映出发光体本身的不均匀性。临界照明系统多用于投影物体面积比较小的情形,如电影放映机就是采用这种系统。这类系统中的照明器又有两种:一种是用反射镜,如图 5—15 所示。光源通常用电弧或短弧氙灯;另一种是用透镜组,光源通常用强光放映灯泡,如图 5—16 所示。为了充分利用光能量,一般在灯泡后放一球面反射镜。反射镜的球心和灯丝重合。灯丝经球面反射成像在原来的位置上。调整灯泡的位置,可以使灯丝像正好位于灯丝的间隙之间,如图 5—17 所示。这样可以提高发光体的平均光

亮度，并且易于达到均匀的照明。

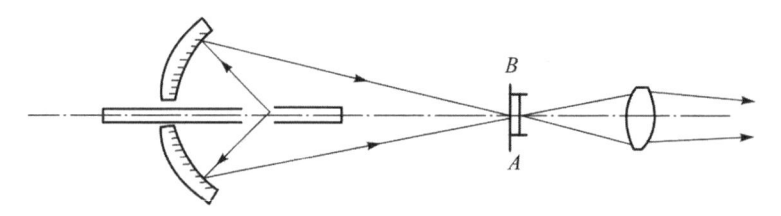

图 5－15　反射式临界照明

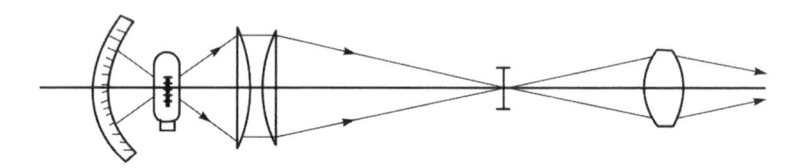

图 5－16　透射式临界照明

第二类：柯勒照明。

柯勒照明是把光源的像成在后续物镜的入瞳面上，如图 5－18 所示。这类系统中，聚光照明系统的口径由物平面的大小决定，为了缩小照明系统的口径，一般尽可能使照明系统和被照物平面靠近。物镜的视场角 $\omega$ 决定了照明系统的像方孔径角 $U'$，为了提高光源的能量利用率，也应尽量增大照明系统的物方孔径角 $U$。增大物方孔径角一方面使照明系统结构复杂化，另一方面在照明系统口径一定的情况下，光源和照明系统之间的距离缩短，因此这类系统要求使用体积更小的光源，反过来这两方面也限制了 $U$ 角的增大。

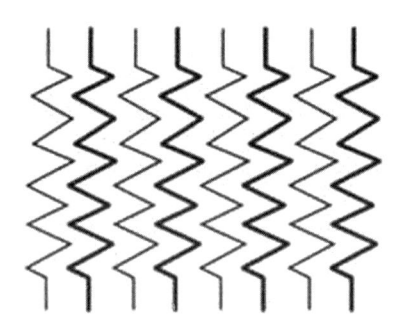

图 5－17　反射镜灯丝像示意图

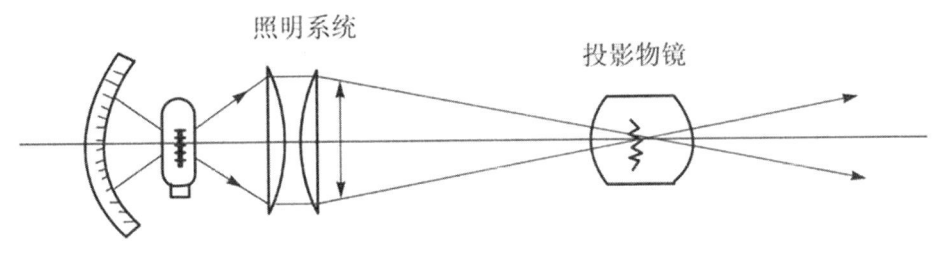

图 5-18 柯勒照明示意图

柯勒照明系统中，由于光源不是直接成像到被照明面上，因此，被照明面上可以得到较为平滑的照明。这样避免了临界照明中的不均匀性。若已知物镜光瞳直径，由式（5-20）可求照明系统的放大率，则可求出发光体的尺寸，作为光源选择的根据。在某些用于计量的投影仪中，为了避免调焦不准而引起的测量误差，和测量用显微镜物镜相似，投影物镜采用物方远心光路，如图5-19 所示。

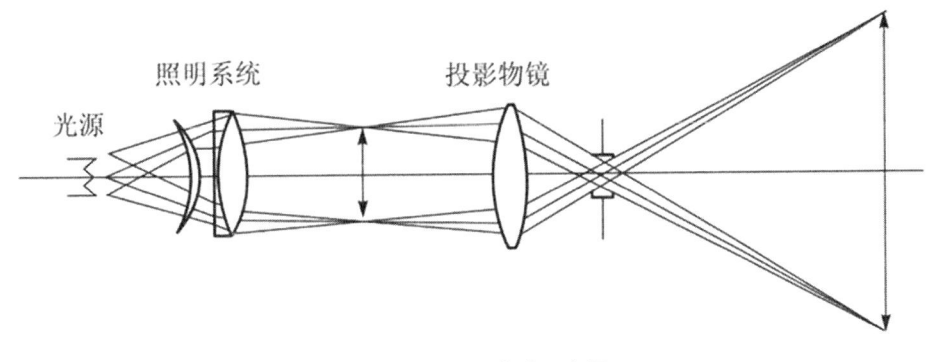

图 5-19 远心光路示意图

### 三、照明光学系统的设计

照明光学系统注重的是能量的分配而不是信息的传递，所关心的问题并不是像平面上的成像质量如何，而是被照明面上的照度分布和大小，从这个意义上来看，设计照明光学系统实质上就是根据照度大小、分布的要求去选择各种光学元件，并合理地采用各种结构形式。

在成像光学系统的设计中一般不大考虑物方空间的亮度，而照明光学系统则必须考虑光源（如灯丝）的形状和亮度分布，成像光学系统在像方一般是成一个平面像，而照明光学系统需要照亮的往往是一个立体空间。

对于系统的评价方法，成像光学系统的物像空间有着相应的点与点对应的共轭关系，故可以在视场中心和边缘选取几个抽样点，追迹光线到相应的像点，用垂轴像差、点列图或光学传递函数对系统的成像质量进行评价；而照明光学系统没有物像共轭关系，照明区域中任意一点的照度都是由光源上许多点发出的光能通过照明系统分配后叠加形成的，因此无法完全套用成像系统的分析和方法。

成像系统虽然可以非常复杂，但绝大多数情况下可以把其中的各光学面作有序排列，所有光线均按此顺序逐一通过各面。而照明光学系统的形成却是多种多样，如汽车前照灯的配光镜，通常是由许多面形大小各不相同的柱面镜组合起来的，从灯丝发出的任意一条光线通过一个柱面镜，这些柱面镜就构成了一组非顺序光学面，对非顺序光学面的数学处理和光线追迹要复杂得多。

照明光学系统的光学特性主要有两个：一个是孔径角，一个是倍率。设计时应根据系统对光能量大小及光照度分布的要求，确定照明系统的孔径角及光源的放大率，进而选定照明系统的具体形式和结构，并进行适当的像差校正。

照明系统可采用透射和反射两种不同的形式进行聚光照明。以投影仪中的透射式照明系统为例，其设计的基本步骤如下。

（一）选定光源

构成照明系统的光学系统组成是可以多种多样的，而照明光源却是它们共有的部分。光源的种类很多，有热辐射光源（如白炽灯、卤钨灯）、气体放电光源（如低压汞灯、高压钠灯、金属卤化物灯、脉冲氙灯），还有冷光源和特种光源等；光源发光体的形状也是各种各样，它可以是点光源，也可以是扩展光源，可以是均匀的，也可以是非均匀的。光源的发光特性和形状都对被照明面上的光能分布有非常大的影响。

在设计一个照明光学系统时，首要任务就是要根据需求选择好光源。对光源的基本要求就是它能发射出足够的光通量。如果在规定的角度区域中的发光强度或在规定面积中的照度已经明确，那么，来自灯具的光通量就可以通过计算获得。而进入光学系统的光通量，考虑到灯具本身的光损失，必须将自灯具出射的光通量乘上一个系数。

光源的尺寸也是一个需要考虑的因素，因为这将影响到灯具的尺寸。当给定光通量输出的表面面积减小时，灯具的亮度将增高，有可能引起眩光。同时，在灯具中小光源放置的位置要比大光源严格得多，这时系统中的光学元件必须做得十分精密，这就对加工工艺提出了更高的要求。

光源的另外一个要求就是颜色，它必须与应用场合相匹配。在大部分情况下，颜色的要求并不很严格，但对于信号灯等特殊用途灯，通常对颜色有严格的限制。

## (二) 确定照明方式

设计者需要确定采用哪种照明方式,是临界照明还是柯勒照明。照明系统中的光学系统的设计必须以所选择的光源类型、照明方式以及照明的目的和要求为原则,要求能够充分利用光能,合理的运用光源的配光分布,而且结构上要与光源的种类配套,规格大小要与光源的功率配套。

## (三) 确定和设计光学系统

根据光源的发光特性(如光亮度)和像平面光照度要求,利用像平面光照度公式,求出所要求的光学系统的孔径,并进而确定系统的视场角或孔径角。按照照明系统像方孔径角与物镜相匹配的原则,确定照明系统像方孔径角 U'。根据光源尺寸以及它与照明系统之间允许的距离确定照明系统物方孔径角 U。由物像方孔径角计算照明系统的倍率并确定照明系统的基本形式。根据倍率和孔径角的要求进行像差校正,获得优化的结构。

与成像光学系统一样,照明系统中的光学系统也是由透镜、反射镜、平面镜等基本光学元件组成的,但以非球面非共轴为主,这是因为非球面非共轴光学系统在实现各种类型的光能分布时要比共轴球面系统更为便利。

与大多数成像光学系统不同,照明系统对视场边缘需要进行最佳像差校正。但是照明系统的消像差要求并不严格。考虑到光照的均匀性,只需适当减小球差。在要求比较高的情况下,还需考虑彗差和色差。

现代的照明系统中,更多地采用了非球面和反射式的聚光照明形式。采用非球面一方面可以简化系统的结构,另一方面能更好地校正像差,而反射面由于孔径角可以大于 90°,还能提高光能的利用率,获得高质量的照明。

## (四) 照明系统的照度计算

照明光学系统的照度分布计算是照明光学系统设计中的关键问题。有多种可取方案来计算照明光学系统的照度分布。方案的选择基本上依赖于照明光源,即光源是点光源还是扩展光源,是均匀的还是非均匀的。下面对几种方法作一下简单介绍。

### 1. 光束断面积法

这种方法适用于点光源照明的光学系统,即照明光源为一点或者与光学系统的尺寸相比很小。典型的点光源有发光二极管以及激光系统(在离束腰足够远时可以认为它是点光源)。

光束断面积法是以能量守恒定律为依据的。如图 5-20 所示,由光源发出的在某一微小锥形角内的光束投射到参考面上,假设其照射的面积为 $dA$,照度为 $E(x, y)$,当这一锥形角内的光束投射到另一表面时,设其照射面积为 $dA'$,照度为 $E'(x', y')$,就有下列公式

$$E(x,y)\mathrm{d}A = E'(x',y')\mathrm{d}A' \quad (5-21)$$

或者

$$E'(x',y') = E(x,y)\mathrm{d}A/\mathrm{d}A' \quad (5-22)$$

因为事先知道光源（如朗伯光源）在空间和角度上的性质，可以求出 $E(x,y)$，通过光线追迹，比值 $\mathrm{d}A/\mathrm{d}A'$ 也可以算出来，从而就可以计算出照度 $E'(x',y')$。

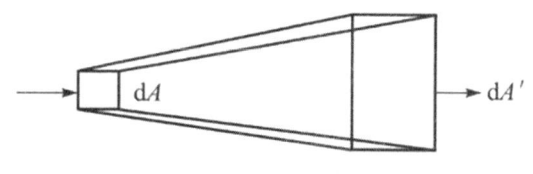

图 5—20　光束断面积法原理图

**2. 蒙特卡罗方法**

蒙特卡罗方法适用于点光源和扩展光源照明光学系统，但主要应用于扩展光源在空间或角度上有辐射变化的照明光学系统。它是通过追迹上万条光线来决定照度的，可以从光源到接收器或从接收器到光源来进行光线追迹。这种方法因需要追迹大量的光线，因此，计算所需时间相对比较长。蒙特卡罗方法还涉及抽样问题，即对光源在空间角度上进行抽样。另外，接收面是被分为矩形小方格进行考察的。光线被收集到矩形小方格内，给定照明点的照度值的准确度依赖于围绕此点的小方格所收集到的光线的数量。方格越小对照度的分布情况描述得越好，但想要获得同等的准确度，要求所追迹的光线相对多一些。

**3. 投射立体角法**

投射立体角法适用于扩展光源系统，它要求扩展光源在空间上均匀分布并且是朗伯形的。如是非均匀光源须通过将其分为相对比较均匀的小区域进行分析。运用投射立体角法计算结果准确、速度快。但运用投射立体角法每次只能计算出照明面上每一给定点（观察点）的照度值。其原理如图 5—21 所示。

假定把眼睛放在照明面的观察点上，通过光学系统观察光源，观察点的照度就由通过光学系统射入眼睛的光线数量来决定，射入眼睛的光束对眼睛所形成的张角（立体角）受限于光学系统的透镜口径和光源的尺寸大小。假设光源的亮度为 $L$，光束对人眼的立体角为 $\omega$，透镜的透过率为 $\tau$，则观察点处的照度就为：$E = c\tau L\omega$，其中，$c$ 为光线对观察点的倾斜因子，当立体角很小时，它等于倾斜角的余弦值；当立体角较大时，它等于每条光线倾斜角的余弦值的积分。

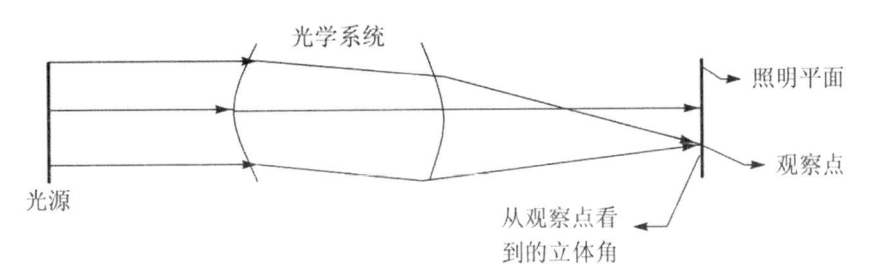

图 5－21  投射立体角法原理图

在观察点处人眼对所能看到光源部分所张的立体角与倾斜因子的乘积，我们称之为投射立体角，设符号为 $\Omega$。此时得到观察点处的照度：$E = \tau L \Omega$。

在进行软件编制时，可根据不同的照明光源系统选用相应的方法，建立对应的数学理论模型。

**四、均匀照明的实现**

在很多情况下，对照明系统的要求是满足一定大小的照度同时，使被照明面有均匀的光能分布。因此，如何实现均匀照明一直以来是人们研究的热点。影响光照度分布均匀性的主要原因有：光源本身的光亮度分布不均匀，照明系统结构形式及像差影响，光学系统反射、吸收、偏光的影响等。

实现均匀照明最简单的方法是在照明系统中加入磨砂玻璃或乳白玻璃，但这种方法只适用于对均匀性要求不高的系统。上面介绍到的柯勒照明是一种较为有效的均匀照明方式。聚光照明镜将光源成像到物镜的入瞳处，被照明物体经过物镜被投影到屏幕上或者进入人眼中。由于被照明面上的每一点均受到光源上的所有点发出的光线照射，光源上每一点发出的照明光束又都交会重叠到被照明面的同一视场范围内，所以整个被照明物体表面的光照度是比较均匀的。

采用柯勒照明的系统，其像平面边缘照度仍然服从 $\cos^4\omega$ 的下降规律。因此，在液晶投影仪等大视场、高光强，均匀性要求较高的现代光电仪器中，通常采用复眼透镜、光棒等匀光器件与柯勒照明系统相配合，以获得较高的光能利用率及较大面积的均匀照明。下面分别对这两种系统进行介绍。

（一）复眼透镜

复眼透镜是由一系列相同的小透镜拼合而成。小透镜的面形可为二次曲面或高次曲面，其形状可根据拼合需求进行加工。最常用的拼合方法有两种，如图 5－22 所示。图 5－22（a）是把小透镜加工成正六边形拼合而成，处于中心的小透镜称为中心透镜，其他小透镜围绕着中心小透镜一圈一圈地排列，每一圈的透镜个数为6n（n为圈的序号）。图5-22（b）是把小透镜加工成矩形拼合而成，排列成一个n×n的阵列，这种复眼透镜加工难度较前者小一些，但产生均匀照明的效果不如前者。

d 复眼透镜照明系统的照明原理是光源通过复眼透镜后，整个照明光束被分裂为N个通道（N为小透镜的总个数），每个微小透镜对光源独立成像，这样就形成了N个光源的像，我们称其为二次光源，二次光源继续通过后面的光学系统后，在照明平面上相互反转重叠，互相补偿，从而能够获得比较均匀的照度分布。具体原因如下。

①整个入射宽光束被分为了N个通道的细光束，显然每支细光束范围内的均匀性必然大大优于整个宽光束范围内的均匀性。

②整个光学系统具有旋转对称结构，每支细光束范围内的细微不均匀性，由于处于对称位置的二支细光束的相互叠加，使细光束的细微不均匀性又能获得进一步的相互补偿。因而叠加后物面照度的均匀性明显好于单个通道照明的均匀性。如图5-23所示。

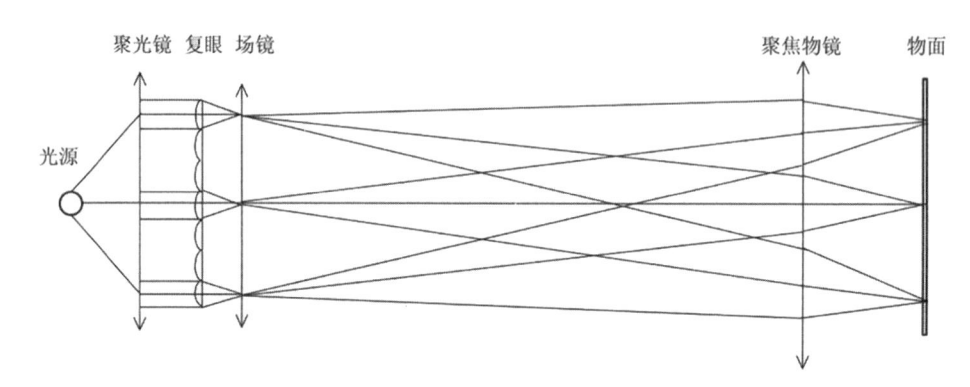

图5-23 复眼透镜照明光学系统

在实际的应用中，复眼透镜通常采用双排复眼的形式。每排复眼透镜由一系列小透镜组合而成。两排透镜之间的间隔等于第一排复眼透镜中的各个小单元透镜的焦距。与光轴平行的光束通过第一排透镜中的每个小透镜后聚焦在第二块透镜上，形成多个二次光源进行照明；通过第二排复眼透镜的每个小透镜和聚光镜又将第一排复眼透镜的对应小透镜重叠成像在照明面上。如图5-24示。

这是一个典型的柯勒系统。这一系统中，由于整个宽光束被分为多个细光束照明，而每个细光束的均匀性必然大于整个宽光束范围内的均匀性，且每个细光束范围内的微小不均匀性由于处于对称位置细光束的相互叠加，使细光束的微小不均匀性获得补偿，从而使整个孔径内的光能量得到有效均匀的利用。

复眼透镜的设计是一个较为复杂的过程，主要有以下设计参数。

①全尺寸。为充分利用光能，复眼透镜不能太小。复眼透镜的全尺寸主要由光源尺寸和照明系统孔径角决定。

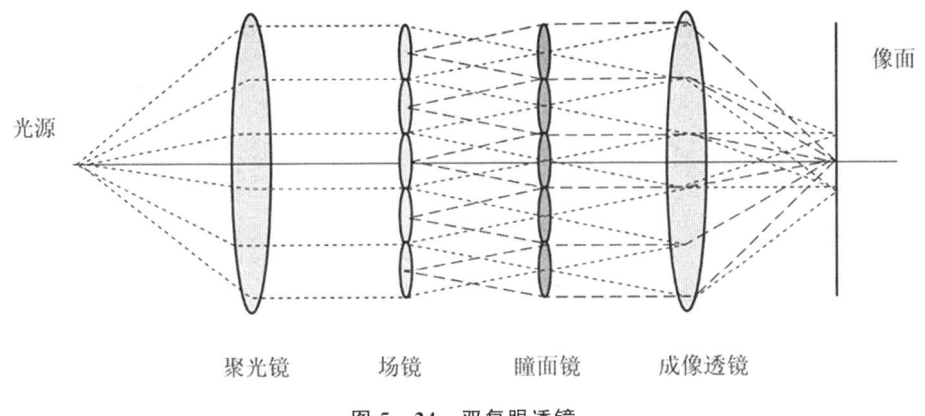

图 5-24 双复眼透镜

②小透镜的个数及排列。应根据光源的发光特性、照明均匀性指标及要求的光斑形状去确定小透镜的个数及排列。透镜个数太少会失去小透镜将宽光束分裂的作用，但个数太多会增加加工的难度和成本，同时，由于透镜像差的存在，对于均匀性的改善也是有限的。

③小透镜的相对孔径或焦距。由小透镜的口径及照明光束的孔径角决定。

除了上述介绍的复眼透镜，同样用于均匀照明的还有复眼反射镜。采用反射型复眼的优点在于可以减小系统体积，而且没有色差，因此在便携式光学仪器中具有广阔的应用前景。

（二）光棒照明

光棒照明是另一种有效的均匀照明器件。光棒可以是实心的玻璃棒，也可以是内镀高反射膜的反射镜组成的中空玻璃棒。前者利用全反射原理，反射效率较高，且加工方便；后者利用反射镜实现光在其内部的传输，效率较低，但由于没有玻璃材料的吸收，能量损失较小，并能允许较大角度的光线入射，可以在短长度内实现同样次数的反射，达到相同的均匀性。

如图 5-25 所示，带角度的光线射入光棒后，在光棒内部的反射次数随入射角度不同而变化，不同角度的光线充分混合，在光棒的输出面上的每个点都将得到不同角度光的照射，从而在光棒的输出端能够形成均匀分布的光场。光棒输出端每一点的光强为来自光源的不同角度光的积分，因此，光棒也被称为光积分器件。

图 5-25 光棒中的光线传播

光棒端面可以设计成各种不同形状。一般来说，矩形，三角形，六角形等形式的端面可以获得较好的均匀性，而圆形端面效果较差。在很多系统里还采用具有锥度的光棒，其作用可以改变出射光线的方向，以满足照明光束与后续系统数值孔径匹配的要求。

照明系统应用光棒实现均匀照明时，常采用椭球面反光碗加光棒的形式，如图 5-26 所示。光源位于旋转椭球面反射镜的内焦点上，光棒放在反射镜的第二焦点附近，光线进入光棒经多次反射，在末端形成均匀的照明。由于光学系统结构和光棒尺寸的限制，通常无法直接将光棒出射面放置在需照明表面上，因而在光棒后面需要引入中继的聚光镜，将光棒出射面成像在被照明物体表面。

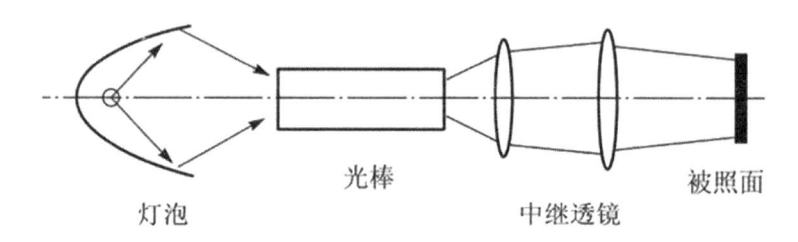

图 5-26 光棒照明光路

对于光棒的设计，主要考虑的参数有两个：一个是长度，一个是截面积。

长度的考虑应该基于系统对照明均匀性的要求。光棒长度越大，光线在其内部的反射次数越多，均匀性越好，因此为保证足够的反射，截面积较大的光棒长度也应该相应增加。但长度增加必然带来能量的衰减及系统尺寸的增大。权衡考虑，一般情况下，光棒的长度应满足光线在内部反射 3 次左右，即为较合理的设计。

截面积的大小需要从能量利用率出发。小尺寸的光棒，如果输出光束的孔径角小于后续光学系统的最大孔径角，出射的光能能全部被利用，此时适当增大截面积，能够增加进入光棒的能量，提高系统的光能利用率。但当光棒尺寸大到使出射光束孔径角大于后续系统能接收的孔径角后，如果继续加大尺寸，整个系统的能量利用率会下降。而且，如果后续光学系统只能在小于一定的数值孔径内有效工作，在进行光棒设计时也应充分考虑截面积大小与后续系统的匹配问题。

## 第二节 太阳光能量获取系统

近年来随着世界人口的迅速增长，自然资源极度耗竭，环境条件日益恶化，国际社会越来越重视新型能源的开发和利用。相对于其他的能源，太阳能资源丰富、清洁，分布广泛，取之不尽、用之不竭，是人类未来的主要能源之一。另外，航天技术的飞速发展使太空资源成为世界主要大国相互争夺的对象，其中太阳光泵浦激光器在航天器系统中有着重要的应用。与传统的激光器相比，太阳光泵浦激光器具有结构简单，体积重量小，能量转化环节少等优点，理论上可以达到最高转换效率。运用于空间卫星激光器上，能发挥太阳光泵浦激光器的优势，在卫星通信及外太空军事领域具有极大的发展潜力。

太阳能获取系统是利用非成像光学系统获得太阳光能量为人类服务的典型例子。太阳能获取系统简单来说就是利用一个光学系统将太阳光能会聚到太阳光伏电池接收面或太阳能泵浦接收面上，对于这类系统，追求的目标是尽可能多地会聚太阳光能，或在出射面上得到比较均匀的光能。

Ralf Leutz 和 Akie Suzuki 对太阳能获取的非成像系统进行了研究，给出了基本的定义。如图 5-27 所示，假设系统的入射口径面积为 $S_1$，出射口径面积 $S_2$，进入入射面的辐射通量（辐射能量）为 $\Phi_1$，出射面的辐射通量为 $\Phi_2$，则分别定义系统的几何光密度比 $C$ 和光学效率 $\eta$ 为

$$C = \frac{S_1}{S_2} \qquad (5-23)$$

$$\eta = \frac{\Phi_2}{\Phi_1} \qquad (5-24)$$

式中，$S_1$、$S_2$ 的单位为平方米（m²）；$\Phi_1$、$\Phi_2$ 的单位为瓦特（W）。系统的光密度比，也称为光学增益，定义为

$$\eta = \frac{(\Phi_2/S_2)}{(\Phi_1/S_1)} = \eta C \qquad (5-25)$$

如果会聚获取系统是一个理想的系统，即光学效率为1，则几何光密度比与光密度比相等，为 $\eta_C = C$。

如图 5-28 所示，系统所获取的能量由入射面的口径 $a$ 和接收半角 $\theta$ 决定，物空间的折射率假设为 $n$，入射和出射面之间的介质折射率为 $n'$，出射面

口径为 $a'$，则几何光密度比又可以导出为

$$C=\frac{a}{a'} \tag{5-26}$$

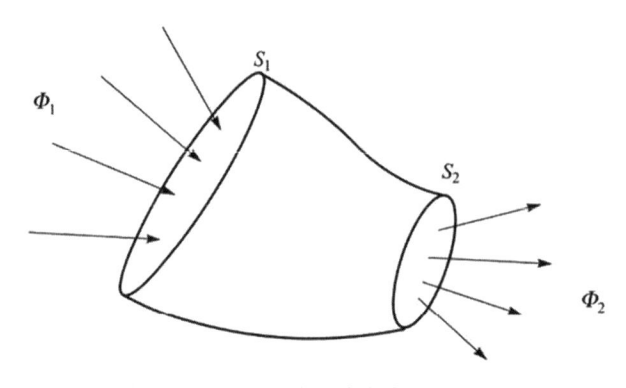

图 5-27 太阳能光密度比

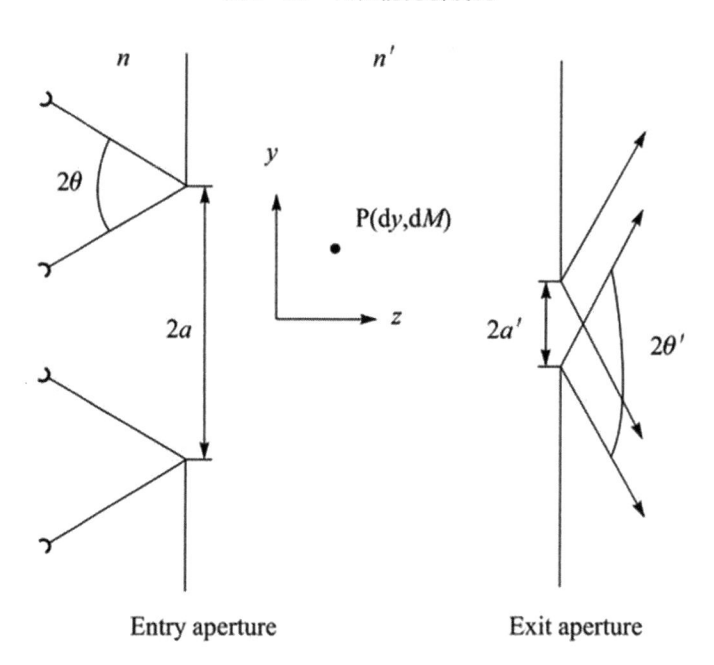

图 5-28 太阳能光密度示意图

假设以一条光线上某一点为 $P$ ($y$, $z$)，其方向余弦为 ($M$, $N$)，$P$ 沿着 $y$ 轴的移动量为 $dy$，另一个坐标移动量为 $dM$，则光学扩展量 (etendue)，又称为光学不变量，可以定义为

$$ndydM=n'dy'dM' \tag{5-27}$$

对式（5-27）在 $y$ 和 $M$ 方向上积分，可以得到
$$4na\sin\theta=4n'a'\sin\theta'$$
几何光密度比又可写为
$$C=\frac{a}{a'}=\frac{n'\sin\theta'}{n\sin\theta} \tag{5-28}$$
当 $\theta'$ 为极限值 $\pi/2$ 时，$C$ 取最大值，通常物空间为空气，$n=1$，因此
$$C_{max}=\frac{n'}{\sin\theta} \tag{5-29}$$
如果考虑空间三维会聚系统，则有
$$C_{3D,max}=\frac{n'}{\sin^2\theta} \tag{5-30}$$
如图 5-29 所示，到达地面的太阳光发散角约为 $\varepsilon=0.54°$（约 10mrad）。设入射的辐射能量为 $W$，透镜的平均功率通过率为 $\eta$，透镜的口径为 $D$，焦距为 $f$，焦面直径为 $d$，入射面和出射面面积为 $S_1$ 和 $S_2$，则光密度比为

$$c_1=\frac{W\eta/S_2}{W/S_1}=\frac{S_1\eta}{S_2}=\frac{\pi\frac{D^2}{4}\eta}{\pi d^2/4}=\frac{D^2\eta}{(f\varepsilon)^2}=\frac{1}{\varepsilon^2}\left(\frac{D}{f}\right)^2\eta \tag{5-31}$$

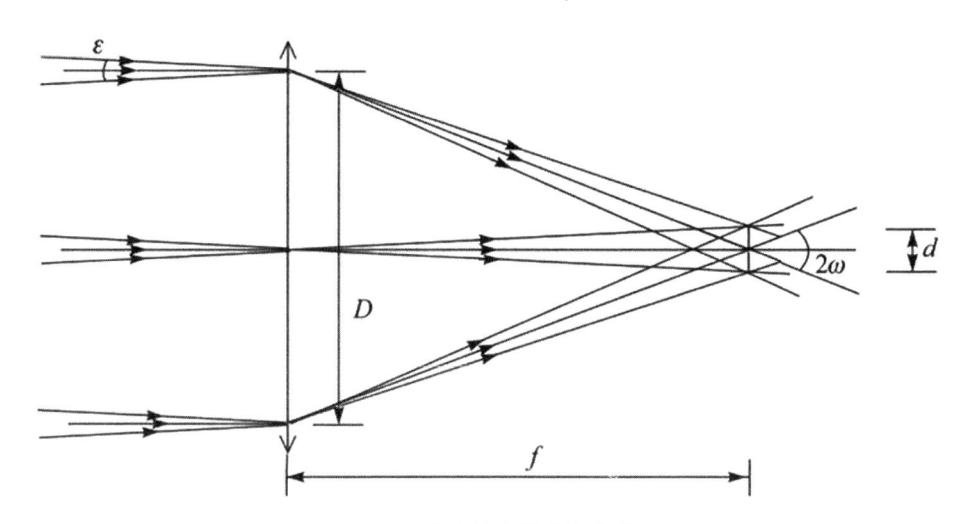

图 5-29　太阳聚光镜会聚光路图

大体上太阳能获取系统分为透射式和反射式两种基本形式。

## 一、透射式

透射式太阳能获取系统通常采用一个正透镜系统即可，但是希望有很大的相对孔径，同时希望球差不要过大，避免光能的不均匀性。我们知道传统的菲

涅尔透镜正好具备这些特性，因此，在太阳能获取的透射式系统中，基本上都是采用菲涅尔透镜。一般来说，在某些要求孔径角和口径都很大的照明系统，如果采用一般的球面或非球面的透镜，它们的体积和重量都很大，而且在球面系统中，系统的球差也将很大。为了减少系统的体积和重量，同时能较好地校正球差，采用菲涅尔透镜，即环带状的螺纹透镜。如图5－30所示。

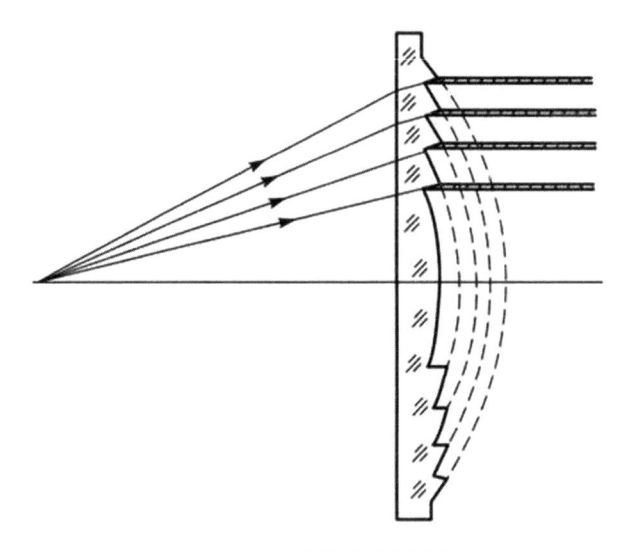

**图5－30 菲涅尔透镜示意图**

它的每一个环带实际上是一个透镜的边缘部分，利用改变不同环带的球面的半径，达到校正球差的目的。一般来说一个环带中只有某一个高度的光线球差为零，其他高度仍有球差，但它们的数量不会很大。由于菲涅尔透镜的表面形状比较复杂，一般直接利用玻璃压制制作，因此表面精度较差，同时存在暗区，一般不适用于第一类照明系统。

菲涅尔透镜的设计思想是将透镜分成若干个具有不同曲率的环带，使通过每一个环带透镜的光线近似会聚在同一像点上，既可校正球差，又可减小透镜的厚度和重量，这在大通光孔径的照明系统中是非常重要的。如图5－31所示。

下面讨论菲涅尔透镜的光线计算方法。如图5－32所示，$D$为菲涅尔透镜直径，$d$为基面厚度，$\varphi$为通光口径，菲涅尔透镜的玻璃折射率为$n$。

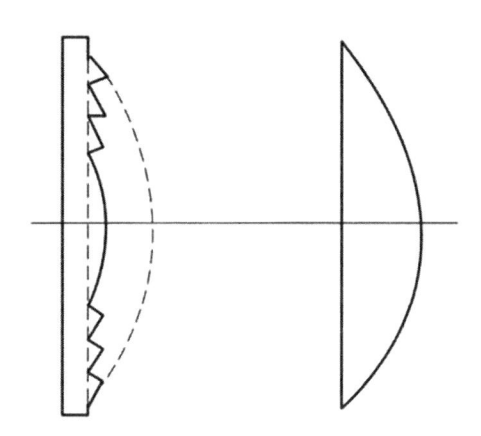

图 5-31 菲涅尔透镜减轻厚度和重量示意图

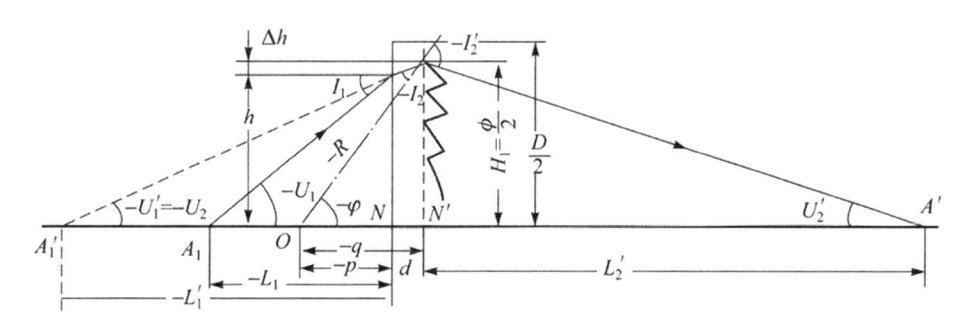

图 5-32 菲涅尔透镜光路图

设点光源在 $A_1$ 处，距离透镜第一个面为 $L_1$，要求经菲涅尔透镜后成像在 $A'$ 处，其像距为 $L'_2$。$L'_2$ 代表从基面（虚线表示）到像点 $A'$ 的距离，因透镜处于空气中，所以有

$$n_1 = n'_2 = 1$$

由图可见

$$\tan U_1 = \frac{h}{L_1}$$

其中，$L_1$ 是设计前给定的，$h$ 需要估计确定，确定第一环 $h$ 值的原则是保证（$D/2 \cdot H_1$）值有足够的尺寸，$H_1$ 是菲涅尔透镜第二面上最外面一环的半径。光线在第一面（平面）上，有

$$n_1 = n'_2 = 1$$

式中

$$I_1 = -U_1, \quad I'_1 = -U'_1 = -U_2$$

而

$$L'_1 = \frac{h}{\tan U'_1}$$

光线在第二面上的投射高 $H$，由下式确定

$$H = h + \Delta h = (d - L'_1) \tan(-U'_1)$$

即

$$H = (L'_1 - d) \cdot \tan U'_1$$

由 $H$ 即可求出光线通过系统后的像方会聚角 $U'_2$

$$\tan U'_2 = \frac{H}{L'_2}$$

式中，$L'_2$ 由使用要求给出。对第二个面应用折射定律，有

$$n_2 \sin I_2 = n'_2 \sin I'_2$$

因为

$$n_2 = n, \quad n'_2 = 1$$

所以

$$n \sin I_2 = \sin I'_2$$

由图有

$$I'_2 = I_2 + U_2 - U'_2$$

将上面关系式代入 $\sin I'_2$ 得

$$\sin I'_2 = \sin[I_2 + U_2 - U'_2] = \sin[i_2 - (U'_2 - U_2)]$$
$$\sin I_2 \cdot \cos(U'_2 - U_2) - \cos I_2 \cdot \sin(U'_2 - U_2)$$

因为 $n \sin I_2 = \sin I'_2$，有

$$n \sin I_2 = \sin I_2 \cdot \cos(U'_2 - U_2) - \cos I'_2 \cdot \sin(U'_2 - U_2)$$

化简得

$$\tan I_2 = \frac{-\sin(U'_2 - U_2)}{n - \cos(U'_2 - U_2)}$$

圆心角 $\varphi$ 为

$$\varphi = U_2 + I_2$$

因此，环状透镜表面得曲率半径为

$$R = \frac{H}{\sin \varphi}$$

曲率中心 $O$ 的位置，由下面两式确定，$q$ 和 $p$ 的度量分别以 $N'$ 和 $N$ 为起始点

$$q = \frac{H}{\tan \varphi}$$

$$p = q + d$$

菲涅尔透镜可以有两种基本形式，如图 5-33 所示。图中（a）为在平凸透镜的球面上加工成环带棱镜，（b）为在平凸透镜的平面上加工成环带棱镜。现在，菲涅尔透镜通常是由聚乙烯或聚烯烃等材料热压注塑而成的薄片，也有少数采用玻璃制作。

（a）

（b）

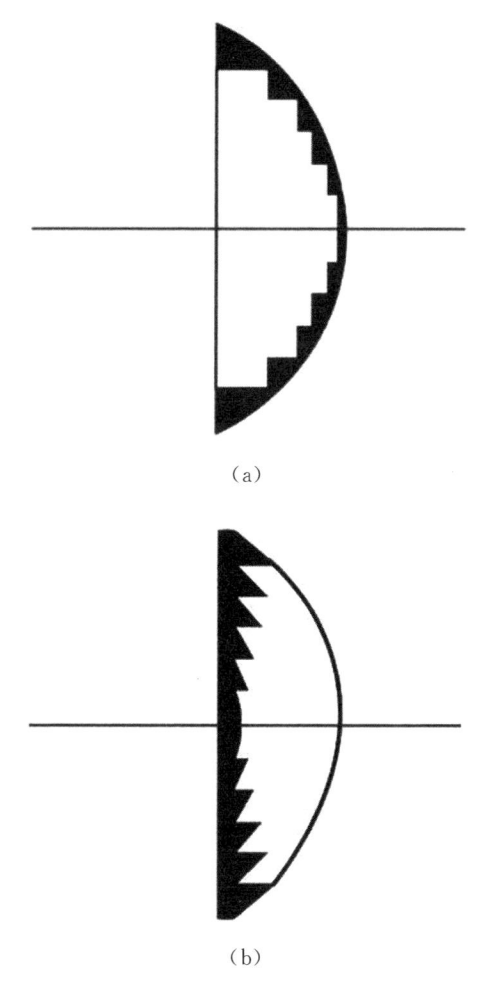

图 5-33 菲涅尔透镜两种基本形式

## 二、反射式

在用于太阳光泵浦的激光器系统中，多采用反射式的形式。系统以太阳光为泵浦光，将到达地球表面的太阳光会聚，达到激光器运行的阈值泵浦功率，实现激光输出。

太阳辐射到达地球大气外层的功率密度为 1360 W/m², 经过大气层的反射、吸收、散射等衰减, 到达地球表面的太阳辐射大大减少, 同时太阳光谱中, 对泵浦激光有用的波长能量低, 比例小。因此将大面积的太阳辐射会聚成小的光斑, 以获得高密度的辐射能量, 是太阳光能泵浦激光器系统中研究的重点。

太阳光能泵浦激光器中, 通常采用复合抛物面聚光器 CPC (Compound Parabolic Concentrator)。复合抛物面聚光器是以抛物面为母线构成的光锥, 具有高反射的内壁, 在接收端收集光能, 光线经多次反射到达输出端, 是一个理想的非成像聚光器。如图 5-34 所示。

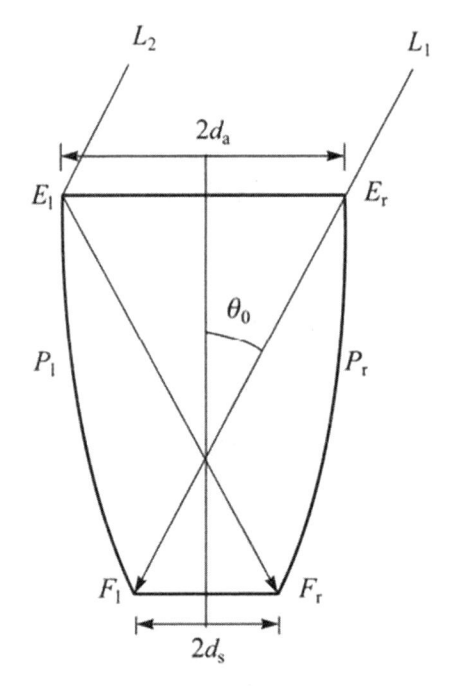

图 5-34 复合抛物面示意图

复合抛物面 CPC 的特点是反射面为抛物面, 根据平行于抛物线对称轴入射到抛物线的光线经反射后过抛物线焦点的原理, 通过设计, 使抛物线面的焦点正好处于 CPC 的出口边缘或接收体范围内, 使最大入射角范围内的入射光线能从 CPC 出口射出或被接收体接收, 以获得理想的会聚比。复合抛物面具有光轴对称性, 在入射面处边缘光线最大的入射角为 $\theta_0$, 复合抛物面的接收角就是 $2\theta_0$, 由 $+\theta_0$ 和 $-\theta_0$ 决定的两条抛物线为 $P_l$ 和 $P_r$, 边缘光线通过 $P_l$ 的焦点为 $F_r$, 通过 $P_r$ 的焦点为 $F_l$, 边缘光线 $L_2$ 经过 $E_l$ 反射后交于 $F_r$。

为获得最大的口径，抛物线 $P_l$ 应该设计成在 $E_1$ 点处的切线应该与 $y$ 轴平行，抛物线 $P_r$ 也是如此。在 $L_1$ 和 $L_2$ 之间的任意光线经反射后到达焦点处的光程都是相等的。几何光密度为 $C=d_a/d_s$，可得

$$2d_s = \frac{2f}{1+\cos(\pi/2-\theta_1)} \tag{5-32}$$

$$\frac{d_a+d_s}{\sin\theta_0} = \frac{2f}{1+\cos(\pi-2\theta_0)} \tag{5-33}$$

式中，$f$ 为焦距，由上式可得 $C=1/\sin\theta_0$，与前述的光密度公式一致，因为此时折射率都为1。如图 5-35 所示，如果前面加一个透镜，则复合抛物面聚光器光密度比为

$$c_1 = \frac{W\eta/S_2}{W/S_1} = \frac{S_1\eta}{S_2} = \frac{\pi\dfrac{D^2}{4}\eta}{\pi d^2/4} = \frac{D^2\eta}{(f\varepsilon)^2} = \frac{1}{\varepsilon^2}\left(\frac{D}{f}\right)^2\eta \tag{5-34}$$

$$c_2 = \frac{W\eta_2/S_2}{W/S_1} = \eta_2\frac{\pi\dfrac{a_1^2}{4}}{\pi\dfrac{a_2^2}{4}} = \eta_2\left(\frac{a_1}{a_2}\right)^2 = \eta_2\left(\frac{n}{\sin\omega}\right)^2 = \eta_2 n^2\left[1+\frac{4}{(D/f)^2}\right] \tag{5-35}$$

整个系统的光密度比为

$$c = c_1 c_2 = \eta_1\frac{1}{\varepsilon^2}\left(\frac{D}{f}\right)^2\eta_2 n^2\left[1+\frac{4}{(D/f)^2}\right] = \frac{\eta_1\eta_2 n^2}{\varepsilon^2}[(D/f)^2+4] \tag{5-36}$$

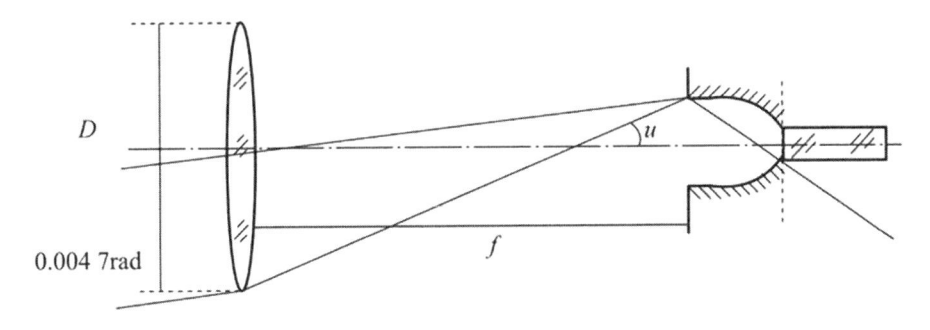

**图 5-35 透镜和复合抛物面示意图**

通常根据实际需要采用线状激光棒，此时复合抛物面聚光器为一个柱面结构，如图 5-36 所示。

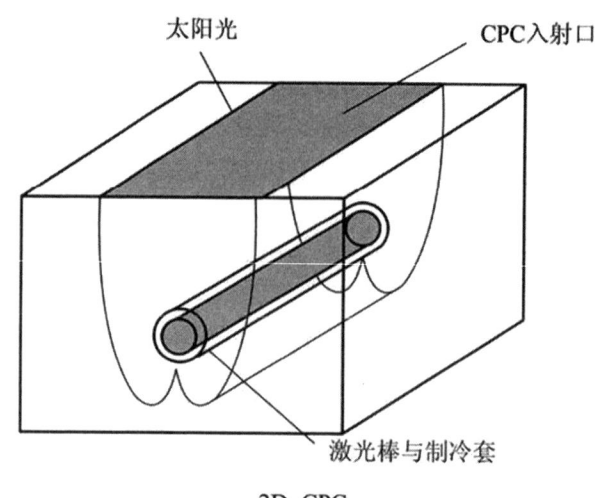

图 5-36 柱面复合抛物面聚光器

同时对于复合抛物面聚光镜，如图 5-37 所示，可以导出如下计算公式。设 CPC 出射口径为 $2a'$，最大接收角为 $\theta_{max}$，由上图有以下几何关系。

抛物线的焦距长度

$$f = a'(1+\sin\theta_{max}) \tag{5-37}$$

入射孔的直径

$$a = a'/\sin\theta_{max} \tag{5-38}$$

CPC 的长度

$$L = a'(1+\sin\theta_{max}) \cdot \cos\theta_{max}/\sin^2\theta_{max} \tag{5-39}$$

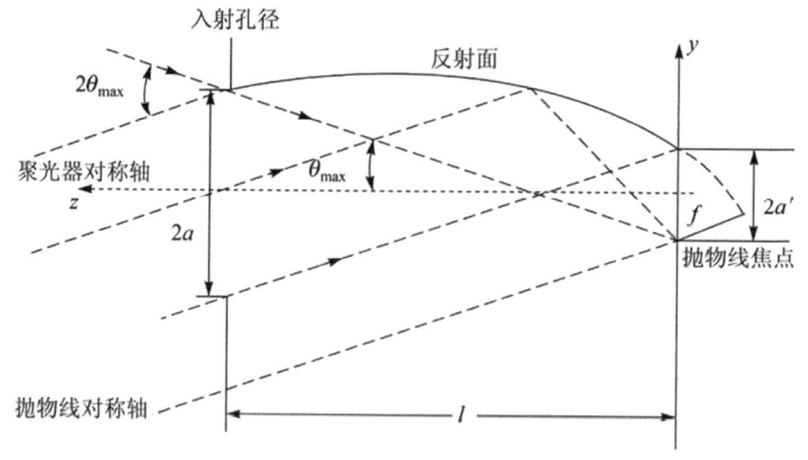

图 5-37 复合抛物面聚光镜计算

· 196 ·

## 第三节 导光管的设计

### 一、导光管

导光管是利用多次反射来实现光源到目标光传输的一项关键技术。如同建筑物当中的水管,导光管一般都被隐藏起来而难以直接看见。导光管的应用范围非常广,如设备照明、汽车仪表盘、游泳池及温泉照明、液晶背光源和投影仪系统。

导光管一般采用固体材料并利用不同介质分界面(如 PMMA 到空气)的全反射现象(TIR)来使光从光源传输到目标。然而导光管本身可以是中空的反射装置或者是利用 TIR 的中空导光管。

当传输的光为微量时,导光管的性能体现为其引导光从光源到目标的能力。而在高光通量的应用中,导光管的主要工作性能包括了光源到目标的光耦合效率和光离开导光管时的光分布。

导光管可以在输出端提供一个均匀的光分布。利用合适的几何结构和输入光分布,可得到其输出是非常均匀的,以致人们常常将得到均匀的输出作为导光管的主要工作目标。这种类型的导光管称为光混合棒或者混光器。常见混光器的截面形状有方形、矩形以及六边形。

导光管也被用作角度到区域的转换器来收集或者准直光。导光管沿长度方向截面积的缓慢变化通常可以有效地提高聚集率/准直度。随着需求长度的缩短,能最大化导光管准直度的特殊的截面形状成为人们关注的重点。非成像光学的例子包括电介质全内反射聚光器(DTIRC)、角度转换器和电介质复合抛物聚光器(DCPC)。

导光管可用于将光源光通量分布在大面积区域来做背光源。其中一种方式是将光耦合进导光管边缘并且控制光从导光管边缘逸出。因为一个薄的导光管可以均匀照亮一个大的区域,所以这种方法有效节省了其封装占用的空间。上述导光管总是放置在离物体较近的地方以便为物体充当背光源和照亮物体本身。它们在背面点亮大面积空间光调制器,如液晶显示器。

导光管可将光源分布在一个大的区域来当作灯具。导光管灯具可以是中空的也可以是实心的,实心棒状的导光管有时可替代传统的荧光灯灯管。大型中空的导光管也可以用于制作灯具,如用于史密森国家航空航天博物馆中太空馆的照明系统。

若要将光从一个光源传输到一个输出区域，则导光管可用于分光，从而照明隔开的不同区域。这个应用反过来也成立，也就是将多个区域的光源集合到一个输出区域。

导光管拥有各种不同的名称，它们代表某种特定类型的导光管，如光波导、单模光纤、渐变折射率光纤、阶梯折射率光纤、波导、大芯径塑料光纤、混光器、混光棒、均匀器和照明灯具。

**二、导光管的系统**

导光管的系统一般包含三个要素：光源、导光管光分布和光传输。

（一）光源/耦合

发光二极管（LED）是目前导光管光源设计中最常用的光源。在许多场合，LED已经完全替代了白炽灯。一些导光管系统使用了高功率的光源，如放电电弧光源。相干、非相干以及部分相干的光源都可应用于导光管的设计当中。

为了将光耦合进导光管中，可以直接将光源放置在离导光管较近的地方。其他光学元件，如反射器或者透镜，则是为了提高光耦合的收集效率而被加入设计当中的。

（二）分布/传输

对于较短距离的传输，亚克力材料（如PMMA）和聚碳酸酯材料的导光管都是非常有效的。对于较长距离的传输，PMMA和玻璃材料的导光管更为常用，因为它们具有光吸收率低、体散射小、波长范围广等优点。实际应用中的环境及成本因素通常决定了导光管的材料选择。比如，高温工作环境下的导光管选择玻璃或者硅材料，而在成本控制要求较高时往往选择PMMA材料。在某些情形下，高温导光管（如一根笔直的玻璃棒）被用在光源附近，而耐高温性较差的导光管则应用于将光传输至远距离目标。

（三）传输/输出

从导光管末端出射的光是可以被直接使用的，或者可以被进一步传输。最简单且常用的方式就是使用一个薄的扩散器使得输出光呈均匀圆形光斑。扩散器可以是分立的光学元件，也可以通过在导光管末端加入表面粗化或者沿着导光管长度方向加入体散射来构建。

光可以从导光管的输入端传递到输出端，这通常称为终端光系统（end light system）。光也可以沿着导光管长度方向被萃取出来，这有时也称为边缘光系统（side light system）。背光源属于边缘光系统，然而这些都不是通用的术语。

### 三、导光管光线追迹

本章提到的大部分导光管实例都应用了全内反射（TIR）的概念。

#### （一）TIR

当光入射到电介质分界面时，光线将分裂为透过的光和反射回来的光两部分。反射率和透射率取决于分界面两端介质的折射率以及光入射的角度。对于一个平滑的平面，透射能量以及反射能量的比率可以通过菲涅尔公式计算出来。当入射角大于临界角时，光线将被全部反射回来，这称为 TIR。具体来讲，临界角的大小为 arcsin（nou/nin），其中 nou 是导光管外部介质的折射率，而 $n$ 是导光管内部介质的折射率。

当光线经过多次反射时，也就是典型的导光管内光传输的情形，TIR 是无损耗的，从而提供了比镜面更高的传输效率。假设镜面有 95% 的反射率，光在镜面上来回反射 10 次，那么将为 $0.95^{10}$（约 60%）。对于短距离传输而言，利用镜面反射构建的中空导光管有时候是有效的，因为它避免了实心导光管在输入端和输出端存在菲涅尔损耗的问题。

#### （二）光线的传输

光线在导光管中传输的截面示意图如图 5-38 所示。图中的光线可以分为耦合、逸出和被困三种情形。

（1）耦合光线（蓝色光线）。光线在导光管侧壁发生 TIR，传播到输出端，并从输出端离开。光线离开时，有部分非偏振光被反射回去。加入抗反射层可以有效避免这种情形发生。

（2）逸出光线（品红色光线）。部分光线能量会从导光管的侧壁逸出。在大多数发生侧壁光逸出的情形中，仍然会有部分光能量传输到导光管的光输出端。

（3）被困光线（红色光线）。光线传输到光输出端，但是由于 TIR 而无法出射。即使 TIR 不存在，也有大部分的光能量被反射回去。

三种情形间的两个临界情形由图中的黄色和绿色光线来表示。黄色光线以接近临界角的角度入射到导光管侧壁。绿色光线则以接近临界角的角度入射到导光管输出端。

通常情况下，可以耦合的光线通过体散射效应、表面的不平整、荧光以及导光管几何结构从而改变为逸出光线或者被困光线。光通量约束图是一种量化光在导光管中的传播质量的工具，它是一种基于导光管折射率的单位球面几何结构。

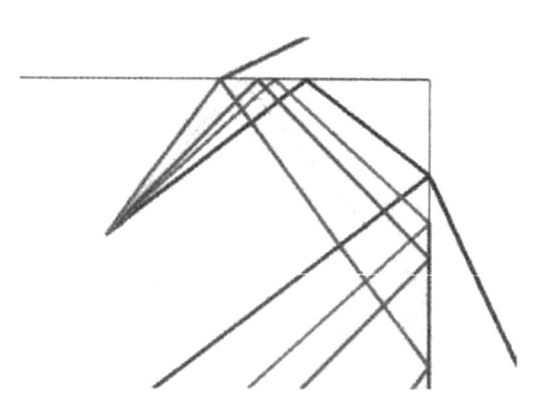

图 5－38　导光管中代表性的光射线

### 四、图表

LightTools 是一款用于分析、设计和优化导光管的软件，也是本章实例中使用的软件。其仿真结果用伪色彩扫描线图或者伪真彩图（RGB）表现。为了简便，图表的标号并不包括"伪色彩"设计，但是在照度图中使用了相对色彩映射，如图 5－39 所示。为了更为清楚，使用伪真色彩的图表包含了"RGB"在图表名称中（如 RGB 照度图）。

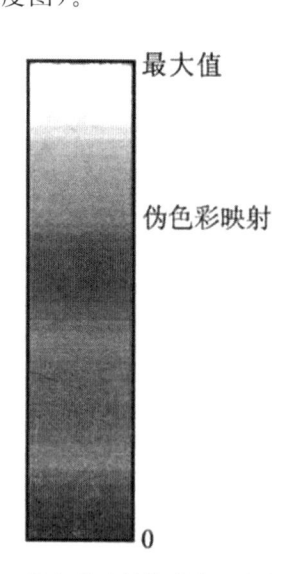

图 5－39　伪色彩映射的照度、亮度和强度图

### 五、弯曲导光管

当光从一个地方传播到另一个地方时，我们常常希望能避免逸出光的发生，因为它降低了光学系统的效率。在某些照明装置中，逸出光可能仅是总光源的一小部分，但是它可能会产生足量的"炫光"而必须被阻止。在某些情况下，必须利用机械结构阻止光线的逸出，而有时可以利用弯曲导光器使逸出光能远离观察者。

长度较长而弯曲程度较小的导光管在传输光时的表现与直线形导光管类似，随着弯曲程度的增大，逸出将会产生。有时，多根小的光纤被复合使用，即使光纤束弯曲程度较小，但光还是能够高效地传输，这是因为独立的单根光纤弯曲程度较大。

弯曲型导光管：圆形弯曲。下文举例说明如何权衡导光管的弯曲。

（一）设置和背景

图 5-40 所示的为一段 90°圆形弯曲导光管沿着对称平面的切面。这个对称平面一般称为主截面。对于圆形导光管而言，其外环半径为 $r_2$，内环半径为 $r_1$。$r_1$ 一般又称为弯曲半径，因为它代表导光管弯曲的程度。外环半径与内环半径的比为

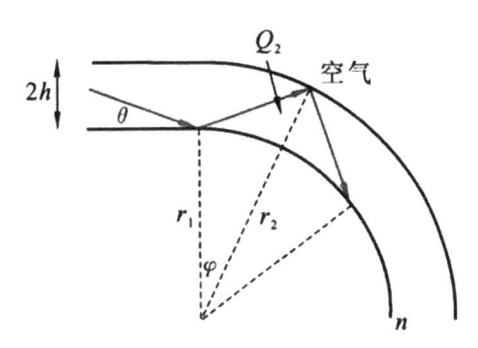

$$m = \frac{r_2}{r_1} = \frac{r_0 + h}{r_0 - h} \tag{5-40}$$

图 5-40 圆形弯曲的导光管

其中，$r_2 - r_1 = 2h$，$(r_2 - r_1)/2 = r_0$，$r_0$ 是导光管中心线的曲率半径。内环半径相对于厚度的比率为

$$r_1/2h = 1/(m-1) \tag{5-41}$$

$m$ 和 $r_1/2h$ 有时都称为弯曲比率。为了避免混淆，将 $m$ 称为弯曲指数。

如图 5-40 所示，导光管内的光线在传播时的角度 $\theta$ 是在导光管内侧测量的。如果光线在进入导光管之前在一个平坦的界面发生折射，则可以使用斯涅

尔定律计算出其在空气中的入射角。

光线在导光管内部传播过程中满足斜不变量（角度动量守恒），即
$$r_1\sin(90°-\theta)=r_1\cos\theta=r_2\sin\theta_2=s \qquad (5-42)$$

其中，$s$ 是光束离光轴或者旋转轴最近的距离。为了确保 TIR 在导光管外面介质界面处发生，必须满足：
$$\sin\theta_2>1/n \qquad (5-43)$$

式中：$\theta_2$ 是光线入射在外界面的入射角。

没有发生 TIR 的光线将分裂为反射部分和透射部分。透射的光线在弯曲处的泄露部分称为弯曲逸出。弯曲逸出降低了传输效率，并容易产生眩光，必须被阻止。

入射到内环交界面的光线的入射角度为 $90°-\theta=\theta_2+\phi$。由于这个角度大于 $\theta_2$，故在外交界面发生全反射的光线在内交界面也能发生全反射。

（二）无逸出的弯曲指数

联立公式 (5-42) 及公式 (5-43)，可以得到没有逸出光线的关系式为
$$\frac{r_2}{r_1}=m<n\cos\theta_{\max\_\text{in}} \qquad (5-44)$$

式中：$\theta_{\max\_\text{in}}$ 是光线开始进入导光管能确保全反射的最大角度。

使用 $\sin\theta_{\max\,air}=n\sin\theta_{\max\_\text{in}}$，可以将无泄漏方程（5-44）的形式重写为
$$m<\sqrt{n^2-\sin^2\theta_{\max\_\text{air}}} \qquad (5-45)$$

作为对比，一根直线阶梯渐变光纤中使得逸出发生的包层折射率满足关系：
$$n_{\text{clad}}<\sqrt{n_{\text{core}}^2-\sin^2\theta_{\max\_\text{air}}} \qquad (5-46)$$

式中：$n_{\text{core}}$ 是芯的折射率；$n_{\text{clad}}$ 是包层的折射率。

对比公式（5-45）和公式（5-46），得知 $m$ 类似于包层的折射率。为了强调这个关系式并且避免混淆，将 $m$ 称为弯曲折射率。

公式（5-45）所示的弯曲指数与 $\sin\theta\theta_{\max\_\text{air}}$ 的关系如图 5-41 所示（图中展示了三种主流折射率材料，聚四氟乙烯 $n=1.33$，PMMA $n=1.49$，聚碳酸酯 $n=1.58$）。较强的弯曲，即 $m>n$ 时会产生逸出；而较弱的弯曲，即 $m<\sqrt{n^2-1}$ 时则可以避免逸出。

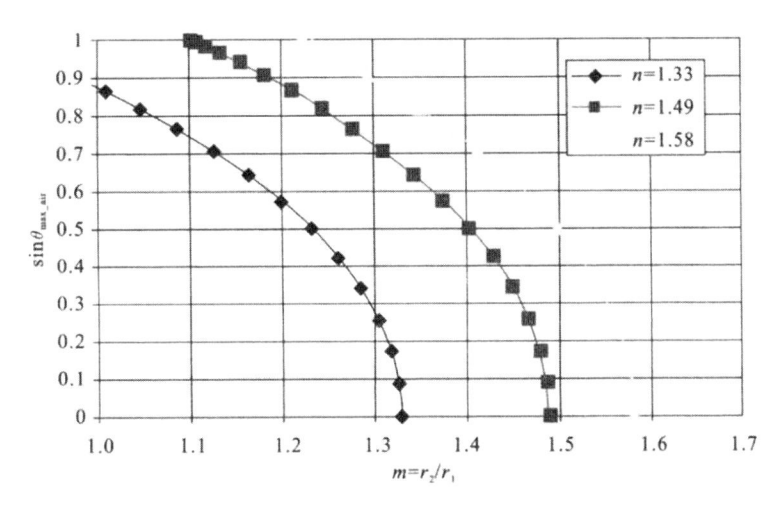

图 5-41　三种折射率 $n$ 值下的弯曲无逸出

（三）输出面的反射

在许多应用场合，外层界面弯曲处的逸出不是唯一存在的问题。一般地，输出面的交界处的介质是空气。光线在导光管内传播后，到达输出面时的入射角会比刚入射的时候要大，这意味着光传输到输出面是可能的，但是会在输出面发生全反射。如果光线在输出面产生全反射，或者由于菲涅尔损耗部分光线反射，则反射回去的光线会由于满足不泄漏条件而回到弯曲处的输入面。

除了图 5-40 所示的 90°导光管，还有其他多种角度的弧形导光管。光线到达输出平面后第一次被反射回去的光量，由弯曲圆弧的弧度、输入平面的入射光线的位置及角度共同决定。这个效应可以在 Light Tools 中使用一个简单的朗伯源进行仿真分析，空气中的最大入射角为 84°，介质折射率为 1.49378，导光管两个端面之间均是空气，$m=1.1146$，光源的大小与输入面大小相匹配。当弧度为 0 时，导光管的输入面与输出面平行。随着弧度的增大，输出平面上反射的光线的能量先增大后减少，随着弧度增大最终趋于一个平稳的值。图 5-42 所示的为截面为方形和圆形的导光管输出面的反射率与弯曲弧度角的关系。实验表明，弧度为 0 与弧度为 90°的导光管之间仅仅存在 2%的差别。需要注意的是，对于垂直入射的光线，7.4%的反射率比 3.9%的反射率要大，这是因为随着入射角度的增大，菲涅尔反射也增强，同时这里的光源在空气中的入射角为±84°。

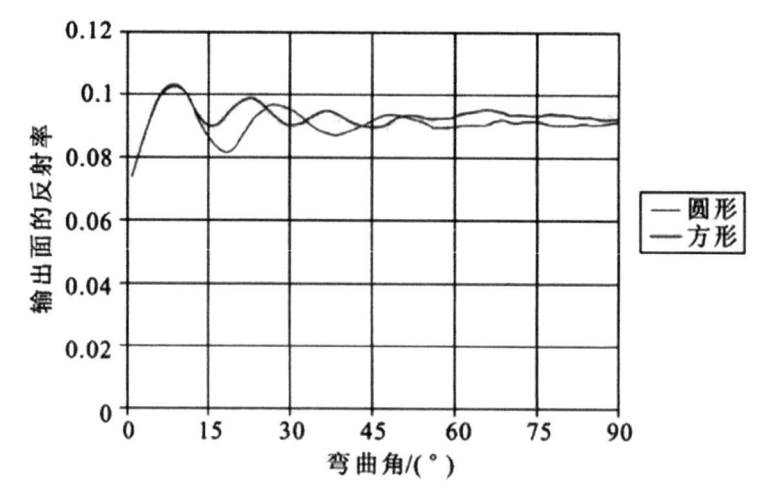

图 5-42 弯曲输出面的首次反射率与弯曲弧度角的函数关系
(这里 m=1.1146, n=1.49378)

(四) 特定导光弧的反射能量

现在我们来分析不同的最大空气入射角 θmaxair 下特定导光弧的逸出光、输出面的首次反射率。

1. 导光弧的反射能量分析

最大空气入射角 ($\theta_{max,air}$): 这是光线从空气进入导光弧材料时的最大角度, 超过这个角度的光线将不会进入导光弧, 而是在空气和材料的界面上发生全反射。

逸出光: 逸出光是指从导光弧中逃逸到空气中的光线。这通常发生在光线在导光弧内部经过多次反射后, 最终以大于 $\theta_{max,air}$ 的角度逸出。

输出面的首次反射率: 首次反射率是指光线在导光弧的输出面第一次反射时的能量比例。这个比例取决于导光弧材料的反射系数和表面处理。

2. 分析步骤

确定几何参数: 首先需要确定导光弧的几何形状, 包括弧长、弧高以及微棱镜的排列方式等。

计算光线路径: 使用光线追踪算法来模拟光线在导光弧内部的传播路径, 计算光线在不同位置的反射和折射。

确定入射角范围: 根据 $\theta_{max,air}$ 确定光线能够进入导光弧的最大角度范围。

计算反射能量: 对于每个入射角, 计算光线在导光弧内部的反射和透射能量, 以及最终逸出到空气中的能量。

优化设计: 根据反射能量的计算结果, 调整导光弧的设计参数, 以优化光线的传播效率和输出效果。

3. 考虑因素

材料特性：导光弧的材料会影响光线的反射和折射，包括折射率、吸收系数等。

表面处理：导光弧表面的粗糙度、涂层等会影响光线的散射和反射。

环境因素：温度、湿度等环境因素可能会影响材料的光学特性和光线的传播。

光源特性：光源的波长、强度和分布也会影响导光弧的反射能量。

(五) 数值孔径的增大引起的损耗

我们考虑特定的 $\theta_{max\_air}$ 并分析不同的弯曲指数对光耦合到输出端面的影响。由于弯曲指数的增加对光在光纤中的传输是关键的，需要分析弯曲的加强对光在传输过程中的角分布的影响。如果光纤包层的折射率比空气的折射率低，还会有一个额外的损耗，但是即使整个弯曲部分浸没在空气当中，我们也需要一个非常小的 $m$ 值来避免损耗。传输效率定义为总的离开弯曲导光管的光通量除以传输夹角内的光通量。即使没有逸出发生，与原始分布相比，由于角度分布扩大也会引起效率的下降。

根据现实应用，弯曲引起的数值孔径的增大可以导致比逸出更为严重的效应。其中一个实例是包层光纤用于弯曲导光管后的配光工作。由光纤弯曲引起的数值孔径的增大会导致传输光纤中传输光的巨大损耗。而在考虑均匀性时也会发生上述情况。弯曲导光管中即使没有逸出，数值孔径的角度分布的变化也会引起对应的空间均匀性的变化。相反地，如果竖直导光管的输入端被均匀覆盖且无损耗，则输出端的分布也是均匀的。

还需要引起注意的是，逸出光的总量的变化是导光管输入端表面上的各个位置的函数。对于一根截面是方形或者圆形的导光管，如果输入光均匀覆盖输入平面，则总的逸出光大致上是一样的。然而，如果一个小型光源放置在输入面的中央，则方形截面的导光管比圆形截面的导光管的逸出光量要低。

(六) 其他弯曲导光管

弯曲导光管不一定是圆形的，它可以依据其他曲线成型。椭圆弧的应用可以适度地提高导光管的效率和空间均匀性。

当我们设计圆形导光管的目标是避免光线从 TIR 面逸出，等角螺旋线可以用于指定表面轮廓。这个概念已经被应用于波导中。虽然截面区域的几何形状随着弯曲路径的变化而变化，但是等角螺旋管也可应用于无损耗导光管。对于合适的弧度，等角度路径几乎是一个椭圆。

对于矩形截面的导光管，一个"角度旋转器"可以在不改变角度孔径的前

提下改变其照射的方向。这个概念对于入射角度在 $\pm\theta$ 的主平面的入射光线来讲是非常理想的。除非 $\theta=90°$，否则预留的孔径角形状并非旋转对称的。预留的孔径角满足 $|M/N|<\tan\theta$ 和 $|L/N|<\tan\theta$，其中 $M$、$L$ 和 $N$ 是出射平面的角度的余弦。

当进入导光管的角度分布比半球要小时，一个"加速装置"可以用来提高导光管的均匀度和效率。该加速装置使用一个锥形的部件来改变光线进入导光管的角度分布。通过传输后，另一个锥形部件同样可以改变角度分布，这使得弯曲部分可以被构建得弯曲程度更大，从而提供封装上的便利性，以及能更好地保证输入端和输出端的数值孔径的不变性。

### 六、混光棒

**（一）概述**

混光棒是导光管的一个特殊应用，它的主要目的是使光均匀混合[64]。光从一端端末进入导光管并从另一端离开。输出端的照度可以是非常均匀的。而均匀度主要是由导光管的长度、输入端光的空间和角度分布以及导光管截面形状共同决定的。

有趣的是，笔直的混光棒往往无法提供良好的照度均匀度，而方形和六边形的混光棒可以提供较好的照度均匀度。

许多应用都会使用混光棒来提供均匀的光分布。一些实例如筒灯、剧场照明、太阳能、光刻、皮肤损伤的治疗、激光塑形、激光扫描、光纤耦合器、带可拆卸灯泡的光纤束、显示器。最近有一些研究尝试对竖直混光棒的表现进行定量的评估。

混光棒可以被用于与提供均匀输出无关的地方，如万花筒、用于耦合光计算的塔尔博特平面。

**（二）为何某些面积能提供较好的均匀度**

方形混光棒被用于提供极度均匀的照度分布。为了了解其工作原理，可以先假设导光管的侧壁是不存在的，而仅仅考虑导光管输出平面的照度分布。第 N 区没有光线分布（最下方的小格子）。导光管侧壁的作用就是把 N 区的光线叠加起来得到一个均匀分布。如图 5-43 所示，这个可使用威廉姆森展开图来说明。

使用蒙特卡罗法仿真，图 5-44 展示了一个光源的照度分布和强度分布均为高斯型的方形截面导光管的仿真结果。导光管输入端和输出端平面的照度如图 5-44（a）所示。图 5-44（c）所示的照度分布是没有侧壁反射时的分布图。从无导光管照度分布画出的线段来强调照度分布的结果是由几个子区域叠加形成的。

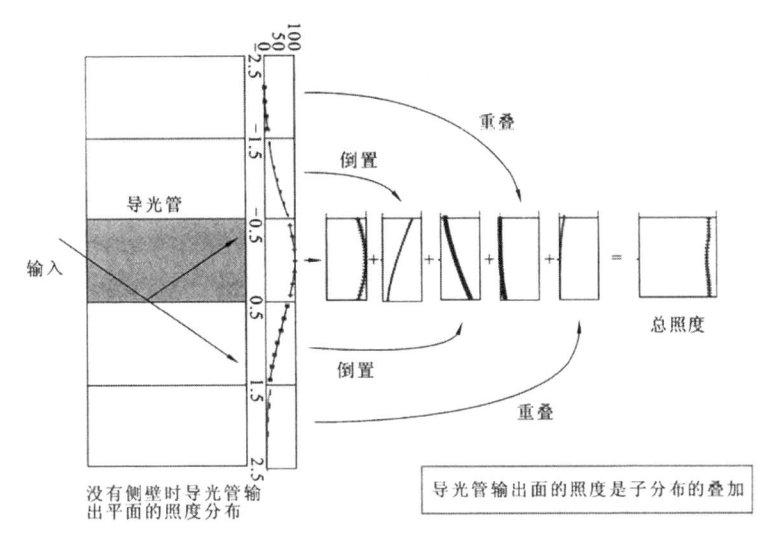

图 5-43 方形混光棒小区重叠的视图

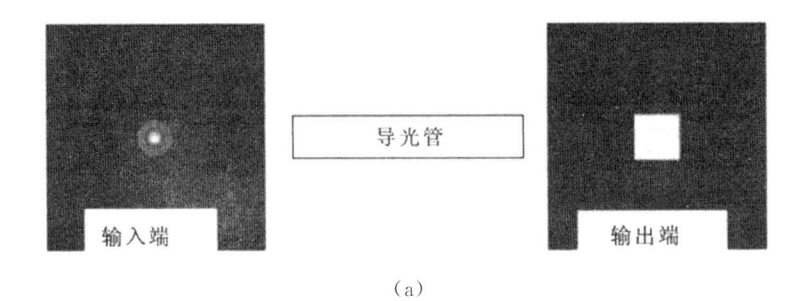

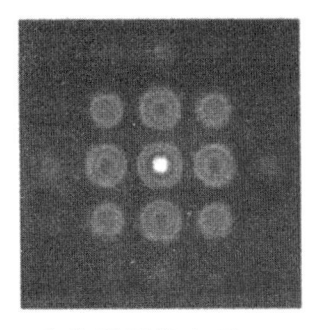

(a)

(b)

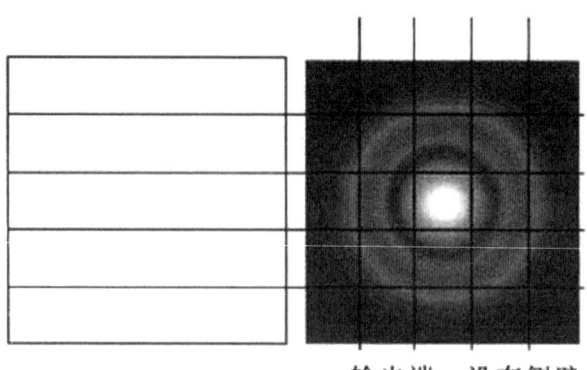

输出端，没有侧壁

(c)

图 5-44　(a) 混光棒输入端与输出端的照度示意图；(b) 万花筒分布；
(c) 无混合的分布

图 5-44 (b) 所示的照度分布是由追迹光通过导光管，接着假设导光管被移除而将光传播回输入平面所产生的。这一现象称为万花筒分布，以强调其与传统万花筒的相似性。

普遍情况下，如果混光器沿着导光管长度方向的截面积不变，同时无侧壁导光管分布由垂直侧壁的导光管经过多次反射完全覆盖，我们就能得到极好的均匀度。方形、矩形、六边形和等边三角形截面的导光管均可以提供这种"镜像铺设"。方形以对角线为对称轴铺设，三角形以底边或顶点为对称轴（点）铺设，具体如图 5-45 所示。为了得到较好的混光效果，导光管长度必须选为能提供足够数量的"镜像"区域。值得一提的是，边缘附近的区域不能形成一个完整的镜面区域，因而需要被控制使得它们不会使输出的分布产生偏置。随着混光棒的长度趋于无限，镜像铺设能提供更好的均匀性，然而对于提供足够照明给特定场合下的混光镜像铺设却不是必须的。

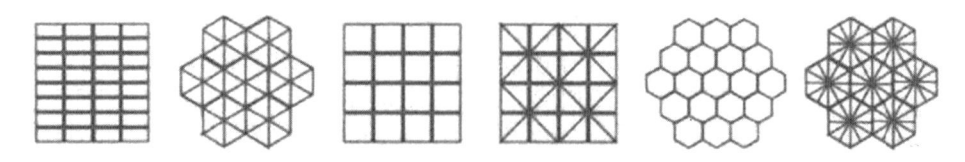

图 5-45　镜子平铺的形状能够确定足够长度的均匀性

圆环形导光管能提供入射平面光角度分布的环状均匀性。因此，沿着长度方向的导光管总是趋于旋转对称的。然而中心的照度总是趋于尖峰的，这个峰值沿着导光管长度方向是变化的。如果输入时的分布是均匀并布满整个输入面的，且其角度分布为朗伯型，则输出端的均匀性会与输入端的均匀性一致。然而，如果输入端无论是空间分布还是角度分布都是不均匀的，则沿着导光管长度将产生不均匀的照度分布。这意味着一个光源可以被耦合进一个长度合适的方形截面的导光管来得到一个均匀的照度分布。但如果耦合进一个圆形的导光管里面，则其输出照度可能是不均匀的。

(三) 影响均匀度的设计因素

1. 长度

导光管的长度对良好均匀度的影响取决于光强分布的细节。一般而言，对于具备旋转对称性的光强分布，用一个 $9 \times 9$ 阵列的镜面区域就可以产生良好的均匀性。对于一个 f/1 分布的中空导光管，这意味着导光管的纵横比必须超过 6∶1。对于丙烯酸材料的导光管，纵横比必须更大（如 10∶1），以满足混光棒内部角度分布比空气中角度分布小的条件。

2. 实心和空心导光管

方形截面的混光器是最容易制备的混光棒，仅需要四个反射面或一片玻璃或抛光至六边的塑料。

实心混光棒的设计需要考虑两个端面的菲涅尔损耗、材料吸收、侧壁的洁净程度和转角处的平滑度。对于大功率激光器和大功率氙气灯，一个实心耦合器可以用于控制平均能量密度，但在输入端产生的峰值可能会损坏导光管的输入端甚至损坏整个导光管。

空心导光管的设计需要考虑内表面的尘埃、包层损耗、包层角度变化、包层颜色变化、侧壁交界处的平滑度。

热收缩的塑料管对混光器十分有用，它能将四个镜面固定在合适位置处。它可以放置于固体混光器周围来防止拐角破损。

3. 周期性分布

如果非镜面照度分布是一个拥有与导光管宽度匹配的固定周期的正弦分布，则正弦的波峰是可以叠加的。导光管照度分布的傅里叶分析可以帮助我们了解其潜在的特性。

4. 相干性

混光棒常常与相干光源一起使用。如果激光的相干长度不小于叠加分布的路径长度，则必须考虑散斑效应。如果导光管的宽度大于输入端用于照射光管输入端面的聚焦激光束的尺寸，则散斑效应可以不那么被重视。光源的光学扩展量比导光管输出端的光学扩展量要小。

散斑可以通过在输入光分布中加入随时间变化的部件来控制。这些方法包括在导光管输入端增加旋转扩散器和移动输入光分布的重心。理论上，扩散角可以是较小的值，从而减少扩散引起的光学扩展量的变化。

相干干涉也可以应用于混光棒的设计中，比如用于特定长度混光棒的子泰伯成像平面的再现中。这在外部谐振腔激光器中已经被成功应用。

5. 角分布均匀性

光离开混光器时的角度分布由入射时的空间分布和角度分布共同决定。假设一个入射角度为30°的朗伯源放置于100 mm长，10 mm×10 mm方形中空的混光棒的中间，由于光强分布是对称的，故输出光强也是对称的。方形混光器输出的照度和光强如图5－14所示，其中光强分布为±40°。现在将混光棒移动，使得光源到达混光器的角落上，可以看到输出角度分布出现在峰值区域，不同峰值区域之间由零光强的区域衔接。这个长度下，混光棒输出平面也存在角到角的传输变化。这种微小的变化在使用混光器时一般是允许存在容差的。然而在使用非中心光源和小角度入射的光源时，这个容差是必须要考虑的。

图5－46 (a) 30°裁剪朗伯光源位于混光器中心时方形混光器出射照度和强度；(b) 30°裁剪朗伯光源位于混光器的角落时方形混光器出射照度和强度角度分布的变化可以通过在混光棒的输出端增加一个小角度扩散器来最小化387。理论上，扩散器的全高半宽是从混光棒输出端观察到的输入角度投影大小的1～3倍。通过制作更长的混光棒，这个角度会减小，同时扩展量的增加量也会减小。透镜阵列和导光管也可以联合使用来控制输出光照度和强度。

存在一种光学系统：该系统的混光棒的输出端的像经常被假设为"光瞳"且与混光器的输入端共轭。当光瞳的共轭像位于混光棒的输入端时，光瞳处的照度明显地表现出比混光器输出端的强度分布具有更多的细节。

当系统需要一个均匀度的光强分布时，相对于均匀照度分布，混光器的端面可以被视为远场区域。为了最小化混光器长度，进入混光器的光的角度分布通常非常大，并且常常使用到非球面镜。

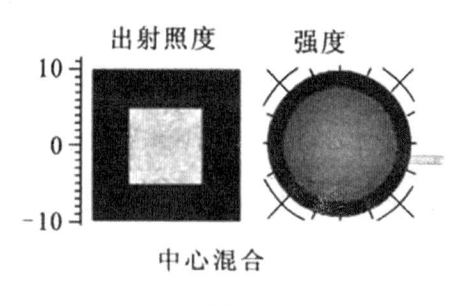

(a)

出射照度　强度

偏心混合

(b)

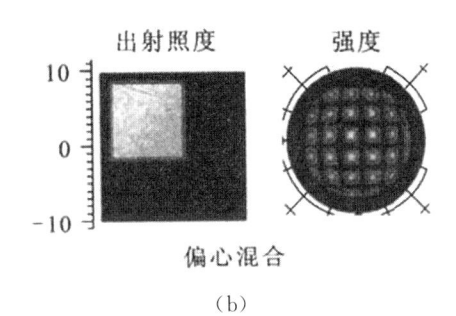

图 5—46　(a) 30°裁剪朗伯光源位于混光器中心时方形混光器出射照度和强度；
(b) 30°裁剪朗伯光源位于混光器的角落时方形混光器出射照度和强度

6. 波纹圆形混光棒

圆形混光棒无法提供方形混光棒那样空间分布均匀的输出，然而通过在圆周上加入波纹结构可以使其效能得到很大的改善。

（四）RGB LED

在许多应用中，LED 都会使用到。LED 通过混光之后的均匀性问题已经开始得到重视。其中多种颜色混光尤其引起人们的兴趣，比如红、绿、蓝混光产生白光。白光可以通过调节单个芯片之间的输出来得到。不同颜色 LED 之间的发光比例可以调节以得到不同色温的白光。

（五）锥形混光器

由于锥形混光器相较于垂直混光器可以减少混光器长度而被应用在 LCD 投射系统、多模激光器和太阳能炉中。

锥形混光器的截面积的变化意味着它可以提供一个角度到面积的转换。在理想状况下，光的立体角投影（PSA）乘以输入端的面积等于输出端的 PSA 乘以输出端的面积。

考虑到有些情况下，耦合进混光器的光能量是不确定的。开始时用较大的角度进入导光管并以较小的角度离开会比反过来的情况具有更好的混光结果。Williamson 型锥形混光器可用于说明锥形导光管比竖直导光管更容易产生虚像。

1. 长度

假设长度是无限的，竖直锥形混光器可以提供理想的角度到面积的转换和理想的混光效果，这个有时候称为绝热原理。如果混光器或者光源分布是不对称的，则绝热原理并不意味着对于无限长的混光器的角度分布能变成旋转对称的。

非成像光学为具备合理长度的理想的角度－面积转换器提供各种设计的方

法（如 CPCs、DCPC、thetal－theta2 转换器和 DTIRC）。混光器可以利用这些设计方法的一些优点，然而理想的角度－面积转换器通常假设光源具备恒定的照度值。当光源的照度值变化时，输出的空间分布或者角度分布结果往往是不均匀的。

通常，较短的非成像光学角度－面积转换器可以用于混光器设计的初始阶段。特定情况下，理想的角度－面积转换器长度能够调节以加强均匀性。具体来讲，就是可以通过增加长度的方式来提供输出端可以接受的空间均匀性。

照度优化通常是通过优化耦合器来得到均匀性和角度到面积转换之间的平衡点。选择有效的参数来减少优化次数是非常重要的。导光管的优化是一个热门的研究课题。总体的趋势是凹面的导光管形状常用于优化输出均匀性。如果给定长度的混光器的输出端在中心位置，则混光器的轮廓常常需要被做成凹面形状来减少峰值的出现，从而提供良好的均匀性，同时其相对长度会被制成凸面形貌。许多情况下，这些形貌的改变意味着制备的容差较小。

2. 竖直锥形混光器与透镜组合

为了制备的简便，最常见的锥形混光方法是利用一个足够长度的竖直锥形混光器来提供合适的均匀性和角度到面积转换，但有时只能提供可接受的均匀性而无法提供理想的角度到面积转换。但是，随着混光器的长度变得足够长来提供合适的均匀度，透镜的影响将变得越来越小。

3. 角度均匀性

一些应用场合对角度均匀性和空间均匀性都有要求，如虚拟显示、平面印刷和普通照明。

在虚拟显示上，有时一个带有矩形输出面的混光棒被成像到一个小的空间光调制器（SLM）上。光学系统放置在 SLM 和观察者之间，观察者能看到一个 SLM 的放大的像。在这种情况下，对均匀性的设计要考虑到人的视线能向四周来回移动，并且对一个特定的位置，人眼只能收集到照在 SLM 上的一小部分光线。

4. 直筒＋扩散器＋锥形结构

顶部为正方形、底部为矩形的混光器可以形成均匀的空间分布，但是输出角度分布不均匀并呈椭圆形分布。一种可供选择的方法是用一根具有宽角度扩散器的短直筒混光棒放置在它的输出面。扩散器的输出能补偿一个锥形混光棒。这能消除在前一节中提到的人眼瞳孔中观察到的不均匀性。

在一些情况下，光学系统需要一个圆形光瞳来收集这些光线；在另外的一些情况下，那个椭圆会相对预定的位置旋转 90°。一种在扩展量上没有显著增加且能使光瞳呈圆形的方法是用具有波浪形结构的混光器代替平滑的锥形混光器。我们所用的波浪形结构的倾角为 30°，高度可随着长度调整以确保倾角保持一致。混光器末端的输出照度仍然是均匀的，但是光瞳形状变成了圆形。

**七、背光**

（一）引言

显示设备（如背光和小型面板）在特定的区域和可视角度范围要求均匀的空间照明。过去显示设备是通过用硬件锥形反复试验来设计的，这种设计方法虽然有效，但是反复加工试验的次数容易受时间和原型制造成本的限制。近年来，用照明软件建模工具来构造虚拟原型可以代替很多实际的硬件模型。典型地，设计者可以设定具体参数，构造软件模型，用蒙特卡罗算法预测效果，根据模拟效果重复修改模型直至达到要求。照明优化功能可以提供自动化的设计并改进性能，这一节里面有许多这样的处理。

（二）背光源综述

这一节我们并不打算详细地介绍背光源，只是展示一个名义上的照明系统使我们的优化结果更容易理解。在这种类型的设计中，照明仪器是个很普遍的例子。

仪表灯管一般用在速度计、计量器、指示器、语音系统和天气控制系统等应用中。仪表灯具有典型的造型，固体塑料片放置在可以点亮或熄灭的标签后。一个有代表性的应用就是汽车仪表盘。在点亮的状态下，仪表灯照亮区域与周围相对具有很高的对比度。仪表灯里的光源可以用来照亮许多独立的空间区域或者一大片区域。

背光器件代表着一大类仪表灯并具有多种形式。最普通的背光源包含一个耦合在塑料导光管边缘的光源，其空间变化的抽取光的光斑耦合在导光管的出射面以控制光的分布，从而使得光照在一个区域内或者一个可视角度内均匀分布。空间光调制器（通常是基于液晶做出的设备）放置在背光源的上面。为了实现一个我们想要的照度分布，提取光斑和导光管内的能量需要平衡。对于一个给定的背光几何模型，通常是通过照明优化来确定如何设计提取光斑的。

通常，背光源用小的荧光灯灯珠（如 CCFL）或者 LED 做光源。采用 CCFL 时，提取光斑在一个方向上的变化通常可以用肉眼观察到；采用 LED 时，满足需要的光斑通常在两个维度上变化，这增加了设计的难度。没有半球形透镜的 LED 比较常见。

为了把光耦合出导光管，光提取器至少要放置在导光管的一个表面。一般有许多种抽取方法，常用的有喷涂、刻蚀光斑，以及采用衍射结构和比光波波长大的三维结构。这里的三维结构又称纹理，有许多不同的形状。一些普通的三维结构包括透镜形状、棱镜形状、角锥体、圆锥体和半球体。这些三维结构的表面属性可以从近似全反射变化到近似漫反射。

（三）最优化

最优化可自动改善系统的性能，这个系统通常是基于具体的性能要求。经典的最优化方法有三个主要要素：模型参数化、优化函数和最优化算法。

1. 模型参数化

模型参数化是将实际问题抽象为数学模型的过程。这个模型需要能够描述问题的关键特征和变量之间的关系。参数化通常包括以下几个步骤：

定义决策变量：确定哪些变量是可控的，并对问题有直接影响。

建立目标函数：明确最优化的目标，比如最大化利润、最小化成本或达到某个性能指标。

确定约束条件：识别问题的限制因素，如资源限制、时间限制或技术限制等。

选择适当的数学形式：将问题转化为线性、非线性、整数或混合整数等数学形式。

2. 优化函数

优化函数是用于评估解决方案质量的数学表达式。它通常包括目标函数和约束条件：

目标函数：需要优化的函数，可以是最大化或最小化。

约束条件：限制决策变量的取值范围，确保解决方案的可行性。

3. 最优化算法

最优化算法是用于寻找最优解的计算方法。根据问题的性质和复杂度，可以采用不同的算法：

线性规划：适用于目标函数和约束条件都是线性的问题。

非线性规划：适用于目标函数或约束条件是非线性的问题。

整数规划：当决策变量需要是整数时使用。

启发式算法：在大规模或复杂问题中寻找近似解的方法，如遗传算法、模拟退火等。

元启发式算法：结合多种启发式策略的算法，如粒子群优化、蚁群算法等。

4. 性能评估

在最优化过程中，评估系统性能是一个关键步骤。这通常涉及到：

灵敏度分析：评估参数变化对优化结果的影响。

稳健性分析：评估解决方案在不确定性条件下的表现。

多目标优化：当存在多个目标时，需要平衡这些目标之间的关系。

5. 实施与调整

找到最优解后，需要将其应用于实际系统中，并根据反馈进行调整：

实施策略：确定如何将最优解应用到实际操作中。

监控与反馈：收集系统运行数据，评估最优化效果。

迭代优化：根据实际运行情况，不断调整模型和参数，进行迭代优化。

(四) 参数化

如果背光源上的每个点的尺寸和位置被当成最优化变量，那么需要优化的变量将很多。为了减少变量的数量，网点密度可以被定义成一个二维网格，二维网格中的变量值可以用来定义相应的点的分布光斑。优化器控制光提取器的网格密度，相比把每个点当成变量，这种处理方法可以显著地减少变量数目。

最普遍的背光源设计是在具有相同角度分布的耦合出射光处使用光提取器，这将导致在设计中相同光提取器处的空间密度是多样化的，或者形状大致相同的网点尺寸也是多样化的。我们称这两种情况为"可变数目"和"可变尺寸"。在这两种情况下，导光管表面通常存在有网点分布和无网点分布的区域。网点分布可以与液晶显示的像素及 BEF 膜相关。这些相关性可以产生 Moire 效应，这在背光灯里通常是不好的。在许多情况下，使用扩散器使得网点光斑的子结构是不可见的。如果扩散器分散角不在空间上变化，距离最大的网点间的区域常常决定着扩散器的分散角。相比小间距，大间距需要大的扩散角。

(五) 峰值密度

一个背光抽取光斑可以用密度最大的区域作为其特征。在许多情况下，密度越高，峰值密度就越大，密度越高，效率也就越高。通常，效率和峰值功率在峰值较低的时候有很强的依赖关系，但是当峰值进一步增加的时候这种依赖关系将变缓并呈二阶影响。相对小的峰值密度来说，大峰值密度的光提取器光斑通常会在峰值密度和谷底密度间产生很大的差异。在人工制作的时候，大峰值密度需要更加小心，确保没有重叠的点。

(六) 优值函数

优化函数是一个数值反馈，取决于最优化算法是否能优化系统。存在几种构造优值函数的方法，但最常用的方法涉及一系列优化值和相应的目标值差的平方和。

当用蒙特卡罗算法进行模拟时，结果的准确性和统计错误由追迹光线的数目决定。在优化时，噪声的影响应该考虑进去，使优化算法不需要花费大量的时间去去除由加工工艺带来的原始噪声。

这个噪声的影响可以被估算，当 MF 的值与估算的噪声相等时就停止优化,或者增加追迹光线来减少噪声。同样可以利用少的追迹光线来获得低分辨率的输出分布,当要求高分辨率光斑输出时要用大量追迹光线。

(七) 算法

大多数背光源代表一类特殊的照明系统。在这些系统里,网点空间分布和空间亮度分布存在直接关系。但在一个给定的导光管区域内增加抽取效率就会改变整个显示分布,这与光提取器上的照度近似为直接关系。这意味着局部提高抽取效率会增加局部照度,局部降低抽取效率会减少局部照度。运用这个特殊的一致性可以增加最优化算法的收敛速度。

## 八、非均匀背光源形状

在一些应用中,需要用到形状被固定了的导光管,这个固定的形状可能有内孔,因此手工加工结构(如球形凸起物)可以被放置在照亮区域的内部。因为光线能透过孔的四周,所以光提取器的密度分布会十分不均匀。为了解释,我们构造了导光管,在背面分布有光提取器。

对于均匀的光提取器分布,它的输出是很不均匀的。然而,光提取器分布经过几次迭代优化能收敛到一个很均匀的输出。

当用来接收蒙特卡罗模拟光线的接收器网格是矩形时,固定形状的导光管将出现部分填满网格方格的情况。这不同于一般LCD背光灯的简单矩形输出形状。当用到部分填满的网格方格时,这些网格方格对于保证目标输出是很重要的。如果不考虑这些,优化后的光提取器分布在靠近导光管的边缘处的密度要比原本需要的高。

## 九、条形光源

LED能用来替代长条形荧光灯管,这可以用呈直线分布的LED阵列来实现。如果LED有足够的输出亮度,也可以用一个或者多个LED放置在一根可导光的长棒的输入端来实现。从纤维中出射的光同样可以用来照亮这根导光棒,然后这根导光棒可以包含网点,把光从棒的一边耦合出来。

一般我们希望这种光源的输出光的亮度在长度方向上能保持相对稳定,这可以通过调节光提取器密度来实现我们想要的均匀照明。简单的情形是,在导光棒光源的另一端放一块反光镜。满足需要的光斑分布近似为一个单调的分布,密度的最大值在光源另一端的末尾处。这种几何结构允许光传到光源的另一端然后反射回来。如果光源没有高的反射率,只是普通地与纤维照明器一起使用,则设计一个倾斜的末端面可以增加提取出来的光线。

# 参考文献

[1] 萧泽新. 工程光学设计 [M]. 北京：机械工业出版社，2024.

[2] 胡冬梅. ZEMAX 光学系统设计实战 [M]. 北京：化学工业出版社，2024.

[3] 周海宪，程云芳. 航空光学工程 [M]. 北京：化学工业出版社，2024.

[4] 张旭升，陈凌峰，王姗姗. 光学测试技术第 3 版 [M]. 北京：北京理工大学出版社，2024.

[5] 张彤. 纳米集成光学器件及纳系统技术 [M]. 南京：东南大学出版社，2024.

[6] 刘陇黔. 眼镜光学 [M]. 成都：四川大学出版社，2023.

[7] 刘陇黔. 视光学原理与方法 [M]. 成都：四川大学出版社，2023.

[8] 雷仕湛，陈刚，邱秋林. 光学精准医疗 [M]. 上海：上海科学技术出版社，2023.

[9] 李盈傧. 强场超快光学 [M]. 武汉：华中科技大学出版社，2023.

[10] 谢彦麟. 数学在天文、地理、光学、机械力学中的一些应用 [M]. 哈尔滨：哈尔滨工业大学出版社，2023.

[11] 边宇，罗建河. 建筑光学 [M]. 北京：中国建筑工业出版社，2023.

[12] 王慧琴. 光学实验 [M]. 北京：清华大学出版社，2023.

[13] 易仕和，丁浩林. 高超声速光学头罩气动光学 [M]. 北京：科学出版社，2023.

[14] 毛珊，曾超，赵建林. 现代光学系统设计 [M]. 西安：西北工业大学出版社，2023.

[15] 赵清，郑少波，尹璋琦. 物理光学基础 [M]. 北京：科学出版社，2023.

[16] 陈志俊. 木材仿生光学 [M]. 北京：科学出版社，2023.

[17] 曾佑炜，李喆良，史建岚. 基础光学应用 [M]. 广州：广东教育出版社，2023.

[18] 王博. 解密光学 [M]. 西安：西安电子科学技术大学出版

社，2023.

[19] 何玉青，许廷发. 光学与光电检测系统 [M]. 北京：国防工业出版社，2023.

[20] 李林，黄一帆. 应用光学第 6 版 [M]. 北京：北京理工大学出版社，2023.

[21] 韩玲，李威，刘玉龙. 小动物活体光学成像技术与应用 [M]. 上海：上海交通大学出版社，2023.

[22] 唐婷婷，李朝阳. 新型微纳光学传感技术 [M]. 北京：科学出版社，2023.

[23] 刘文军，田兆硕，潘玉寨. 海洋光学 [M]. 哈尔滨：哈尔滨工业大学出版社，2022.

[24] 高志山，袁群，马骏. 现代光学设计实用方法 [M]. 北京：北京理工大学出版社，2022.

[25] 张珏著，田海清. 基于光学信息检测技术的羊肉新鲜度快速检测与判别方法研究 [M]. 重庆：重庆大学出版社，2022.

[26] 郭光灿，周祥发. 量子光学 [M]. 北京：科学出版社，2022.

[27] 王志坚，王鹏，刘智颖. 光学工程原理第 2 版 [M]. 北京：国防工业出版社，2022.

[28] 张以谟. 应用光学简明教程 [M]. 北京：电子工业出版社，2022.

[29] 陈家璧. 信息光学简明教程 [M]. 北京：电子工业出版社，2022.

[30] 邓履璧. 量子物理光学 [M]. 北京：科学出版社，2022.

[31] 王家骐，金光，杨秀彬. 光学仪器总体设计 [M]. 北京：国防工业出版社，2022.

[32] 石澎，马平. 光学真空镀膜技术 [M]. 北京：机械工业出版社，2022.

[33] 屈玉福，陈沛戎. MATLAB 光学仿真实用教程 [M]. 北京：电子工业出版社，2022.

[34] 赵伟星，徐挺，陆延青. CAXCAD 现代光学系统设计 [M]. 南京：南京大学出版社，2022.